영화, 차를 말하다 3

영화보다 재미있는 茶이야기

영화, 차를 말하다

③

서은미
김경미
김현수
노근숙
박효성
양홍식
조인숙
홍성일
홍소진
하도겸

자유문고

영화를 보고 시를 읽고 차를 마시는 마음

보고 읽고 먹고 마시는 것 모두는 우리의 절실함이다. 우리의 심지는 얇고 약해서 끊임없이 보여주고 읽어주고 채워 넣어주어야 하기 때문이다. 깊게 뿌리박은 온전한 삶을 살아내기 위해 우리는 오늘도 나약한 자신을 부여안고 눈 속에, 귀 속에, 입 속에 기운 차릴 것을 담아 넣는다. 영화는, 시는, 또 차는 그렇게 우리에게 힘을 주고, 그 시간의 공감 속에서 우리는 교감하고 연대하여 더 든든해진 마음으로 보다 새롭고 넓은 세계로 나아가야 한다.

이 책의 프롤로그를 부탁받고 나서 어떤 글을 써야 하나 고민하다가 문득 몇 해 전 기억이 되살아났다. 코로나의 불안감이 세상을 감싸고 있을 때 서점을 서성이다가 손에 쥐고 나왔던 시집이 있었다. 그때 그 시집은 나에게 많은 위안과 휴식을 주었다. 오랜만에 오늘 그 시집, 나태주 시인의 『사막에서는 길을 묻지 마라』를 다시 펼쳤다.

코로나로 인해 온라인 다회를 할 때도 나태주 시인의 시를 낭독한 적이 있었다. 그때 읽었던 시의 한 구절 "나도 한 송이 꽃으로 팡! 터지고 싶습니다."는 당시 모니터를 보고 있던 다우들 모두 함께 공감했었다는 기억을 가지고 있다. 이 지면을 통해 만나게 될 독

자들과도 공유할 수 있는 것들이 있기를 바라며, 다시 한 번 나태주
시인의 글을 빌려 본다.

「어머니의 축원」

늙지 말고 가거라
어디든 가거라

고운 얼굴 눈부신 모습 치렁한 머리칼 그대로 바람에 날리며 햇
빛에 반짝이며 강물 위를 걸어서 가거라 푸른 들판을 밟으며 가
거라 모래밭 서걱이며 사막을 건너라 그래서 네가 되거라 오로
지 네가 되고 싶은 네가 되거라 굳이 이곳으로 돌아오려고 애쓰
지는 말거라 그곳에서 씨를 뿌리며 너도 나무가 되거라 강물이
되거라 들판이 되거라

늙지 말고 가거라
청춘인 그대로 가거라.
　_나태주

생명의 첫 자리를 내어준 어머니의 축원은 우리의 든든한 '빽'
이다.
마음의 빈 자리 위로해 주는 영화처럼,
맑은 정신 돌려주는 차처럼.

여러 축원을 받으며 오늘도 우리는 오로지 내가 되려, 더 큰 품을 품으려, 세상이 되려고 한다. 눈과 귀와 입 속에 가득 희망을 채우며.

이 지면을 눈에 담은 여러분 모두와도 오늘의 기운과 기쁨을 함께할 수 있기를 바랍니다.

2024년 가을 해운대에서

서은미

소통을 위한 한잔의 차

영화《음식남녀》

· 김경미 ·

성균관대학교 유학과에서 유학을 전공하였으며, 동대학교 생활
과학대학원 예절다도 석사를 거쳐 유학대학원에서 철학박사학
위를 취득하였다. 현재 성균관대학교 강사, 한국지역사회교육
협의회 수석강사, 성남인문교육원 원장으로 차문화, 다도, 인문
예절 등을 강의하고 있다. 연구논문으로『자녀인성함양을 위한
부모교육프로그램연구』와『부모교육의 유학적 적용-〈태교신
기〉를 중심으로』,『유학의 태교에 관한 연구-〈태교신기〉를 중
심으로』가 있으며, 저서로『역서 태교신기』,『모태미인, 태교의
비밀』,『영화, 차를 말하다』(공저)가 있다. 차를 통해 사람의 문
양을 그리는 차 인문학 연구를 지속하고 있다.

딸들의 인생만은 요리할수 없었던 아버지!

아버지와 딸들, 딸들과 그의 남자들, 아버지의 연인 /
서로를 사랑하며 살아가는 사람들의 이야기 /

음•식•남•녀

EAT. DRINK. MAN. WOMAN

음식남녀

감독 이안, 주연 랑웅, 양귀매, 오천련, 왕유문

대만, 1995

이안 감독, 그의 삶과 영화

《센스 앤 센서빌리티》,《와호장룡》,《브로크백 마운틴》,《색계》,《라이프 오브 파이》. 영화를 좋아하는 사람은 말할 것도 없고, 영화를 즐겨보지 않는 사람이라도 한 번쯤은 보았거나 하다못해 제목이라도 들어봤을 것이다. 위 영화의 감독은 이안(Lee Ang)이다. 이안 감독은 대만에서 출생하여 성장했으며, 청년기에는 미국에서 공부하였다. 이런 환경에서 살아 온 이안 감독은 스스로 '동양인도 서양인도 아닌 삶'이었다고 회상하면서, 지독한 소외감과 정체성 혼란의 과정을 겪었다고 말한다. 그러나 동양인도 서양인도 아닌, 동서양의 경계에 위치한 그의 정체성은 오히려 영화의 소중한 자양분이 되었다. 동서양 문화를 넘나들며 자신만의 고유성을 만들어 내며 그는 다른 영화감독이 넘볼 수 없는 영역을 만들게 된 것이다. '소외' 또는 '소수자'들의 정체성과 관련된《브로크백 마운틴》,《라이프 오브 파이》, 서양 문화와 미국적인 영화인《센스 앤 센서빌리티》,《아이스 스톰》,《라이드 위드 데블》, 동양 문화와 중국적 소재의 영화인《와호장룡》,《색, 계》 등은 자신이 살아왔던 어색하고 부족하며 어중간한 삶을 때로는 유연하게, 때로는 변화무쌍하게 지휘하며 만들어 낸 작품들이라고 할 수 있다.

이안 감독의 대표작으로, 데뷔작부터 내리 만든 초기 3부작인 《쿵푸 선생》, 《결혼 피로연》, 《음식남녀》는 일명 '대만 아버지 3부작'으로 손꼽히는데, 가족과 아버지의 이야기를 가장 잘 찍었다고 평가받는 작품들이다. 가족은 사람이 살아가는 가장 기본 단위이며 모든 출발이 시작되는 곳이다. 생각만으로도 마음 따뜻해지고 코끝이 찡한 관계이기도 하고, 진절머리 치며 치를 떠는 관계이기도 한 가족은, 좋든 싫든 끊을 수 없는 관계로 맺어져 있다. 그래서인지 다양한 가족들을 표현한 영화작품들이 많고, 수많은 걸작 영화들이 가족 문제를 다루고 있다. 이안 감독은 《쿵푸 선생》, 《결혼 피로연》, 《음식남녀》를 통해 중국과 미국, 동양과 서양 문화 속의 가족 문제와 대만 사회 안에서의 가족 문제를 갈등, 혼란, 그리고 변화와 생성을 통한 해결 방법과 함께 흥미롭게 제시하고 있다. 마치 자신의 정체성 혼란과 지독한 소외감을 영화 속에 녹여 자신만의 해결 방법을 개척해 제시하고 있는 것처럼 말이다.

영화 《음식남녀》와 소통의 매개체

음식 VS 남녀

영화 《음식남녀》는 1994년에 만들어진 이안 감독 작품이다. 영화의 배경이 되는 시기는 1990년대이며 장소는 대만이다. 90년대 대만 사회는 서구 문물이 물밀듯이 넘어오고, 전통과 서구 문물이 대립하는 시기로, 이 시기를 배경으로 하여 찍은 영화가 바로 《음식남녀》이다.

'음식남녀飮食男女'라는 말은 유가 경전 중 하나인 『예기禮記』에 처음 등장한다. 『예기』「예운禮運」편에 "먹고 마심과 남자와 여자가 서로 어울림은 사람의 가장 큰 욕망이며 죽음과 빈곤함은 사람이 가장 싫어하는 것이다. 따라서 이러한 욕망과 혐오는 마음이 작용하는 가장 기본적인 출발점이다.(飮食男女, 人之大欲存焉, 死亡貧苦, 人之大惡存焉. 故欲惡者, 心之大端也.)"라 하였다. 사람은 태어나면서부터 가지는 큰 욕망이 있는데 그것이 바로 먹는 것과 남녀 간에 사랑하는 것이다. 그것을 다른 말로 하면 식욕과 성욕이다. 따라서 '음식남녀'는 바꿔 말하면 식욕과 성욕이라 표현할 수 있다.

『사기史記』에 "왕은 백성을 하늘로 삼고, 백성은 식량을 삶의 근본으로 삼았다.(王者以民人爲天, 而民人以食爲天.)"라 하였다. 왕노릇을 하기 위해서는 반드시 백성이 필요하니 백성을 하늘로 삼아야 하고, 백성은 음식이 없으면 살 수 없으니 식량을 하늘처럼 여겨야 한다. 먹는 것, 바로 음식飮食이 얼마나 중요한지를 강조하고 있는 말이다. 우리나라 속담에 "금강산도 식후경"이라는 말이 있는데, 아무리 좋은 일이라도 배가 부르고 난 다음에야 좋은 것이지 배가 고프면 좋은 것을 누릴 경황도 없다는 뜻이다. 또 "시장이 반찬"이라는 말도 있는데, 배가 고프면 어떤 음식도 맛있게 잘 먹는다는 말이다. 음식의 중요성을 알 수 있는 말들이다.

송옥宋玉의 『고당부高唐賦』 서序에 "저는 무산 남쪽의 험준한 절벽에 사는 여인이온데, 아침에는 구름이 되고 저녁에는 비가 되어 아침저녁마다 당신을 그리워하며 양대 아래를 지나겠습니다.(妾

巫山之女也, 妾在巫山之陽, 高丘之阻, 旦爲朝雲, 暮爲行雨, 朝朝暮暮, 陽臺之下.)"라 하였다. 초나라 양왕이 낮잠을 자다가 선명한 꿈을 꾸었는데, 꿈에서 아주 아리따운 여자가 나타나 양왕 앞에서 이렇게 이야기한 것이다. 꿈속에서 초나라 양왕이 만난 아름다운 여인의 이 잔잔한 사랑의 표현으로 운우지정(雲雨之情: 구름과 비, 그 아래에서도 정이 피어난다)이라는 낭만적인 남녀 간 사랑의 말이 생겼다. 남녀 간의 사랑은 많은 이야기들을 남기고 생존을 위한 기본적인 강렬한 욕망을 낳는다. 이렇게 음식飮食과 남녀男女는 욕망이면서 인간에게는 중요한 삶의 일부분이다.

'음식남녀', 가족 이야기를 다룬 영화에 왜 이런 제목을 붙였을까? 중국에서는 '인생'을 음식남녀飮食男女라는 네 글자로 표현하기도 한다. 인간의 본능인 식욕과 성욕, 즉 먹고 마시는 일과 남녀가 사랑하는 일이 인생의 중요한 가치임을 강조하는 것이라 하겠다. 영화《음식남녀》는 결국 어떤 인생을 살아갈 것인지, 한 사람의 인생에서 가족은 어떤 의미인지에 대한 물음을 던지는 영화이다.

영화《음식남녀》中 식탁 위에 펼쳐진 화려한 음식과 아버지와 세 딸이 함께 식사하는 모습. 화려한 음식들이 앞에 있지만 딸들의 표정에서는 무언가 채워지지 않는 욕망이 느껴진다.

호텔의 주방장이었다 은퇴한 아버지는 세 딸을 위해 헌신적으로 음식을 만들어 식탁에 올린다. 그러나 그들에게 함께 식탁에 모여 식사하는 일은 그저 가족이라는 이름으로 묶인 행동일 뿐이다. 서로의 관심과 사랑이 빠진 채 식사하는 일, 음식을 먹는 일은 그저 요식행위에 지나지 않는다. 딸들에게 아버지의 화려한 음식은 더 이상 대단하지도 경이롭지도 않다. 고등학교 교사인 큰딸은 학생들의 연애편지 장난에 속지만 이를 계기로 부임한 남자 교사와 새로운 사랑을 꿈꾸게 된다. 항공사에서 일하는 둘째 딸은 같은 회사에 부임한 동료와 사랑을 나누고, 셋째 딸은 친구의 남자친구와 사랑에 빠지게 된다. 관심과 사랑이 없는 식탁은 더 이상 소통의 공간으로 작용하지 못한다. 딸들은 아버지의 식탁을 떠나 '음식'보다 '남녀'의 새로운 사랑을 찾는다. 자식만을 바라보며 머물러 있던 아버지는 딸들을 떠나보낸 후 딸의 친구의 아이를 위해 매일 도시락을 만들어 주며 아이에게 사랑을 맛보게 해준다. 아이에게 자신이 가장 잘할 수 있는 음식으로 사랑을 쏟은 아버지는 결국 딸의 친구와 파격적인 사랑을 선언한다.

영화《음식남녀》는 얽히고설킨 여러 감정 속에서도 가족 모두가 함께 음식을 나눠 먹으며 가족 간 소통을 통해 서로를 이해하는 따뜻한 영화이며, 음식과 남녀의 균형과 조화, 화합을 강조한 영화이다. 가족과 갈등이 있어도, 세대 간 가치관의 차이가 있어도 식탁에 함께 모여 식사하는 것, 그 속에서 음식은 소통을 시작하고 사랑을 확인할 수 있는 매개체 역할을 한다.

양구체養口體와 양지養志

공자孔子의 제자 중 한 사람인 증자曾子는 부모에게 효孝를 가장 잘 하는 사람으로 공자가 아주 아끼는 제자였다. 증자의 아버지는 증석으로, 증자는 자신의 아버지에게 성심성의로 술과 고기를 마련하여 밥상을 올렸다. 아버지가 식사를 다 하고 밥상을 물리면, 증자는 아버지에게 이렇게 물었다. "아버님께서 드시고 남은 음식이 있는데 그것을 다른 사람한테 줄까요?" 그러면 아버지는 "음식이 남았느냐, 그럼 남은 음식을 주변 사람들에게 나눠주렴."이라고 말하였다. 그 말을 듣고 증자는 "예, 알겠습니다. 아버님 뜻대로 하겠습니다."라고 하였다. 예전에는 음식이 풍족하지 않아서 배가 고픈 사람들이 많았다. 따라서 음식을 나눠준다는 것은 그들에게 최대의 은혜를 베푸는 일이었다. 증자가 "남은 음식을 나눠줄까요?"라고 아버지에게 물은 것은 단순히 남은 음식을 나누어 베풀어 준다는 의미를 뛰어넘는다. 그것은 아버지 증석의 마음까지 헤아린 말과 행동이다.

아버지 증석이 죽고 증자가 자신의 아버지 나이만큼 늙었다. 증자의 아들 증언도 항상 아버지 밥상에 술과 고기로 최고의 멋진 음식을 대접했던 효자였다. 그런데 아들 증언은 증자가 자신의 아버지에게 했던 것처럼 남은 음식을 누구에게 줄지 묻지 않았다. 그래서 하루는 증자가 "오늘 내가 먹은 음식이 참 맛있더구나. 혹시 남은 것이 있느냐?"라고 물었다. 그랬더니 한마디로 딱 잘라 "남은 음식이 없습니다."라고 말했다. 실제로 음식이 남지 않았던 것이 아니라 그 음식을 다시 올리려고 했기 때문이다. 이 일화를 두고 후대 맹자는 이렇게 이야기하였다. "증자는 자신의 아버지 증석의 몸만 공양한 것이 아니라 뜻도 공양했다. 그러나 증자의 아들 증언은 아버지 증자의 몸은 잘 봉양했으나 그 뜻은 받들지 못했다."

양구체養口體는 '입과 몸만을 봉양한다'는 것이고 양지養志는 '뜻을 봉양한다'는 말이다. 음식을 잘 대접하여 몸을 챙기도록 하는 것을 양구체라고 한다면 뜻을 잘 받드는 것은 양지이다. 음식의 대표격인 밥과 남녀의 대표인 사랑도 그렇다. 밥이 우리의 몸을 건강하게 해주는 것이라면 사랑은 우리의 마음을 건강하게 만들어 준다. 그런 의미에서 양구체를 했던 증언이 음식(밥)만을 챙긴 사람이라면, 양구체와 양지를 했던 증자는 조화롭게 음식남녀(밥과 사랑)를 한, 인생의 참 의미를 알았던 인물이라고 할 수 있다. 음식과 남녀, 밥과 사랑, 어느 하나도 놓칠 수 없고 소홀히 할 수 없다. 인생은 음식과 남녀, 밥과 사랑의 소통과 조화로 이루어진다.

밥상머리와 소통

밥상은 소통과 조화의 공간이며 음식을 함께 나누는 것은 유대감을 표현하는 중요한 방법이다. 우리나라는 아주 오래전부터 밥상을 중요하게 생각했고, 그래서 밥상머리 교육이라는 말도 생겼다. 밥상머리 교육이라고 하면 쩝쩝거리고 먹지 않는 것, 어른들이 먼저 수저를 들면 먹는 것, 식사를 먼저 마쳤다고 휙 나가 버리지 않는 것 등등, 흔히 식사 예절을 가르치고 배우는 것으로 생각한다.

영화《음식남녀》中 주인공들이 밥상에서 음식을 먹으며 소통하는 모습. 밥
상의 공간에서 음식은 단순히 고픈 배를 채우는 매개체가 아니다.

그러나 밥상머리 교육이란 단순히 식사 예절만을 가르치는 일이
아니다. 그럼, 우리 옛 선조들의 밥상머리 교육은 어떻게 이루어졌
는지 살펴보자.

조선의 명재상 서애西厓 유성룡柳成龍 집안에는 아직도 내려오는
밥상머리 교육법이 있다. "식사는 온 가족이 함께하고 최소한 지켜
야 할 것을 배운다." 밥상머리는 최소한 지켜야 할 예의범절을 가
르치고 배우며 실천하도록 하는 장소이다. 그런데 밥상머리가 가
르침과 배움의 장소라는 것보다 더 중요한 것이 있다고 말한다.
"식사를 통해 무언가를 가르치고 배운다는 식으로 접근하지 말고
자녀와 소통하겠다는 마음을 가져라." 밥상머리는 자녀와 소통하
는 마음을 가지는 장소, 밥상머리 교육은 소통의 장소에서 서로 소
통하는 방법을 배우는 것이라는 인식이다. 우리 선조들은 밥상머
리에서 함께 식사하는 가족들과 소통하기 위해 노력하였고 밥상머
리에서의 소통을 중요하게 생각했다는 것을 알 수 있다.

이덕무李德懋의 『청장관전서靑莊館全書』에는 사대부 집안의 밥상
머리 교육법으로 중국 송나라 황정견黃庭堅의 식시오관食時五觀 내

용을 기술하고 있다. 식시오관이란 '밥 먹을 때 다섯 가지를 생각하라'는 뜻이다.

첫째는 밥이 완성될 때까지 드는 역량과 밥이 어디서 나왔는가를 헤아려야 한다. 이 밥은 갈고 심고 거두고 찧고 일고 지어야 완성되므로 드는 역량만 해도 매우 많은데, 하물며 다른 생명까지 해치면서 자신의 자미(滋味: 맛이 좋고 자양분이 있는 것)로 만들 수 있겠는가. 한 사람의 먹이는 열 사람의 노력에서 나온 것이다. 집에 놀고 있을 때에는 부모의 심력心力에 의해 얻어진 것을 먹게 되므로, 아무리 자신의 재물이라도 어디까지나 부모의 여음餘蔭을 받는 셈이 되고, 벼슬길에 나아가서는 백성의 고혈膏血을 먹게 되므로 더 말할 나위가 없다.

둘째는 자신의 덕행德行이 완성되었는지 결여되었는지 헤아려 공양供養을 받아야 한다. 즉 맨 먼저는 어버이를 섬기고 다음에는 임금을 섬기고 마지막에는 입신양명하는 이 세 가지를 완성한 자라야 남에게 공양받을 자격이 있는 것이다. 여기에 결여됨이 없으면 그만이지만 그렇지 못할 경우에는 마땅히 부끄럽게 여겨야 하므로, 감히 자미滋味를 마음대로 만족시킬 수 없다.

셋째는 마음을 절제하여 지나친 탐욕을 없애는 것으로 근본을 삼아야 한다. 즉 상품의 먹을 것을 보면 아무리 먼 지역에 있는 것이거나 얻기 어려운 것이라도 억지로 구하려 하는 것을 탐貪이라 하고, 하품의 먹을 것을 보면 대뜸 화를 내면서 자신의 구복口腹만을 위하여 괜히 남을 때리는 것을 진嗔이라 하고, 먹는 것이란 배고프지 않을 정도이면 그만인데 기어이 많고 좋은 먹을거리를 구하려 하는 것을 치痴라 한다. 군자君子가 먹는데 배부르기를 요구하지 않는 것은 이 같은 과오를 없애려는 때문이다.

넷째는 바른 처사와 좋은 약(良藥; 여기서는 정당하게 먹는 밥을 말한다)으로 건강을 요양해야 한다. 즉 오곡(五穀; 쌀·수수·보리·조·콩)과 오채(五菜; 아욱·콩잎·염교·파·부추)로 생명을 유지하고 어魚와 육肉으로 노쇠老衰를 지탱하는 것이지만, 건강에는 배고파하고 목말라하는 욕심이 주병主病이 되고, 사백사병(四百四病; 사람의 오장五臟에 있는 각각 81종의 병을 총합한 4백 5종 가운데서 죽는 병을 제외한 것)은 객병客病에 불과하므로 밥을 약藥으로 알아서 건강을 유지해야 한다. 그래서 분수를 아는 자는 젓가락을 들 때에 언제나 약을 마시는 것처럼 여긴다.

다섯째는 도덕道德을 완성해야만 밥을 먹을 자격이 있다. 즉 군자는 밥 먹는 시각에도 인仁을 떠나지 않는 것이므로, 이 같은 다짐부터 있은 뒤에야 밥을 먹을 수 있고 밥을 먹은 뒤에는 도업道業을 게을리하지 않아야 한다.

내용을 살펴보면 밥상이란 단순히 먹기 위한 장소, 음식 맛을 즐기는 장소가 아니다. 내가 먹는 밥 한 그릇, 음식 한 그릇에 담겨 있는 수많은 사람들의 정성과 노고를 헤아려야 한다는 것이다. 마음을 절제하여 음식에 대한 탐욕을 줄이라고 한다. 밥 먹는 사이에도 항상 마음에 사랑하는 마음을 잊지 말라고 한다. 이 구절들을 통해 우리 선조들의 음식을 바라보는 마음, 밥상을 대하는 철학을 엿볼 수 있다. 이처럼 우리에게 밥상머리는 함께 식사하며 음식을 먹는 자리이자 가족 간의 대화를 통해 소통하는 자리이며, 감사와 사랑을 잊지 않는 자리였다.

우리나라만이 아니라 서양에서도 밥상머리에서의 예절과 소통을 중요하게 생각하였다. 페이스북 창업자인 마크 저커버그는 "밥상머리에서 부모님과 함께하는 대화와 토론을 통해 나는 세상을 배웠다."라고 하였고, 영화감독 스티븐 스필버그는 "식사 시간에 항상 부모님은 내 이야기를 재미있다고 격려해 주셨다."라고 하였다. 그는 당시에 격려받았던 다양한 이야기에 영감받아 좋은 영화를 찍을 수 있었다고 이야기한다. 또 구글 창업자인 래리 페이지는 "식사 시간에 나눈 대화 덕분에 나는 끊임없이 생각하고 읽고, 그리고 상상하게 되었다."라고 하였다. 이렇게 오랜 시간 동안 밥상머리에서 이루어진 사람들의 삶을 살펴보면 사실 동서양이 별반 다르지 않은 것 같다.

밥상, 요즘 말로 하면 식탁은 사실 밥만 먹는 공간은 아니다. 식탁에서 커피나 차도 마시고, 책을 보거나 공부하기도 하고, 인터넷이나 SNS를 하기도 하고, 또 빨래를 개기도 한다. 우리 집은 식탁에서 가족이 모여 차를 마신다. 처음에는 내가 좋아서 차를 마셨고, 시간이 가면서 가족들과 함께 대화할 수 있는 시간을 만들기 위해 차를 마셨다. 사실 아이들이 사춘기의 시기를 겪으면서 아이들과 함께 대화할 수 있는 장소와 시간이 간절해졌다. 그래서 시작된 것이 바로 밥상머리에서 차 마시는 일이었다. 처음부터 차 마실 생각을 했던 것은 아니다. 아이들과 소통할 방법을 모색하다 함께 식사하는 시간을 만들면 좋겠다고 생각했지만, 대한민국에 살고 있는 청소년들이 부모들과 함께 느긋하게 식사하는 일은 참으로 어려운 일이었다. 그래서 생각한 것이 바로 오후 10시에 가족이 모두 모여 30분간 함께 차를 마시는 것이었다. 처음 3개월은 정말 30분간 차만 마셨다. 그런데 매일매일 차를 마시자 점차 변화가 일어났다. 아이들이 스스로 학교와 학원 이야기, 친구 이야기, 그리고 고민이나 불만 등 자신의 이야기를 시작하게 된 것이다. 나중에는 신문이나 뉴스에 나오는 정치·경제 이야기 등을 나누며 궁금증을 풀거나 서로의 생각을 공유하는 시간이 되었다.

개인적으로 나에게 차는 마시면서 맛과 향을 즐기고 공부할 수 있는 매개체이지만, 가족과 함께 밥상머리에 앉아 마시는 차는 가족과 대화하며 소통할 수 있는 매개체이다. 어떤 차도 상관없다. 다기茶器가 없다고 시작 못 할 일도 아니다. 머그잔에 티백 하나 넣고 차 마시는 시간을 갖는 것만으로 우리 집의 차 문화를 만들 수 있고 함께 서로의 이야기를 공유할 수 있다. 차를 통해 가족문화를 형성하여 새로운 밥상머리 문화를 만들어 보자. 내 앞에 앉은 가족이 나에게 얼마나 소중한 사람인지 다시금 깨닫는 시간이 될 것이다.

영화《음식남녀》와 청차

영화《음식남녀》를 보면 주인공들이 차를 마시는 장면이 등장하는데, 그때 마시는 차가 바로 대만 청차靑茶인 고산차이다. 고산차를

영화《음식남녀》中 고산차를 마시는 모습. 차는 단순히 목마름을 해결하기 위해 마시는 음료가 아니라 나와 타인의 소통을 위한 매개체이다.

마시는 장면은 두 번 등장한다. 친한 친구의 죽음으로 마음에 상처를 안고 우두커니 앉아 있는 아버지에게 고산차를 권하는 장면, 그리고 둘째 딸이 회사 동료와 오해를 풀고 고산차를 마시며 새로운 친구로 거듭나는 장면이다.

청차

청차는 발효과정을 거쳐 원하는 향과 맛이 나면 살청으로 더 이상 발효되지 않도록 품질을 고정시키고 유념과 건조로 마무리하는 차이다. 청차의 기원은 중국 복건성 무이산武夷山으로 명나라 말, 청나라 초기(17세기 중엽 전)에 만들어져 18, 19세기 유럽에서 명성을 떨쳤다. 19세기 청차는 복건성을 비롯한 광동성 동부와 대만 등지에서 생산되었으나, 20세기 초 청나라 멸망 후 1950년에 이르러 중국 내전으로 인해 생산이 쇠퇴하였다. 그러나 1980년대 이후부터 차의 건강 및 보건 효과뿐만 아니라 청차의 매혹적인 향과 맛을 많은 사람들이 사랑하게 되면서 청차의 소비가 급속히 향상되고 있다. 청차는 녹차에 가까운 맛과 향에서부터 홍차에 가까운 맛과 향을 가지는 폭 넓은 품질로 소비자에게 좋은 반응을 얻고 있는 것이다.

청차는 대체로 마른 찻잎의 색상이 짙은 녹색과 청갈색이고, 찻물색은 녹황색에서 황홍색까지 다양하며, 천연적인 꽃향과 과일향이 있고, 맛은 짙고 농후하다. 대부분의 청차는 우린 잎의 일부분이 홍색이고 나머지 부분은 녹색이어서 '녹엽홍양변綠葉紅鑲辺'이라 표현하는데, 녹색 찻잎에 가장자리는 붉은 현상이 뚜렷하게 나타나기 때문이다. 청차는 발효 정도(15~70%)에 따라 맛과 향이 다양한데, 녹차에 가깝게 발효시키는 포종차와 홍차에 가깝게 발효시키는 백호오룡 등이 대표적이다.

청차는 오룡차烏龍茶라고도 불리며 부분발효차에 속한다. 가공 과정은 채엽, 위조, 주청, 살청, 유념, 건조의 과정을 가진다.

채엽采葉은 차를 따는 과정이다. 1창 5기 정도의 찻잎을 따는데, 청차 특유의 향과 단맛을 위해 어느 정도 성숙한 찻잎을 사용한다. 위조萎凋는 찻잎을 시들시들 말리는 과정으로 쇄청曬靑과 량청晾靑의 과정을 거친다. 쇄청은 실외에서 찻잎을 말리는 과정으로 찻잎을 따서 햇빛에 널어놓아 수분을 증발시켜 잎을 부드럽게 한다. 량청은 실외에서 햇빛으로 찻잎의 수분이 너무 많이 증발하는 것을 막기 위해 실내로 옮겨 그늘에 펼치고 수분을 증발시키는 과정이다. 주청做靑은 찻잎과 찻잎을 서로 살살 부딪치게 하는 공정으로 청차의 향기를 생성하는 가장 중요한 가공 과정이다. 주청 과정을 통해 잎 가장자리의 세포조직이 파괴되면서 효소의 촉매작용으로 인해 향기 성분의 형성이 활발히 이루어져 청차의 독특한 맛과 향을 나게 한다. 주청은 요청(요청기에 돌려가면서 차엽을 부딪쳐 발효를 유도하는 과정)과 교반(채반 위에서 원주 회전과 위 아래로 흔들어 주고 뒤섞어 주면서 잎의 가장자리를 파열시켜 청차의 향기를 내는 과정), 정치(찻잎을 만지거나 옮기지 않고 가만히 널어 두는 과정)를 여러 차례 반복하면서 이루어진다.

차를 공부하던 초기에 청차를 마신 적이 있었는데 차에서 꽃향기가 났다. 그래서 이 차에는 무슨 꽃이 첨가되었느냐고 물었더니, 꽃향기를 첨가한 것이 아니고 차 자체에서 나는 향이라고 하였다. 푸른 찻잎을 가공하여 이렇게 향기로운 꽃향을 만들 수 있다니…… 무슨 마술이라도 부린 것 같았다. 마법사가 마술을 부리듯 차를 만드는 제다인은 주청을 통해 차에 향기를 불어넣는다.

이렇게 서로 부딪친 찻잎은 발효가 진행되며 붉은색으로 변하게 되는데, 정치과정을 통해 찻잎을 지켜보면서 원하는 향기가 나올 때까지 발효시킨다. 처음에는 풋풋한 향이었다가 시간이 지나며 꽃향기에서 과일향기로 변한다. 원하는 향이 올라오면 더 이상 발효되지 않도록 찻잎을 살청殺青한다. 만약 찻잎이 노쇠한 잎이라면 위조와 주청을 거치는 동안 수분함량이 적고 뻣뻣해지기 때문에 고온에서 빠르게 덖어준다. 청차의 유념揉捻은 포유包揉와 단유團揉라는 찻잎을 둥근 모양으로 만드는 독특한 방법으로 진행되는데, 특히 이러한 방법은 복건성 남쪽의 민남지역 청차와 대만 청차에서 나타나는 특수한 공정 중 하나이다. 건조乾燥는 찻잎의 수분을 제거하고 차의 외형을 완성시키는 단계로 차의 맛과 향을 최종적으로 결정하는 마지막 공정이다.

청차는 발효 정도(15~75%)에 따라 경발효차輕醱酵茶, 중발효차中醱酵茶, 중중발효차中重醱酵茶, 중발효차重醱酵茶의 4종류로 나뉜다. 대표적인 경經발효차는 대만 대북의 문산포종이며, 중中발효차는 중국 복건성 남쪽 안계의 철관음이다. 중중中重발효차는 중국 광동성 조안의 봉황단총이 대표적이며, 중重발효차로는 중국 복건성 북쪽 무이산의 대홍포, 대만 아미현의 백호오룡이 유명하다.

청차의 주산지는 중국 복건성과 광동성 그리고 대만 등 세 지역이 중심을 이룬다. 청차의 발생지이자 최대산지인 복건성은 세부적으로 북쪽을 민북閩北, 남쪽을 민남閩南으로 분류한다. 민북閩北청차는 복건성 북부 무이산 일대에서 명나라 시기인 1567~1590년경부터 생산된 차로 '무이암차'라고도 한다. 외형은 살짝 구부러져 있는 형태이며 윤기가 있으면서 황록, 황갈, 암록색을 띤다. 향은 농후하며, 맛은 진하고 무거우면서도 상쾌하고 뒷맛이 달다. 대표적인 민북청차로는 대홍포, 철라한, 백계관, 수금귀 등이 있다. 민남閩南청차는 복건성 남쪽 지역 안계 일대에서 청나라 시기인 1725년경부터 생산된 차로서 '철관음'이 가장 유명하며, 청차의 왕王이라고 불릴 만큼 최고의 상품으로 대접받고 있다. 외형은 대다수 둥글게 보이는 반구형으로 잘 말려 있고 균일하며 튼실하다. 향기는 맑고 그윽하며 천연의 난향이 나고, 찻물 색은 맑은 금황색을 띠며, 첫맛은 조금 쓴맛도 있지만 곧바로 입안에서 단맛을 느낄 수 있다. 대표적인 민남청차로는 철관음, 황금계, 모해 등이 있다. 광동청차는 광동성 조주시의 봉황산에 속한 오동산(1,500m) 지역에서 주로 생산되는 차이다. 종류로는 봉황수선, 봉황단총, 영두단총 등이 있고, 그중 봉황단총의 품질이 가장 우수하다. 단총은 약 100여 종이 있는데, 향기가 오래 지속되고 농후한 천연 화향을 가지고 있다. 대만은 청차의 생산이 많으며 국내외적으로 호평을 받고 있다. 다양한 청차 계열이 발달하였는데 그중 일찍부터 가장 널리 알려진 차는 남투현의 동정오룡이다. 오늘날 세계 사람들에게 사랑받고 있는 동정오룡은 맑은 황색의 찻물 색과 농후하고 잘 익은 과일 향의 맛을 가진 청차이다. 이외에 대표적인 대만 청차로는 문산 포종, 목책철관음, 아리산오룡, 리산오룡, 대우령, 백호오룡 등이 있다.

대만 청차의 품질과 기술은 중국 복건성과 광동성 지역 사람들의 이주와 밀접하게 연관되어 있다. 이 지역은 주로 청차를 생산하던 곳으로, 여기서 대만으로 이주한 사람들이 자연스럽게 차를 재배하고 청차를 만든 것이다. 이후 대만은 끊임없는 연구와 개진으로 현재의 차 산업을 일구어냈다.

대만을 대표하는 청차, 고산차

고산차高山茶는 한자 그대로 풀면 높은 산에서 나는 차를 말한다. 그럼, '고산차'라는 이름으로 불리려면 산은 도대체 얼마나 높아야 하는 것일까? 우리나라(남한)에서 제일 높은 산은 한라산으로 1,950m이다. 그런데 대만은 산도 많고 높은 산도 정말 많다. 우스

갯소리로 대만에서 '우리 집 앞산이야.'라고 소개하면 보통 1,000m를 넘거나 2,000m, 3,000m가 되는 산도 있다고 하니 우리나라에서 높다고 하는 산들은 명함조차도 못 내밀 정도이다. 고산차는 보통 1,000m 이상의 높은 산에서 딴 찻잎으로 만든 차를 말한다.

　일반적으로 주요한 고산차 산지로 알려진 지역은 대우령, 아리산, 리산, 기래산 등이다. 이 중 대우령은 해발 약 2,600m로 엄청난 높이를 자랑한다. 대만차 중 가장 높은 지역의 찻잎으로 만든 것이 대우령 차라고 보아도 좋다. 대우령은 높은 고도로 시원하고 햇볕

대우령 다원의 모습 (다도대학원 정인오 교수 제공)

대우령 찻잎 (다도대학원 정인오 교수 제공)

아리산 다원의 모습 (다도대학원 정인오 교수 제공)

은 뜨거우나 안개가 잦아 일조량이 적정하며 습한 공기가 형성되기 쉽다. 이런 환경은 찻잎의 성장을 둔화시키고 많은 성분을 함유하게 하여 맑고 향기로운 차가 만들어지도록 돕는다. 따라서 대우령 차는 최고급 대만 고산차의 대명사로 불린다.

아리산은 대만의 유명한 관광지이며 고산차로도 유명하다. 풍부한 햇볕과 운해로 은은한 청향과 강한 단맛을 가진 매력적인 아리산 차는 사계절 수확이 가능하고 다른 지역의 차보다 비교적 저렴하여 가장 대중적인 고산차로 사랑받고 있다.

대만 고산오룡 찻잎 (다도대학원 정인오 교수 제공)

이외에도 대만에서는 차 이름에 '고산'이라는 이름이 붙은 고산 오룡, 고산금훤 등과 같은 차도 있다. 고산금훤은 대차 12호인 금 훤 품종으로 만든 오룡차로 맑은 녹황색을 띠고 맛이 부드럽고 매 끄러우며 달콤한 꽃향을 가진다.

그 외 대만을 대표하는 청차들

대만 청차의 품질과 기술은 중국 복건성 지역에서 전파되었으며 끊임없는 연구로 현재에 이르게 되었다. 다양하게 발달한 대만 청 차는 동정오룡, 고산오룡, 목책철관음, 백호오룡, 문산포종 등 크게 다섯 가지 정도로 구분할 수 있다.

대만을 대표하는 청차로 손꼽히는 차는 동정오룡이다. 동정오룡 은 남투현 동정산의 찻잎으로 만들며, 건조된 차의 모양은 돌돌 말 린 구형이다. 동정산은 동정凍頂, 언 정수리라는 이름에서 짐작할 수 있듯, 산 정상의 기온이 낮고 가파른 산세로 인하여 안개가 많 으며 낮과 밤의 일교차 또한 크다. 동정산의 지리적 요건은 향기롭 고 맛있는 차가 나올 수 있는 모든 요건을 갖추었다고 할 수 있다. 은은한 꽃향기가 진하고 강렬하게 풍기는 동정오룡은 청차의 대표 주자로, 대만의 차 대중화에 앞장서며 차 마시는 분위기를 선도하 였다.

문산포종은 대만 청차 중에서 산화도가 낮은 차이다. 신북시 문 산차구를 대표하는 청차로 꼬불꼬불한 조형이며 짙은 에메랄드의 녹색을 지녔다. 우려낸 찻물에서는 꽃향이 나고 산화도가 낮아 신선한 맛이 특징이다.

차 이름을 붙이는 방법에는 몇 가지 원리와 특징이 있다. 중국 안휘성을 대표하는 황산모봉의 경우 안휘성 황산 주변에서 생산되며 찻잎의 모양이 뾰족하고 솜털이 많아 이름 붙여진 것으로, 산지와 찻잎 모양을 붙여 이름 지었다. 중국 복건성의 안계철관음은 안계지역에서 생산되며 철관음 품종의 찻잎으로 만들어 이름 붙여진 것으로, 산지와 차 품종을 붙여 이름 지었다. 그럼 문산포종은 어떻게 이름 지어진 것일까? 문산은 차가 생산되던 지역의 이름인데, 포종은 어떤 의미가 있을까? 포종包種은 차를 종이에 싸서 유통한 데서 붙여진 이름이라 한다. 종이에 차를 포장했으므로 포종차라고 부른 것이다. 대만차를 종종 '북포종北包種', '남동정南凍頂'이라 말하기도 한다. 대만의 북쪽에는 향긋한 꽃향을 가진 청향형의 포종차가 유명하고 남쪽에는 숙향의 오룡차가 유명하다는 말이다.

대만차 중 대만을 대표하는 하나의 차를 고르라면 망설이지 않고 백호오룡을 고르겠다. '동방미인'이라는 이름으로 더 잘 알려진

백호오룡(동방미인) 찻잎과 소록엽선 모습 (다도대학원 정인오 교수 제공)

백호오룡은 소록엽선으로 인해 상처 난 찻잎으로 만들어진 특별한 차이다. 소록엽선(일명 초록매미충)은 대만의 따뜻한 온도와 습기, 빛이 충분한 곳에서 활동하는 벌레로 차나무의 생육 조건과 일치하는데, 주로 5~6월에 가장 왕성한 활동을 한다. 소록엽선이 어린 찻잎의 즙을 빨아 먹으면 그 자리가 붉게 변하며 반점이 생기고, 찻잎은 더 이상 자라지 못하고 쭈글쭈글해진다. 벌레 먹은 잎은 처음부터 울긋불긋하고 잎이 꼬부라든다. 그런데 소록엽선이 만든 작은 상처는 찻잎의 산화를 촉진하여 매력적인 꿀향을 생성시켰다. 과거에는 이 꿀향을 소록엽선이 찻잎의 즙을 빨아 먹을 때 찻잎에 침투된 타액으로 인하여 만들어진 것이라 여겼다. 그러나 최근 연구에 의하면 백호오룡의 꿀향은 소록엽선의 천적인 흰눈썹껑충거미를 유혹해 불러들여 소록엽선을 잡아먹도록 유도하기 위해 찻잎에서 생성한 것으로 알려졌다. 차나무는 자신에게 덮친 고난을 스스로 이겨내고 오히려 차의 향미를 끌어올리며 더욱 고급스럽고 독특한 차를 만들어 낸 것이다.

대만의 개량차, 대차台茶

본래 차나무는 씨앗(종자)을 심는 '유성생식' 방식으로 번식하였다. 그러나 씨앗으로 번식된 차나무는 매번 똑같은 차나무를 길러내지 못한다. 마치 한 부모에게서 태어난 자식이지만 생김새나 성격이 각각 다른 것처럼 말이다. 인위적으로 변하게 유도한 것은 아니지만 자연적으로 변화하는 차나무는 수많은 변이종이 존재한다.

따라서 유성생식을 통한 차나무로 차를 만들 경우, 항상 같은 맛과 향을 만들 수가 없다. 차가 상품화되면서 같은 향과 맛을 지닌 차를 만들 수 없다는 것은 큰 결함이었다. 그래서 균일한 품질의 차를 만들기 위해 가지를 꺾어 땅에 심는 꺾꽂이나 나무의 가지를 그대로 땅에 심어 뿌리내리게 하는 휘묻이 방식의 무성생식으로 차나무를 관리했다. 그러다 인위적으로 개입하여 본격적으로 새로운 차를 만들려는 시도가 시작되었다. 인위적인 선발 과정을 거쳐 의도적으로, 특별한 성질이나 형태를 가지도록 서로 다른 종류의 나무를 연결하여 접목하는 방식을 취한 것이다. 이렇게 만들어진 개량차는 기존 차나무보다 많은 생산량, 좋은 맛과 향을 가진 형질을 획득하게 된다. 사실 말과 글로는 간단하게 정리할 수도 있고 무척 간단한 일로 보이기도 하지만 차나무를 개량한다는 일은 쉬운 일이 아니다. 기술적으로도 어렵지만 많은 자금이 들기 때문에 차 산업이 발달된 나라에서나 가능한 일이다.

대만에서는 개량된 품종에 호수를 붙여 대차 1호, 대차 2호 등등으로 부른다. 개량되었다고 해서 모두 번호를 부여받는 것도 아니다. 수많은 전문가에게 동의를 받아야 비로소 번호를 붙일 수 있으니 대차台茶 번호를 붙이는 일도 간단하지 않다. 또 대차 번호가 붙었다고 해서 모두 차로 성공하지도 못한다. 현재까지 약 23종의 대차가 있지만 성공한 차는 대차 8호 아살모, 대차 12호 금훤, 대차 13호 취옥, 대차 18호 홍옥, 대차 21호 홍운 정도다. 이 중에서 아살모, 홍옥, 홍운은 주로 홍차를 만드는 품종이고, 금훤과 취옥 품종은 청차를 만드는 데 쓴다. 대차 12호인 금훤은 대만에서 공식적으로 출시된 23종의 품종 중에서 가장 인기가 높은 품종으로 풍부한 꽃향기와 함께 우유향을 가지고 있다. 맛과 향이 훌륭할 뿐 아니라 생산량도 많은 차다. 대차 13호인 취옥은 차의 풍미가 훌륭하고 풍부한 생산량을 자랑하며 야생 생강, 계화, 치자화 등과 같은 진한 꽃향기를 가지고 있다. 그래서 진한 꽃향을 좋아하는 사람들에게 사랑받는다.

대만 청차, 향기를 듣다

문향배聞香杯는 대만에서 처음 만들어졌다고 알려진 '향기를 듣는 잔'이다. '향기를 듣는 잔', 어떻게 향기를 들을 수 있을까? 향기를 맡는 것이 아니라 향기를 듣는다는 표현은 마치 소리를 듣는 것이 아니라 본다는 표현처럼 한 편의 시구 같다. 차 한잔에서 오롯이 배어 나오는 향기를 감상하는 찻잔 이름을 문향배로 표현한 옛사람들의 풍류는, 그냥 멋지다는 말만으로는 표현이 안 된다. 차는 오랜 시간 동안 사람들에게 단순히 마실거리 음료가 아닌, 인생을 멋스

문향배와 품명배

럽게 즐기게 해주는 것이었나 보다.

향기를 이루는 성분은 많은 분자로 구성되어 있는데, 무겁기도 하고 가볍기도 하다. 대부분 대만 청차는 향기 성분이 가볍다. 그래서 꽃향이 강하고 화려하지만 가벼워서 금세 사라지고 만다. 그런 이유로 조금이라도 더 향이 머물 수 있도록 만들어진 잔이 바로 문향배이다. 문향배는 좁고 길게 만들어져 있는데, 이렇게 잔을 좁고 길게 만들어야 자유분방하게 움직이는 향기 분자의 직진성을 높일 수 있다. 두 손으로 문향배의 잔을 잡고 코에 갖다 대면 향기 분자가 코에 닿을 수 있는 길이 생긴다. 다채로운 대만 청차의 향기를 잘 느끼기 위해 고안해 낸 과학적인 찻잔이 바로 문향배인 것이다. 향기를 듣는 잔인 문향배와 짝꿍을 이루는 찻잔은 품명배品茗杯이다. 품명品茗, '차의 맛을 보다'는 뜻으로 품명배는 차를 맛보는 잔을 말한다. 우리가 일반적으로 사용하는 찻잔 형태이다.

차를 잘 우리는 사람은 몇 번을 우려도 같은 맛과 향을 낸다. 첫 번째 우림은 마른 찻잎이 잘 펴지지 않아 맛이 조금 흐리고, 두 번째 우림은 퍼진 찻잎이 온전한 맛을 내며, 세 번 이후에는 차 속의 물질들이 점점 줄어들기 때문에 맛도 싱겁게 되기 쉽다. 그래서 매번 같은 맛과 향을 즐기기 위해 첫 번째 우림은 길게, 두 번째 우림은 짧게, 세 번 이후의 우림은 다시 길게 우려내는 기술이 필요하다. 그러나 이런 기술보다 더 중요한 것이 있다. 그것은 바로 차를 우리는 사람의 정성을 다하는 마음가짐이다.

육우가 『다경茶經』에서 강조한 차의 정신 '정행검덕精行儉德'은 행실이 바르고 단정하며 검소하고 겸허하여 덕망을 갖추었다는 의미이다. 여기서 정精은 성誠과 통한다. 정행精行이란 성행誠行, 바로 정성스러운 행동이다. 『중용中庸』에서는 "성이란 하늘의 도이다. 성해지려는 것은 사람의 도리이다.(誠者, 天之道也. 誠之者, 人之道也.)"라 하였는데, 정성을 기울이는 일이 사람의 도리라고 강조하였다. 모든 일은 마음에서 시작된다. 한 잔의 차를 대접하기 위해 물을 끓이고 차를 준비한다. 차에 맞는 다기를 고르고 우려진 차를 다기에 담는다. 이러한 정성의 마음과 행동은 차를 대접받는 사람에게 오롯이 전해진다. 그렇기에 한 잔의 차일지라도 정성을 다해야 하는 것이다.

　고풍스러운 백 년 된 찻집에서 차를 마시는 것도 좋고, 길거리 자판기에서 차 음료를 마시는 것도 좋다. 고급 잎차를 다기에 우려 마시는 것도 좋고, 티백을 머그컵에 넣어 간단히 즐기는 차 한잔도 좋다. 작지만 섬세하고 다양한 차를 마시는 경험은 모두 소중하다.

　한잔의 차를 마시며 먼저 나와 만나는 경험을 하자. 몸과 마음이 건강해지고 나를 사랑하는 마음이 생겨날 것이다. 다음은 차를 통해 삶과 만나보자. 나와 가까운 사람들, 가족이거나 친구, 혹은 회사 동료일 수도 있다. 그들과 같이 차를 나누며 함께하는 즐거움을 느껴보자. 함께하는 찻자리에는 상대를 존중하고 배려하는 마음, 사랑하는 마음, 정성을 다하는 마음이 있어야 한다. 그들과 소통하는 차 한잔은 나에게 즐거움과 행복을 준다.

　자, 이제 준비되었으면 나와 혹은 우리와 함께하는 소통의 차 한잔을 즐겨보자. 즐거움과 행복한 삶을 위하여!

참고문헌

『禮記』

『中庸』

『孟子』

『青莊館全書』

『茶經』

『史記』

『高唐賦』

기적의 밥상머리 교육, 김정진, 예문, 2021.

대만차의 이해, 왕명상, 한국 티소믈리에 연구원, 2021.

홍 차

예 절 과

문질빈빈

영화《**빅토리아 & 압둘**》

• 김현수 •

이화여자대학교 법과대학에서 법학을 전공하였으며 성균관대
학교 유학대학원 예절다도 석사를 거쳐 동 대학원 유학동양한
국철학과에서 유학을 전공하고 있다. 한국 티소믈리에 연구원
에서 자격증 과정을 강의했다. 「19세기 영국 차문화의 雅.俗겸
비경향」에 관한 연구를 기반으로 홍차와 홍차 문화에 대하여
지역문화원과 기업 및 학교에서 강의하고 있으며, GTA 한국 골
든티어워드 심사위원으로도 활동하고 있다. 현재 성균예절차문
화연구소 연구원이다.

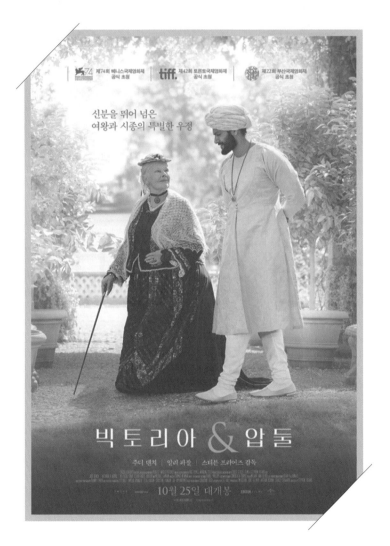

빅토리아 & 압둘

감독 스티븐 프리어즈, 주연 주디 덴치, 알리 파잘

영국, 2017

I. 들어가며

영화《빅토리아 & 압둘》속 홍차예절과 문질빈빈文質彬彬을 살펴보도록 한다. 여왕과 시종에서 친구로, 스승으로 변화하는 두 사람의 관계를 통해 서로 다른 문화의 만남이 어떻게 균형과 조화를 이루며 발전해 가는지 문질빈빈의 의의와 연계하여 분석해 본다. 또한 두 주인공을 얼 그레이(Earl Grey)와 차이(Chai)에 비유하는 문화적 변용으로 인물의 특성과 관계를 조명해 보도록 한다. 이러한 문화적 비유와 상징의 분석을 통해 영화와 홍차의 의미를 다양하게 이해하고 홍차와 홍차예절에 담긴 문질빈빈의 의미를 고찰해 본다.

『논어論語』「옹야雍也」편에 나오는 문질빈빈文質彬彬*은 외적인 문文과 내적인 질質의 조화를 의미한다. 문채의 아름다움과 본바탕이 되는 내용의 질박함을 의미하는데, 문학 비평에서는 내용과 형식의 일치를 의미하며 조화로운 인간관을 지향하는 등 다양하게 적용할 수 있다. 이러한 문질빈빈의 의미를 영화《빅토리아 & 압둘》에서 찾아본다. 영화 초반에 보이는 여왕과 귀족들이 서로를 대하는 예禮에서 드러나는 문질의 불균형은 역설적으로 그 균형의 중

---

* "子曰 質勝文則野, 文勝質則史. 文質彬彬, 然後君子.", 論語 雍也 第7篇 16章.

요성을 자각하게 해준다. 이와 다르게 빅토리아와 압둘은 문질의 불균형을 채워 빈빈을 실천해 가며 발전해 나아가는 것을 확인할 수 있다. 이는 문질빈빈의 묘妙를 인간관계에서 어떻게 적용할 수 있는지 보여준다.

동서양의 문화는 씨실과 날실처럼 연결되어 있다. 서로 다른 문화를 공감할 수 있는 까닭은 문화를 추구하는 인간의 본성과 지향이 동일함에 있다. 동양의 문질빈빈 개념으로 서양의 홍차 문화를 고찰하는 것도 동서양의 정신문화가 연결되어 있기 때문이다. 동양의 문질빈빈으로 영화《빅토리아 & 압둘》속 서양의 홍차예절을 조명하는 시도를 통해 문화는 다양한 모습으로 발현되고 발전하지만 같은 지향을 도모하고 있음을 확인할 수 있을 것이다. 동시에 디지털 텍스트를 분석하는 다양한 시도로 문화를 이해하는 지평을 넓힐 수 있기를 기대해 본다.

II. 문질빈빈文質彬彬, 예禮의 온전한 실천

문질빈빈은 공자가 제시한 이상적인 인격과 문화의 조화를 나타낸다. '문'은 외재적인 문양, 형식, 예법을 의미하며, '질'은 내면적인 도덕적 인의와 생명력을 상징한다. 초기에는 문과 질이 독립하여 사용되었다. '문'은 갑골문자나 『설문해자』에서 몸에 장식한 문양이나 형태를 모사하는 것으로 사용되었으며, '질'은 물건을 저당 잡는 것을 의미하는 등 독립적으로 사용되었다.* 공자에 이르러 문과 질 두 개념이 함께 사용되며 유가 문질론의 기초를 이루었고 인격과 문화의 이상적인 조화를 추구하는 가치로 발전했다. 공자는 질이 문을 앞서면 조야해지고 문이 질을 넘어서면 형식적이 된다고 하여 품위 있는 인격체라면 어느 한쪽으로 치우침 없이 균형을 이루어야 한다고 강조했다.**

문과 질의 관계는 인간의 내외적 발전의 근간이다. 문은 예법과 같은 형식을 의미하며 사회적 상호작용과 문화적 표현의 틀을 제공한다. 질은 개인의 내면적 가치와 도덕성을 나타내며 인격의 근본을 이루는 요소이다. 문과 질은 어느 한 쪽으로 치우침 없이 균형을 이루어야 한다. 질이 풍부하고 문이 부족한 경우 도덕적 가치는 있으나 이를 표현하고 실천하는 외적 수단의 부족을 의미하는 것으로 사회적으로 자연스럽지 못하고 촌스럽게 나타난다. 이와 반대로 문이 넘치고 질이 부족하면 형식적 꾸밈만 남아 내실이 공허하게 된다.

예에 관해 묻는 자하에게 공자는 회사후소繪事後素라 하여 내면의 도덕성(질)이 형식적 예법(문)에 앞서야 한다고 하고 있는데,*** 이는 어느 한쪽에 경중이 있음을 뜻하는 것이 아니라 치우침을 경계하는 것이다. 공자는 늘 문과 질의 균형과 조화를 강조했다.****

---

*   조송식, 동아시아 예술론에서 유가 문질론文質論의 수용과 변환, 2016, 한국미학회, 미학 제82권 1호, p.4.

**   論語 雍也 16, 子曰, "質勝文則野, 文勝質則史. 文質彬彬, 然後君子."

***   論語 八佾 8, 子夏問曰 "巧笑倩兮 美目盼兮 素以爲絢兮 何謂也" 子曰 "繪事後素" 曰 "禮後乎" 子曰 "起予者 商也 始可與言詩已矣"

**** 조송식, 위 논문, pp.6~7.

문질의 조화는 단일 존재의 내외적 발전과 존재 간의 조화 및 예법에의 적용 등 다양하게 해석되고 있다. 선진 시대 문헌에서도 형식과 본질, 예법과 천성의 관계 등으로 다양하게 해석되어 왔다.[*] 문질을 형식과 본질로 보는 해석은 문질을 하나의 존재에서 나타나는 것으로 그 안에서 이상적인 통합을 지향하며, 문질을 예법과 천성으로 보는 해석 역시 문과 질은 별개로 존재하지만 함께할 때 최선을 이루게 되어 균형과 조화를 통한 통합의 상태가 이상적이라 본다. 또한, 예술 미학 분야에 적용되는 문질은 수식과 본연을 나타내어 문은 인위적인 가공을 더한 화려함과 아름다움을 의미하고, 질은 그러한 가공이 배제된 자연의 질박함, 소박함의 의미로 사용된다.[**] 문질빈빈은 개인의 내적 성장과 외적 발전을 통합적으로 추구하는 가치로 사회 공동체 차원에서도 중요한 의미를 지닌다.

문질빈빈은 예의 차원에서 상호 존중과 이해를 가능하게 하는 시작이자 이를 통해 도달할 수 있는 완성이기도 하다. 문의 예절과 규범은 사회의 질서를 유지하는 데 필수적이며, 질의 내면적 가치와 도덕성은 이러한 외적 형식에 실질적 의미와 가치를 부여하여 품위 있는 인격체의 완성을 도모한다. 이러한 문질빈빈의 균형은 단순히 개인의 도덕적 성장에 국한되지 않고 교육, 예술, 그리고 일상생활에 이르기까지 모든 측면에서 적용될 수 있으며 구현되어야

---

[*]   신정근, 「논어에 대한 역사학적 논의」, 서울대학교 철학사상연구소, 철학사
       상 31, 2009.2, p.54.
[**]   신정근, 위 논문, p.55.

한다.

『논어』에서는 "빈빈은 반반班班과 같아서 서로 섞여 적당한 모양새를 의미한다. 배우는 자는 남는 것은 덜어내고 부족한 것은 보충해야 한다는 것을 말씀하신 것으로, 덕德을 이루면 그렇게 되기를 의도하지 않아도 저절로 그렇게 된다는 것을 뜻한다."*고 하고 있다. 문은 외적인 교양과 예술, 문화를 의미하고, 질은 내적인 성품이나 본질을 지칭하며, 빈빈은 바탕과 형식이 잘 조화를 이루어 보기에 좋다는 것이다. 즉 문질빈빈으로 내외의 조화를 이루어야 교양인이라 할 수 있다는 것이다.**

문질빈빈은 공자의 중심 사상인 인仁이 실천된 모습으로 교육과 예술, 일상생활에서도 구현된다. 특히 조선시대 문인의 시서화 등의 문예활동 속에서도 문질빈빈을 추구했다.*** 즉 문질빈빈은 인간이 추구해야 할 이상적인 상태로 외적 교양과 내적 성품이 균형 있게 발전된 상태다. 공자는 문과 질이 어느 한쪽으로 치우침 없이 조화를 이루어야 한다는 점을 강조한다.

유학에서 문질빈빈은 단순히 지식이나 예술을 습득하는 것을 넘어서 이를 통한 인격 수양과 사회적 책임의 이행을 강조한다. 인간

---

* 성백효,『論語集註』, 傳統文化硏究會, 2019, p.175.
 野, 野人, 言鄙吳也. 史, 掌文書, 多聞習事, 而誠或不足也. 彬彬, 猶班班, 物相雜而適均之貌. 言學者當損有餘, 補不足, 至於成德, 則不期然而然矣.
** 한국문학평론가협회,『문학비평용어사전』, 국학자료원, 2006.
*** 심영옥, 동양예술 제25호,「공자의 文質彬彬 심미관과 조선시대 문인화론의 관계성 연구」, 한국동양예술학회, 2014, p.263.

이 사회적 존재로서 역할을 수행하기 위해서는 내면의 덕성을 갖추는 것과 동시에 외적으로도 세련되고 교양 있는 모습을 갖추어야 한다. * 또 문학 비평에서는 형식과 내용의 균형을 의미하며, 예의 실천에 있어서 형식과 마음의 균형을 의미한다. 이를 통해 문인에게 외적 교양과 내적 성품의 균형 있는 발전을 이상으로 삼아야 함을 알려준다. 문질빈빈은 교육과 예술뿐 아니라 일상생활에서도 구현되어야 한다.

문질빈빈은 문인의 문화와 예의 실천에서도 찾아볼 수 있다. 조선시대 문인화론은 문질빈빈과 연결되어 있다. 문인화는 조선시대 문인들이 추구한 예술 형태로, 문인화는 미적 즐거움을 넘어선 인격 수양의 수단으로서의 역할을 했다. 문인화를 통해 문인들은 자연과 교감하고 자신의 내면을 성찰하였으며, 이를 통해 문질빈빈한 인격을 구현하고자 했다. 예술을 통한 이러한 실천은 외적인 기교(文)와 내적인 정신(質)의 조화를 통해 진정한 아름다움과 인격을 달성하고자 하는 문질빈빈의 완성과 일치한다.**

문질빈빈은 인간의 내적 성장과 외적 발전의 통합적 추구를 지향하는 가치이다. 나아가 개인의 도덕적 완성뿐 아니라 사회 공동체 차원의 발전을 위한 철학적 기반이며 문예와 예술 등 다양한 분야에 걸쳐 조화와 균형을 실천을 가능하게 한다. 문질빈빈이 추구하는 조화는 개인 수양의 실천과 지향이라는 점에서 차문화의 지

---

* 남상호, 중국철학 제3권, 공자의 문질빈빈적 수양실천론, 중국철학회, 1992.

** 심영옥, 위 논문, p.276.

향과도 맞닿아 있다.

Ⅲ. 영화 소개

1. 영화 줄거리 – Victoria & Abdul

《빅토리아 & 압둘》은 스티븐 프리어즈 감독의 2017년 작품이다. 실화를 바탕으로 한 영화로 알버트 공과 사별한 노년의 빅토리아 여왕과 인도 시종 압둘 카림의 우정을 그리고 있다.

영화는 "영국은 29년간 인도를 공식적으로 지배했다."라는 문구와 1887년 인도 아그라에서 압둘이 무슬림 기도를 하는 모습으로 시작한다. 지배와 피지배, 여왕과 평민이라는 다른 환경과 계층의 차이를 보여준다. 동시에 전통 복식을 유지하고 종교 생활을 하는 모습을 통해 지배와 피지배 관계였던 영국과 인도이지만 각자의 문화를 삶 속에 이어가고 있는 모습을 보여준다. 교도소 간수로 일하던 압둘은 여왕의 골든 쥬빌리 행사에 차출되어 수개월 배를 타고 영국으로 가게 된다. 여왕에게 선물을 전달하는 임무 수행에 압둘과 모하메드가 차출되었고, 이들은 출발하는 당일에야 처음 만난다. 그러나 두 사람의 키 차이가 나란히 선물을 들고 가기 어려울 만큼 크다는 사실에 모두 당황한다. 여왕의 골든 쥬빌리 행사 준비가 기준이나 방향도 없고 책임자도 없이 주먹구구로 진행되는 모습이 그 둘의 어이없는 키 차이에 고스란히 드러난다.

오랜 항해 끝에 도착한 영국 땅에서 처음 듣게 된 것은 "Give me

some money."라는 구걸의 소리였다. 이들을 데리고 온 소령은 이런 소리에 아랑곳하지 않고 "문명세계에 왔도다!(Civializations!)"라고 외치지만 그마저도 연이어 들리는 구걸소리에 묻히고 만다. 게다가 행사 당일에야 확인하게 된 모후르 금화는 형편없이 작은 한 닢 크기에 불과했다. 여왕을 위한 행사라고 하지만 진행과정은 삐걱거리기만 한다. 이런 불균형은 행사 당일에 정점을 찍는다. 화려하게 차려입은 귀족들은 주인공인 여왕에게는 관심을 두지 않는다. 시끌벅적한 연회장에서 누구도 여왕에게 관심을 두지 않는다. 여왕도 자신의 권력을 낭비하듯 주변을 배려하지 않는다. 코스로 제공되는 식사는 여왕이 접시를 비우면 의자 뒤에서 대기하고 있던 시종들이 모든 귀족들의 접시를 동시에 거두어들이고 다음 코스를 제공하는 방식이다. 여왕은 흡입하듯 접시를 비운다. 그러니 귀족들은 담소는커녕 제대로 요리를 맛볼 겨를도 없다. 급하게 먹거나 식사는 포기하고 담소로 시간을 보내거나 할 뿐인데 모든 선택에 여왕은 배제되어 있다.

이제 압둘과 모하메드가 선물을 전달할 차례이다. 손톱만한 모후르 금화를 커다란 벨벳 방석 한가운데 올려놓고, 한껏 차려입었으나 키 차이가 한 옥타브는 나는 두 명의 인도인이 여왕에게 나아가 전달한다. 가장 엄숙하고 장엄해야 할 순간에 연출된 이 우스꽝스러운 모습은 빅토리아 여왕을 둘러싼 문질의 불균형을 보여준다. 그 절정의 순간에 반전이 펼쳐진다. 여왕과 눈도 마주치치 말라는 당부를 누누이 들어온 압둘과 모하메드였다. 그러나 압둘은 애초에 그런 당부를 지킬 생각은 없고 오히려 여왕의 얼굴을 보고 싶

영화 속 고독한 여왕
(씨네21)

어 했던 것처럼 살짝 고개를 들어 여왕과 눈을 마주친다. 그리고 그
대로 얼어붙어 버리고 만다. 그 모습에 화들짝 놀란 대신들에게 한
바탕 혼쭐이 난 후 압둘과 모하메드는 서둘러 인도로 돌아갈 채비
를 한다. 그러나 여왕은 전갈을 보내 그들이 행사가 끝날 때까지 영
국에 머물도록 한다. 다음날 압둘은 눈을 마주친 전 날에 행동에서
한발 더 나아가 여왕의 발에 입을 맞추어 인도식으로 존경을 표한
다. 대신들은 뒷목을 잡고도 남을 일이고 여왕에게는 신선한 시작
이었다. 그렇게 압둘이 영국에 머물러야 했던 하루는 삼 일이 되고
십수 년이 된다.

　영화《빅토리아 & 압둘》은 그 시간 동안 영국의 빅토리아 여왕
과 압둘이 계층과 인종을 넘어 마음을 열고 신뢰하고 지지하며 만
들어가는 관계에 대한 이야기다. 영화는 압둘이 여왕 서거 후 그를
탐탁하게 보지 않는 왕실과 귀족들에게 여왕과의 추억이 담긴 모
든 흔적을 빼앗기고 인도로 돌아가는 모습까지 담고 있다. 영화 속
에서 귀족들의 대응은 편협하고, 압둘은 이해하기 어려울 만큼 순
수한 모습으로 여왕을 대한다. 다소 무리해 보이는 이러한 설정은

당시 영국과 인도의 지배와 피지배 구조를 걷어내고 인간적인 관계에 집중할 수 있도록 하기 위한 장치로 이해할 수 있다. 영화의 시작에 "Based on real events... Mostly"라는 첨언에서 감독의 고민이 엿보인다.

2. 등장 인물

1) 여왕 빅토리아 & 시종 압둘

① 빅토리아 여왕

영화 속 빅토리아 여왕은 30년 전 남편 알버트 대공과 사별하고 고독하게 지내는 중이다. 무소불위 통치자의 면모보다는 삶의 노을녘 즈음에 이른 인간의 모습을 보여준다. 그녀 주변의 귀족과 대신들에게 여왕은 고집불통에 신경질적인 통치자일 뿐이다. 예의 이름으로 그녀를 보필하지만, 예를 핑계 삼아 그녀에게 다가가지 않아 그녀의 외로움은 더욱 깊어질 뿐이다.

② 시종 압둘

평범한 인도 청년 압둘은 우연히 여왕의 행사에 참석하게 되었다가 여왕의 시종이 되고 이후 여왕의 스승이라는 칭호까지 받는다. 압둘의 가족은 카페트를 직조하는 일을 해왔고, 그는 교도소의 서기로 죄수들의 이름과 죄목을 기록하여 관리하는 일을 했다. 압둘은 정식 교육을 받지 못했다. 그러나 그는 코란을 암송한 아버지에게 배우고 익혀 코란을 암송한다. 어떠한 종교이든 경전 전체를 암

《빅토리아 & 압둘》포스터(네이버포스터)

송한다는 것은 공인되지 않았으나 일정 수준의 지식과 소양을 겸비하고 있음을 의미한다. 이는 압둘이 세상을 보는 안목과 타인을 이해하고 소통할 줄 아는 인문학적 소양과 지적 능력을 갖추고 있는 인물임을 보여준다. 이러한 소양에 바탕을 둔 그의 경험과 지혜, 따뜻한 감성은 여왕과 끊이지 않는 대화를 가능하게 해주었고, 이는 여왕이 마음을 열고 두 사람의 관계가 발전해 나아갈 수 있도록 해 주는 중요한 시작이 되었을 것이다.

2) 역사 속 빅토리아 여왕

빅토리아 여왕(1819~1901)은 영국 역사상 가장 오랜 기간 재위한 군주로 1837년부터 1901년까지 64년간 영국과 아일랜드 연합왕국의 여왕으로 재위했다. 빅토리아 시대(Victorian Era)로 명명되며 영국이 '해가 지지 않는 나라'로 자리매김하게 해 주었다. 이 시기 영국은 산업혁명을 바탕으로 세계 최대의 경제 제국으로 발돋움했다. 과학, 문학, 예술 등 다양한 분야에서 괄목할 만한 발전을 이루었으며, 도덕적 가치와 예절을 중시하는 사회적 경향이 강화되었다. 특히 가정의 가치가 강조되어 "Home Sweet Home"이라는 문구가 통용되었으며, 가정 중심의 화목한 삶을 지향했다. 빅토리아 여왕도 금슬이 좋기로 유명했고 대가족의 모범을 보이는 등 가정의 가치를 강조했다.

또한, 홍차가 단순한 음료를 넘어 차문화를 형성하게 된 시기로도 주목받는다. 티타임은 음료를 즐기는 것을 넘어 사회적 계층과 세대 간의 소통을 촉진하고 가정 내에서 유대감을 강화하는 역할을 수행했다. 중간계층 여성들의 도덕 가치 실천을 위한 매개로 홍차가 활용되면서 홍차는 왕실과 귀족의 사치품에서 전 계층으로 확산되었고, 이 과정에서 사회적 상호작용의 중요한 수단으로 자리 잡게 된다. 가정에서 함께 차를 마시며 담소하는 시간은 가정의 소통과 결속을 강화하는 동시에 급격한 경제적 발전으로 인한 정서적 불균형을 잡아주는 역할을 했다. 이는 당시 사회가 중시한 도덕성 강화와 가정의 가치 존중과도 부합하는 것이었다.

여전히 차는 고가였고 계층별 음용하는 차와 기물의 격차는 존재했지만 점차 차는 전 계층의 문화로 자리매김하게 된다. 상류층의 애프터눈 티(Afternoon tea)뿐 아니라 노동자의 티 브레이크(Tea break), 하이티(High tea)와 가정에서의 수유티(Nursery tea) 등 다양한 모습으로 차문화는 영국인의 생활에 스며들었고, 자연스럽게 차와 관련된 예절도 발달하게 된다. 빅토리아 시대(Victorial Era)의 홍차를 중심으로 한 계층 간 교류의 확산과 예절의 발전은 당시 사

회의 도덕적 가치와 질서를 반영하는 동
시에 오늘날까지 영국 문화의 상징으로
이어지고 있다.

IV. 영화 속 문질빈빈

1. 압둘과 여왕의 문질빈빈

1) 압둘, 여왕의 발에 입을 맞추다

압둘은 여왕의 골든 쥬빌레 행사에서 여
왕과 눈을 마주치지 말라는 당부를 깨뜨
리고, 그 다음날에는 한 술 더 떠 여왕의
발에 입을 맞춘다. 영국 귀족의 입장에서
는 '문'을 깨뜨린 곤혹스러운 행동이지만
인도인 압둘의 시각으로 보면 발에 입을
맞추는 행동은 최고의 존중을 나타내므로
무례하다 할 수 없다. 귀족들은 압둘을 무
례하게만 여기는데 여왕은 다른 '문'일 뿐

빅토리아 여왕(young, old)(Wiki)

이라며 그 안에 담긴 '질'을 헤아려 그를
시종으로 곁에 두면서 여왕과 압둘은 소통을 이어가게 된다.

여왕의 시종이 된 압둘은 지근거리에서 여왕을 보필하며 여왕의
삶에 온기를 불어 넣어준다. 여왕의 주위에는 여왕의 마음을 살피
는 이들은 보이지 않는다. 예는 다하지만 여왕의 마음을 살피는 기

미조차 없으니 허울로 다가올 뿐이다. 그 빈자리를 채워준 사람이 압둘이다. 그가 영국 왕실의 예에 서툰 것이 오히려 장점이 되어 그의 마음이 도드라져 보이게 해 준다. 서로 다른 '문'을 가지고 있지만 '질'을 충실하게 담아내는 것을 시작으로 압둘과 여왕은 서로 공감과 유대의 접점을 넓혀간다. 두 사람의 표현은 서로 달랐으나 존중과 배려의 경敬이 담겨 있어 불편하지 않았고 이러한 소통에 기반한 신뢰로 서로의 공감을 확장하며 문질빈빈한 관계를 지속하게 된다.

2) 여왕, 우르드어를 배우다

여왕은 압둘에게 우르드어를 배우겠다며 그에게 여왕의 스승 "문시"라는 칭호를 하사한다. 여기에서 방점이 찍혀야 할 부분은 빅토리아 여왕이 압둘에게 문시라는 스승의 칭호를 내리는 것이 아니라 우르드어를 배우는 것이다. 상대의 언어를 익히는 것은 해독의 수단을 획득하는 이상의 의미를 가진다. 언어의 습득은 그 문화에 대한 보다 깊은 이해로 이어진다. 통치자로서의 필요만으로 여왕이 새로운 언어를 배우지는 않는다. 여왕이 시간과 노력을 들여 우르드어를 배우는 것은 벗에 대한 존중과 신뢰, 상대방의 문화에 대한 존중을 표현하는 것이다. 빅토리아 여왕이 압둘에게 우르드어를 배우는 모습은 서로 다른 문화적 배경을 가진 두 사람이 언어를 매개로 정서적 유대를 쌓아가는 과정인 동시에 벗에 대한 여왕의 문질빈빈한 실천이기도 하다.

다만 압둘에게 여왕의 스승이라는 지위를 부여한 것은 아쉬움을

문시 압둘(씨네21)

남긴다. 벗에 대한 마음을 표현하고 인종과 신분의 차이를 문제 삼는 왕실과 귀족들의 불만을 잠재우기 위한 여왕의 묘수였으나, 오히려 압둘에 대한 반발만 촉발하였을 뿐이다. '文勝質則史요 質勝文則野'*라 하였다. 마음과 형식 어느 하나의 부재도 문제이지만, 어느 한쪽이 과하거나 부족하게 보이는 불균형도 조화롭지 못하다. 어디에서든 '느릿느릿'은 지양해야 할 것이나 '차근차근'은 실수를 줄인다. 그럼에도 불구하고 새로운 언어를 습득하는 여왕의 결단과 실천은 개인적인 호의를 넘어 문화적 다양성에 대한 사회적 차원의 존중과 수용이라는 의의를 가지는 것은 부인할 수 없다.

3) 여왕과 압둘의 관계로 보는 문질빈빈

여왕과 압둘의 관계는 서로 다른 계층과 문화가 어떻게 상호작용

---

* 　論語 雍也 16, 子曰, "質勝文則野, 文勝質則史. 文質彬彬, 然後君子."

하며 긍정적인 영향을 줄 수 있는지 보여준다. 이러한 상호작용은 다양한 경험을 가능하게 하고, 보다 성숙한 인격으로 성장하게 한다. 여왕과 압둘의 대화와 행동, 그리고 귀족들과의 대화와 행동은 문질빈빈의 실천이 개인의 내면적 성장에 국한되지 않고 사회적 관계와 문화적 교류에 역할을 할 수 있다는 것을 보여준다. 동시에 문질빈빈의 실천이 서로 다른 배경과 가치를 가진 사람들 사이에 조화와 이해를 증진시키는 데 기여할 수 있음을 보여준다.

영화 초반 빅토리아 여왕과 압둘이 산책하는 장면이 보인다. 찬란한 태양을 배경으로 두 사람이 걸어오며 담소하는 모습이 스크린에 오래 담긴다. 가까이 기대거나 손을 맞잡아 의지하지는 않지만, 빅토리아와 압둘 두 사람이 아름다운 거리를 유지하고 이야기를 나누며 걷는 모습은 문질빈빈을 오롯이 보여준다.

빅토리아 여왕과 압둘의 산책(씨네21)

2. 홍차예절과 문질빈빈

1) 영화 속 티타임의 상징과 의미

영화는 차문화가 융성했던 빅토리아 시대를 배경으로 하고 있어 티를 마시는 장면을 종종 볼 수 있다. 압둘이 영국에 오기 전, 인도 총독의 집무실에서 총독도 차를 마시며 압둘에게 이야기를 한다. 총독 뒤편으로 보이는 집무실 책장 위에도 은제 차 도구가 세팅되어 있다. 여왕이 아침 식사를 하며 일정 보고를 받는 장면도 그러하다. 식사 테이블은 티 테이블과 구분이 되지 않는다. 티타임은 식사 시간을 의미하기도 했으므로 일상 속에 파고든 차문화를 엿볼 수 있다. 또한 하루의 일정을 보고 받는 내용 중에 "오후에 하이드 파크에서 3만 명의 어린이와 함께 티타임을 가진다"라는 내용을 넣은 것은 티타임이 계층과 연령을 포괄하며 사회 전반에 융성하고 있음을 보여준다.

여왕의 티타임은 압둘을 시종으로 곁에 둔 후에도 볼 수 있다. 그 중 스코틀랜드 발모랑 영지의 언덕에서 티타임을 갖는 모습은 영국 문화를 상징적으로 보여준다. 스코틀랜드 전통 의복을 갖춰 입고 테이블과 의자까지 둘러메고 바람이 거세게 몰아치는 언덕까지 올라가 추위에 덜덜 떨며 티타임을 가지고, 'Everything in Scotland is scratch.'라는 영국식 유머를 더하는 모습은 영화 속 티타임 중 백미로 꼽을 만하다.

여왕과 압둘이 함께 티타임을 갖는 장면은 나오지 않다가 여왕이 압둘에게 스승의 칭호를 부여하여 귀족에 준하는 대우를 받게 한 후에 비로소 두 사람이 함께 차를 마시는 장면이 나온다. 왕실과 귀족의 저항에도 불구하고 압둘의 신분을 같은 문화를 향유하는 계층으로 높인 후에 "차 한잔 하러 왔다."며 압둘의 집으로 찾아가는 여왕의 모습에서 계층의 위계를 중시하는 영국 문화의 특성과 사회적 교류와 정서적 친밀도와 신뢰를 표현하는 방식으로서 티타임의 역할과 차문화의 사회적 위상을 가늠할 수 있다. 또한 압둘의 집에서 이루어진 티타임은 티푸드를 서빙하던 시종에서 티타임을 주관하는 호스트로 격상된 압둘의 모습을 통해 그 지위의 변화를 한눈에 보여준다.

압둘의 집에서 가진 티타임은 영국식 찻잔을 사용했으나 테이블을 두지 않고 인도식으로 둘러앉은 채 이루어진다. 영국 전통의 티타임으로 진행되지 않고 이국적인 요소가 가미되어 변용된 모습으로 볼 수도 있고, 인도의 티타임에 영국 찻잔과 입식 의자로 변화를 준 모습이라 할 수도 있지만 온전히 환대와 감사를 담은 차 한잔의 시간으로 보는 것이 바람직할 것이다.

압둘을 바라보는 여왕의 따뜻한 시선에 이러한 변화를 수용하는 유연한 자세가 담겨 있다. 중심을 잃지 않는 유연한 대처는 문질빈빈을 생각보다 어렵지 않게 이룰 수 있음을 보여준다. 그러나 이와 다르게 압둘과 함께 차를 마시게 된 귀족들의 표정은 일그러져 있다.

문화는 아속雅俗의 층위를 가지며 각각 고유한 특징을 지닌다. 차문화도 상류문화와 대중문화의 층위를 가지며 계층 간 문화적 겸비의 과정을 통해 발전해 왔다. 그러나 이것이 각각의 고유한 특징의 상실이나 혼재를 의미하지는 않는다. 문화는 아속겸비雅俗兼備의 유연함과 화이부동和而不同의 폐쇄적 특징을 동시에 지니고 있기 때문이다.

영국에서 홍차가 국민음료로 자리잡을 수 있었던 것은 계층 상호간 아속겸비에 기반한다. 그러나 이는 단시간에 이루어진 것이 아니며 처음부터 모든 계층의 지지를 받으며 이루어진 것은 더욱 아니다. 시대적 필요성과 오랜 기간에 걸친 다양한 시도와 노력, 합의를 통해 차문화가 상류계층부터 노동자계층에 이르는 전 계층을 아우르며 영국을 대표하는 문화로 자리잡게 된 것이다. 문화의 성장과 발전은 상류문화와 대중문화 사이에 동경과 필요성, 실용성 등이 명분이 되고 환경이 무르익으며 물길이 바뀌듯 자연스럽게 이루어진다. 그러므로 갑작스럽고 어쩔 수 없이 압둘의 티타임에 참석하게 된 귀족들이 보여주는 불편함은 자연스러운 반응이다. 상류계층의 자부심과 선민의식의 집합체인 귀족의 입장에서 인종과 신분이 다른 압둘이 귀족의 신분을 부여받았다 하여 하루아침에 그와 함께 티타임을 하고 심지어 찻자리의 주인(Host)으로 인정하는 것은 어려울 것이기 때문이다. 귀족의 시선에서 불편하기 그지없는 이 티타임은 계급 구조와 그 사이의 긴장을 반영하며 압둘이 상류층 문화에서 어떻게 배제되었는지 알 수 있게 해준다.

2) 홍차예절과 문질빈빈

빅토리아 시대의 티타임은 사회적 상호작용과 계층 간의 교류에 중요한 역할을 했다. 홍차예절은 당시의 도덕적 가치와 예의를 반

티타임(Google.com)

영하고 있다. 티타임에는 세분화된 많은 예절이 있다. 대화의 방식은 품위 있어야 하고 정치, 종교 등 민감한 주제나 논쟁의 여지가 있는 주제는 피했다. 티포트와 찻잔을 쥐는 방법, 차를 마실 때 소리를 내지 않는 방법 등 차를 마시는 데 있어 세심한 주의가 요구되었다. 손님을 대하는 주인의 자세 또한 중요하여 모든 손님을 두루 배려하고 세심한 관심을 기울여야 했다. 티타임은 기품과 교양을 나타내는 사회적인 활동이었으며 홍차예절은 교양과 품격의 지표였기 때문이다.

홍차예절의 구체적인 실천은 시대를 거쳐 변화하게 되었고, 오늘날 캐주얼하고 다양하게 변용된 티타임이 많아짐에 따라 홍차예절은 다소 완화되었다. 그러나 기본 원칙과 매너는 변함없이 영국 차문화의 문화적 유산과 정체성으로 자리하고 있으며, 정식 티타임에서 지켜야 할 예절도 이어져 내려오고 있다.

A. 홍차예절의 실제: 문

① date & time

티타임은 오후 3시에서 5시 사이에 이루어진다. 영국 차문화의 정수라 불리는 애프터눈 티(Afternoon tea)는 19세기 중반 영국의 안나 마리아 러셀 베드포드 공작부인의 일화와 함께 널리 알려져 있다. 점심과 저녁 식사 중에 진행되는 이러한 티타임은 차와 티샌드위치, 스콘, 티케이크 등 간단한 티푸드를 더하여 저녁 식사 전 허기를 달래주고, 무엇보다 사람들과 소통하고 사교하는 중요한 시간이었다. 전통에 따라 오후에 진행되는 것이 일반적이지만 상황에 따라 조정할 수 있다. 티타임의 일정은 참석자들과 사전 조율을 통해 모두가 참석할 수 있는 일자로 정한다. 확정이 된 후 정식으로 초대장을 보내거나 연락하여 확인해야 한다.

② tea

티타임의 물리적 중심은 티(茶)이다. 녹차, 홍차, 허브티 등의 분류에 따라 3가지 종류 이상의 차를 다양하게 준비한다. 빅토리아 시대 티타임에는 다양한 차를 즐길 수 있었다. 차의 구성은 그날의 주제나 계절을 반영하는 것은 물론 손님의 취향을 고려하여 다양하게 준비한다. 준비는 주인의 몫이지만 선택은 손님의 몫으로, 티타임을 즐기는 손님에 대한 존중과 배려의 표현이다. 손님의 취향과 계절 인식, 주제에 대한 해석 등 주인의 세심함과 호스트로서의 능력을 발휘할 수 있는 부분이기도 하다.

이렇게 준비한 티는 우유, 레몬, 각설탕 등도 함께 준비하며, 티타임이 진행될 때 손님은 준비한 차가 제공될 때까지 기다려야 한다. 잔에 차를 따를 때는 한 손으로는 티포트의 손잡이를 잡고 다른 한 손은 뚜껑에 대어 안전하게 따른다. 차를 먼저 따른 후 우유나 레몬 등 취향에 따라 첨가한다. 찻잔을 티스푼으로 저어야 하는 경우 소리가 나지 않도록 주의하고 티스푼을 소서와 몸 사이에 가로로 올려둔다. 찻잔을 잡을 때는 엄지와 검지를 사용하여 찻잔의 손잡이를 잡되 검지를 손잡이 구멍에 넣지 않도록 하고, 새끼손가락을 위로 들어 올리는 'pinky up'을 하지 않도록 주의한다. 찻잔에 살짝 손을 대어 차의 온도를 확인하되 식히기 위해 입으로 불지 않도록 한다.

③ tea food

차를 정한 후에 그에 어울리는 티푸드를 정한다. 대개 간단하게 허기를 채워주는 세이보리(Savory), 스콘(Scone)과 디저트(Petite sweets)로 구성하는 것이 기본이며, 이는 먹는 순서(Eating order)이기도 하다. 다양한 맛과 질감, 색의 조화를 고려하여 차와 마리아주(Mariage)를 잘 이루는 음식들로 준비한다.

대표적인 세이보리류로 연어샌드위치와 오이샌드위치, 에그샌드위치를 들 수 있다. 티 샌드위치는 식빵의 가장자리를 잘라내고 사용하는 것이 정석이다. 티 푸드는 너무 크지 않아 한두 입 정도에 먹을 수 있는 크기로 준비한다. 그러므로 티샌드위치도 속을 풍성하게 채워 만드는 것이 아니라 입을 살짝 벌려서 넣을 수 있는 높이로 준비한다. 티스콘도 너무 크지 않아야 한다. 대략 지름 4cm 내외가 적당하며 클로티드 크림, 딸기잼과 함께 제공한다. 상큼한 레몬 커드를 추가로 준비해 두어도 좋다. 이 외에 빅토리아 샌드위치*와 같은 메인 티푸드를 별도로 준비하여 특별함을 더하는 것도 좋다.

디저트는 너무 무겁지 않은 메뉴로 주인의 창의성을 발휘하여 다양한 맛과 질감을 고려하여 준비한다. 적당한 크기와 함께 가루가 떨어지거나 손이나 입에 묻지 않고 깔끔하게 먹을 수 있는 메뉴로 구성한다. 또한 손님의 알레르기나 비건 이슈 등을 확인하여 비건 푸드와 글루텐 프리 등을 확인한다. 티 샌드위치는 손으로 집어서 먹되 입안 가득 넣는 모양새가 되지 않도록 적당하게 잘라 먹는다. 스콘은 가로로 자르는 것이 예에 맞다. 버터 나이프나 스푼을 사용하여 잼과 크림을 바른다. 주인이 차를 따라주는 동안은 잠시 대화를 멈추고 기다려야 한다. 손님들이 서로 차를 따라 주는 경우에도 마찬가지다.

④ tea table

티타임의 주제에 맞추어 티테이블을 구성하고 준비한다. 찻잔과 소서, 개인접시, 티포트, 슈가 볼, 밀크 저그, 티 스푼 등 다양한 티웨어를 모두 갖출 필요는 없지만, 린넨이나 면으로 만든 테이블보와 찻잔, 소서, 개인접시로 구성된 티트리오는 기본으로 구성해 두는 것이 좋다. 전통적인 은식기를 사용하는 것은 티타임의 격조를 높이는 방법이다. 냅킨은 천으로 된 것이 정통이나 편의를 위하여

---

*   빅토리아 샌드위치(Victoria Sandwich): 기본 스펀지 케이크 사이에 생크림과 딸기잼을 샌드하고 설탕을 뿌려 장식한 케이크를 말한다. 단 것을 매우 좋아했던 빅토리아 여왕이 가장 좋아한 디저트로 여왕의 티타임에 자주 등장했다고 알려져 있다. 이후 여왕의 이름을 따라 빅토리아 케이크로 불리게 되었다.

종이냅킨을 사용할 수 있다. 무릎 위에 올려놓고 입을 가리는 용도로 사용하며 얼굴이나 손을 닦지 않도록 주의한다. 계절과 주제를 담은 센터피스를 배치하되 너무 높거나 풍성하여 시야를 가리거나 짙은 향으로 차향을 해치지 않도록 준비한다. 준비해 놓은 티푸드를 세팅할 때에는 3단 트레이에 세이보리, 스콘, 디저트의 순서로 준비해도 좋지만 3단 트레이가 반드시 있어야 하는 것은 아니다. 다만 높이 차이가 있는 배치는 각자 티푸드를 담아낼 때 동선이 겹치지 않도록 하여 편의를 더하므로 고려하면 좋다. 티타임이 진행되면서 여러 종류의 차가 되므로 티포트에 차를 구분할 수 있도록 표시해 두는 것이 좋다.

요즈음에는 거의 사용하지 않지만 정식 티타임에는 핑거볼(finger bowl)이 제공되어 손가락을 가볍게 씻는 것이 정석이다. 핑거볼은 식사 중이나 식사 후에 손가락을 씻기 위해 깨끗한 물에 레몬 조각이나 꽃잎을 띄워 제공된다. 청결과 품위 유지를 표현하는 핑거볼은 유럽 상류층 식사예절에서 중요한 위치를 차지하는 기물로, 주로 메인 코스와 디저트 사이에 제공되거나 손으로 먹는 음식을 다 먹은 후에 제공된다. 손가락을 물에 살짝 담가 씻은 후 준비된 핸드타올이나 냅킨으로 물기를 닦도록 한다. 이때 주변에 물이 튀지 않도록 주의하고 사용 후 원래 자리에 돌려놓도록 한다. 오늘날 청결만을 위하여 핑거볼이 사용되는 경우는 드물다. 전통적인 티타임이나 공식적인 자리에서는 핑거볼이 제공되기도 하는데 손님에 대한 주인의 존중과 배려의 의미가 크고 티타임의 격조를 높여주는 역할을 한다.

좌석은 호스트가 정해주는 것이 원칙이다. 손님들의 성향과 친밀도를 고려하여 티타임이 편안하게 진행될 수 있도록 배려한다. 티푸드는 한꺼번에 가득 접시에 쌓아두지 않고 지금 먹을 것만 하나씩 가져다 먹도록 한다. 티타임 중에 자신이 좋아하는 차와 티푸드를 주변에 함부로 권하는 것은 조심해야 한다. 각자의 취향과 선호에 따라 편안하게 즐기는 것이 우선이므로 준비된 차와 티푸드에 대한 찬사로 주인에게 감사를 표현하는 것은 마땅하지만 비록 선의에 의한 권유라 하여도 부담이 될 수 있으므로 유의한다. 또한 편안한 대화를 지향하나 지나치게 혼자 많이 이야기하는 것을 삼가고, 여유롭게 즐기는 티타임이니 급하게 먹거나 마시지 않도록 한다.

⑤ tea manner

그날의 티타임의 주제에 맞추어 정장 혹은 세미 캐주얼 등 적절한 복장을 갖춘다. 다만 지나치게 편안하거나 소매가 없는 옷은 지양하는 것이 좋다. 무엇보다 티타임은 사교의 시간이다. 논란이 될 수 있거나 민감한 주제는 피하고 공통의 관심사를 찾아 담소하되 적절한 매너를 유지하는 것은 필수이다. 티타임을 마친 뒤에는 주인에게 감사 인사를 전하고 집으로 돌아온 후 정식으로 감사를 전하는 것이 좋다.

이 외에도 다양한 기물마다 올바른 사용법이 존재하며 티타임의 준비와 진행 마무리에 이르기까지 구체적이고 세세한 예절사항들이 있다. 홍차 예절은 하루아침에 만들어지거나 일부러 복잡하게 만들어 놓은 것이 아니다. 수많은 홍차 예절을 아우르는 중심에 정성과 전통 그리고 손님에 대한 배려가 존재한다.

B. 홍차 예절의 정신: 질

수많은 홍차예절의 중심에는 정성과 환대(Hospitality), 전통 (Tradition), 존중과 배려(Honor of the guest)가 존재한다.

① 정성과 환대 (Hospitality in Tea Etiquette)

티타임에서의 환대(Hospitality in Tea Etiquette)는 단순한 환대를 넘어선다. 준비에서 마무리에 이르기까지 주인의 행동에 정성이 담겨 있어야 한다. 이는 손님들에게 티타임을 편안하게 즐기고 감사를 느낄 수 있게 해준다. 계절의 정취와 티타임의 주제, 손님의 취향 등을 고려하여 정성스럽게 준비한 티와 티푸드, 그리고 손님의 취향을 고려한 조화로운 세팅과 장식도 손님에 대한 환대의 마음을 정성스럽게 살피고 표현하는 방법이다. 이러한 정성과 환대는 주인의 티타임 준비의 시작과 마무리를 함께하는 기본이다.

② 전통의 계승 (Tradition)

여기서 전통이란 오랜 시간에 걸쳐 전해져 내려온 차의 음용 방식과 예절 등을 포함한 차문화를 의미한다. 전통은 가정과 사회 공동체 및 국가 차원에서 문화 형성의 기반이 되며 문화적 특성을 부여한다. 나아가 차를 음용하는 행위를 문화적 행위로 승화시켜주는 기반이 된다. 이러한 전통은 차 문화를 형성하고 유지하는 데 무엇보다 중요한 요소이다. 전통의 수용과 계승은 티타임의 격조와 깊이를 더하여 주객主客 모두에게 의미있는 티타임을 선사한다.

　전통은 다양한 방식으로 티타임에 구현될 수 있다. 얇게 저민 오이와 딜크림이 조화로운 오이 샌드위치, 지름 4cm를 넘지 않는 단정한 스콘, 클로티드 크림과 잼, 샌드위치로 불리지만 심플한 제누아즈에 부드러운 크림과 라즈베리잼이 샌드된 케이크인 빅토리아 샌드위치 등은 전통적인 티푸드이다. 전통적인 티푸드와 계절과 주제에 맞추어 전해 내려오는 티웨어들로 티타임을 준비하는 것도 전통을 표현하는 방법이다. 의미를 알면 더욱 가치를 발하는 전통은 세대를 이어 내려오며 차문화의 깊이를 더해준다.

③ 손님에 대한 존중과 배려 (Honoring of the Guest)

티 에티켓에서 존중과 배려는 티타임을 단순한 음료 섭취 이상의 깊은 문화적 경험으로 승화시키는 중심이다. 이는 티타임을 차의 음용을 넘어 정서의 교류와 소통의 시간으로 만들어 준다. 손님에 대한 존중과 배려는 단순한 호의를 넘어 관계에 깊이와 의미를 더하여 상호 이해와 깊은 소통을 가능하게 할 수 있는 계기를 마련해 준다. 이러한 배려와 예는 차문화의 근간이며 티 에티켓 실천에서 중요한 원칙 중 하나이다. 나아가 티타임을 넘어 일상에서도 영향을 미치며, 궁극적으로 개인의 소통을 넘어 사회 전반에 긍정적인 관계의 문화를 조성하는 데 기여할 수 있게 한다. 이 과정에서 손님과 주인은 함께 문화와 가치를 공유하며 인간적 교류의 진정한 가치를 발견할 수 있게 된다.

3) 홍차예절의 문질빈빈한 실천

정성과 환대, 전통의 계승, 배려와 존중은 경敬*으로 수렴한다. 예의 시작인 경은 구체적이고 세부적인 홍차예절의 실천을 아우르는 중심이 되어준다. 이를 바탕으로 홍차예절을 실천하는 과정은 아름다운 차문화 경험을 넘어 성숙한 인간관계로 나아갈 수 있게 해준다. 정성과 환대, 전통의 계승, 배려와 존중을 중심에 두면 세부적인 실천을 보다 수월하게 이해할 수 있다. 그러므로 세부적인 홍차예절을 모른다고 움츠러들 필요도 없고 자만할 필요도 없다. 예의 문질빈빈한 실천은 마음과 표현이 딱 맞아 부족하지도 넘치지도 않는 것이다. 마음은 살피지 않고 형식만 지나치면 공허하지만, 마음은 충분한데 형식이 따라가지 못하면 촌스러워지니 전자와 후자 모두 조화롭지 못하다.

구체적인 홍차예절을 알지 못하여 당혹스러운 경우 양해와 조언을 구하는 것도 좋다. 그마저도 여의치 않다면 예의란 오랜 세월 경敬의 마음을 합리적이고 아름답게 표현하는 과정을 통해 형성되었음을 기억하는 것이 도움이 될 것이다. 기물 사용의 기본은 이동은 천천히, 위치는 안전히 하여 누가 보아도 편안하고 안전하게 하는 것이 합리적인 방법이다. 기물이나 티푸드의 날카로운 부분이나 각진 모서리가 상대를 향하지 않도록 배려하는 것도 같은 맥락에서 이해될 수 있다. 상대방이 불쾌함을 느낄 수 있는 방향과 모습을 보이지 않으면 세련되지는 않더라도 충분히 조화롭고 예의바른 행

---

* 　　禮記 曲禮上, "曲禮曰 毋不敬 儼若思 安定辭 安民"

동이 될 수 있다.

가장 좋은 방법은 티타임에 참석하기 전에 홍차예절을 숙지하고 연습해 보는 것이다. 이 또한 초대받아 참석하는 이가 갖추어야 할 예이다. 머리로 인지하는 것과 몸으로 행하는 것은 서로 다르기 때문에 몸에 배어 있지 않으면 서투를 수밖에 없는 것이 예절이다. 그러므로 한 번의 시도로 열의 욕심을 내지 말아야 한다. 모든 예절은 맥을 같이 하므로 홍차예절도 일상의 예절과 연결되어 있으므로 홍차예절에 한정하지 말고 일상에서 예절을 지키는 것을 생활화하는 것이 유용한 방법이 되어 줄 수 있을 것이다.

홍차예절의 문질빈빈한 실천은 정성과 환대, 전통 그리고 배려와 존중을 바탕으로 상호 소통을 도모하며 그 가치를 실현하게 한다. 이러한 홍차예절의 실천은 차문화를 향유하는 것을 넘어 성숙한 인간관계를 가능하게 해주고 문화적 가치와 태도를 향상시켜 준다. 궁극적으로 개인의 소통을 넘어 사회 전반에 긍정적인 관계의 문화를 조성하는 데 기여할 수 있게 한다.

V. 문화적 변용: 영화, 홍차에 비유하기

1. 여왕 빅토리아와 얼그레이

1) 얼그레이의 유래

불멸의 레시피로 유명한 얼그레이(Earl Grey Tea) 홍차는 베르가못 오일로 향을 낸 가향 홍차다. 얼그레이는 베르가못 오일의 시트러

스함과 진한 홍차의 조화가 만들어낸 고급스러운 풍미로 많은 이들의 사랑을 받는다. 얼그레이는 영국의 전통적인 티타임 문화뿐만 아니라 세계 각국의 차 문화에서도 격식 있는 자리에서 빠지지 않는 중요한 위치를 차지하고 있다. 얼그레이 홍차는 그레이 백작의 이름에서 유래한다. 'Earl'은 유럽 귀족의 5개 작위 중에 백작을 지칭하며*, 그레이는 성姓을 나타낸다. 오랜 역사를 지닌 그레이 가문에서 태어난 찰스 그레이 2세는(1764~1845) 이튼 & 트리니티 컬리지와 캠브리지로 이어지는 엘리트 코스를 거쳐 22세에는 의회에 선출되었다. 부친의 작위를 물려받아 백작이 되었으며 1806년 외무대신을 거쳐 이후 1830년에는 제26대 영국 총리를 역임했다(1830.11~1834.7). 2008년 개봉한 영화《공작부인(Dutchess)》의 주인공 데본셔 공작부인, 조지아나 스펜서와 불륜 스캔들의 당사자이기도 하다.

얼그레이 티의 유래에 대하여 그레이 백작과의 일화가 여러 가지 버전으로 알려져 있다. 해양 대신이었던 그레이 백작이 중국인의 생명을 구하여 그 선물로 받은 차와 제조 레시피를 받아 와서 차 상인에게 제조를 의뢰하여 탄생하였다는 이야기도 있고, 비슷하지만 다른 유래도 있다. 그레이 백작이 중국 대신에게 정산소종을 선

---

*   귀족 작위 五等爵: Duke(公爵), Marquis(侯爵), Earl(伯爵), Viscount(子爵), Baron(男爵).
    민후기, 춘추 작제의 성격과 변화, 촉에서 국으로, 중국고대사연구 제12집.
    민후기, 은상의 수평적 족연합과 민족의 형성 - 청동기 금문을 중심으로 한 내작의 기원에 대한 탐색 -, 중국고대사연구 제13집.

물 받고 매료되어 다시 그 차를 구입하고자 했으나 구하지 못했다고 한다. 차 상인에게 비슷한 맛과 향의 차 제조를 의뢰하였는데, 당시 중국이 차에 관한 사항을 기밀로 하고 있어 수소문한 끝에 홍차에 동양의 신비로운 과일 용안(龍眼, Dreagon's eye) 향이 더해진 것이라는 소식을 듣고 그와 가장 비슷한 향을 찾아 베르가못* 오일을 첨가하여 탄생한 것이 지금의 얼그레이 홍차라는 유래도 있다.

얼그레이 홍차가 그레이 백작과 직접적인 관련이 없을 가능성도 존재한다. 영국에서는 이미 1824년 'Lancaster Gazette'의 기록에서 홍차에 베르가못 오일을 첨가하여 고급스러운 향미를 더하여 고가로 판매할 수 있다는 것이 알려져 있었다.** 또한 1837년 Brocksop & Co.가 저가의 차에 베르가못을 첨가하여 고급차로 둔갑시켜 판매하다가 기소된 기록도 있다.*** Earl이라는 칭호는 고급 홍차임을 부각시키기 위한 네이밍이었을 수 있고, Grey가문의 이름이 사용된 이유는 당시 Grey mixture 홍차를 판매하던 판매상의 이름이 William Grey & Co였고 주요 매장이 Earl Grey의 영지 근처에 위치하고 있었다고 하니**** 상업적인 탄생이었을 가능도 배제할 수 없다.

---

* 얼그레이 홍차에 가향 원료로 사용되는 베르가못(Bergamot) 오일은 허브로 알려진 베르가못(학명: *Monarda didyma*)과는 다른 베르가못 오렌지(학명: *Citrus bergamia*)를 지칭한다.

** 'Lancaster Gazette', Saturday 22 May 1824, p3.

*** https://www.oed.com/discover/earl-grey/?tl=true

**** http://www.foodsofengland.co.uk/earlgreytea.htm

또한 그레이 백작은 해양대신이었던 적이 없다. 설령 외무대신으로 재임하던 시기의 일화라고 하여도 영국과 중국이 아편 문제로 대립하고 있던 1830년 이전에 그레이 백작이 중국인을 구하는 감동적인 사건과 그에 대한 보답으로 중국 대신으로부터 특별한 차와 국가 기밀이었던 차 제조법까지 선물 받았다고 할 만한 근거는 찾아보기 어렵다. 오히려 저가의 차를 고가에 판매하기 위한 차상들의 전략으로 탄생하여 여러 단계에 걸쳐 확장되며 완성된 네이밍 스토리로 보는 것이 합리적일 것이다. 어떠한 상황이든 상상력을 자극하고 가치를 더해주는 스토리텔링은 의의를 가진다.

2) 얼그레이의 구성

베르가모트(Citrus bergamia, Franz Eugen Köhler) (네이버 지식백과)

얼그레이는 홍차와 베르가못 오일의 배합으로 이루어진다. 주로 중국의 기문, 인도, 스리랑카의 홍차를 사용하여 대영제국의 위상과 중국 차문화의 의미를 더한다. 얼그레이 향은 원료인 베르가못은 베르가못 허브가 아니라 이탈리아 지역에서 재배되는 베르가못 과일을 말한다. 베르가못 과일은 과육의 섭취가 아니라 오로지 껍질에서 오일을 추출하기 위하여 재배된다. 베르가못의 고유하고 섬세한 향은 홍차의 탄닌과 어우러져 얼그레이만의 섬세하고 우아한 향을 만들어 준다. 얼그레이는 대표적인 가향차로 잉글리쉬 블랙퍼스트(English Breakfast)* 와 함께 다양한 티 브랜드에서 그들만의 원료와 비율로 고유의 아이덴티티를 담아내는 제품이기도 하다.

3) 얼그레이와 빅토리아 여왕

중국과 인도, 스리랑카의 홍차를 베이스로 하여 지중해 과일인 베르가못의 껍질에서 추출한 향을 첨가해 만든 얼그레이 홍차는 영국의 전통과 품격, 그리고 대영제국의 황금기를 상징한다. 섬세하고 우아한 향과 깊은 풍미를 지닌 얼그레이는 전 세계적으로 사랑받는 대표적인 가향 홍차로 영국뿐 아니라 차문화 전반에 깊은 영향을 미쳤다. 많은 가향차가 있지만 얼그레이의 아성은 여전히 공고하다. 빅토리아 여왕 시대의 홍차 문화가 이어져 내려오는 지금, 얼그레이는 시대의 유산을 담은 중요한 문화적 상징물인 동시에 시간을 초월한 문화적 가치와 전통을 담고 있는 홍차라 할 수 있다. 이러한 얼그레이는 대영제국의 황금기인 빅토리아 시대를 이끈 빅토리아 여왕의 품격과 위상에 부합하며, 여왕의 섬세한 취향과 정교한 통치 스타일을 상징하는 홍차로 비유하기에 적합할 것이다.

---

* 차는 혼합여부에 따라 단일 차로 구성된 Straight tea와 두 개 이상의 straight tea를 혼합한 Blended tea, Straight tea나 Blended tea에 향을 입힌 Flvored tea로 분류할 수 있다. 잉글리쉬 브랙퍼스트(English Breakfast)는 블렌디드 티(Bledned tea)이고 얼그레이는 가향차(Flavoured tea)이다.

2. 시종 압둘과 차이

1) 차이(Chai) 유래

차茶는 동서양 문화권에서 티(Tea) 또는 차이(Chai)로 서로 다른 명칭으로 불리는데 이는 차의 전파 방식 차이에서 비롯된다. 차의 원산지인 중국의 북부 내륙에서는 만주어로 '차(cha)'로 발음했고, 해상무역의 중심이었던 남부 민난 지역에서는 '티(te)'로 발음했다. 육로를 통해 차가 전파된 중앙아시아와 러시아, 페르시아 등지에서 차는 '차이(chai)'로 불리게 되었고, 해상 경로로 차가 전파된 유럽에서는 '티(te)' 발음으로 시작하여 tea, te, the 등 다양하게 불리게 되었다.

차는 문화적 특성에 따라 다양한 음용 방식으로 전개되었다. 인도에서는 대부분의 음식에 전통적인 향신료 혼합물인 '마살라'를 넣어 마셨는데 차를 마실 때에도 다양한 마살라와 우유, 설탕 등을 첨가했다. 그러므로 우리가 흔히 말하는 '차이'는 인도의 '마살라 차이'를 지칭하는 것으로 '향신료와 우유와 설탕을 넣어 끓인 차'를 의미한다. 이러한 음용 방식은 전통적으로 향신료를 첨가한 형태의 식음을 즐기는 인도의 문화를 반영한다. 음식에 향신료를 첨가하는 것은 인도 전통의 자연치유 체계인 아유르베다(Ayurveda)*

---

* 아유르베다(Ayurveda)는 산스크리트어 'Ayur(생명)'와 'Veda(지식 또는 과학)'의 합성어로 "생명의 과학"이라는 의미를 담고 있다. 고대 인도에서 발원한 전통적인 의학 체계로, 오랫동안 인도에서 지속되어 온 건강과 치유의 체계이다. 몸과 마음, 영혼을 각각 Kapha, Pitta, Vata 도샤로 구분하며, 세 가

에 근거하는 것으로, 오늘날 웰빙 트렌드와 함께 차이는 다양한 레서피와 효능으로 더욱 널리 사랑받고 있다. 특히 마살라는 지역에 따른 차이는 물론 각 가정마다 고유의 레시피가 있을 정도로 다양하고 독특한 맛과 향을 가지고 있다. 카르다몸, 시나몬, 생강, 정향, 후추, 넛멕, 스타아니스, 펜넬 등을 비롯하여 다양한 향신료를 사용한다.

인도에서는 단순히 차를 의미하는 '차이'가 향신료를 넣은 밀크티인 "마살라 차이"를 대신하게 된 것은 유럽 등 서양국가에서 인기를 얻기 시작하면서부터이다. 차를 '티(Tea)'로 부르는 서양에서는 "차이"라는 간단한 명칭만으로도 "인도식 향신료 밀크티"를 가리키는 특별한 의미로 사용할 수 있었던 것으로 보인다. 차이의 높은 인기를 엿볼 수 있는 부분이기도 하다.

2) 차이의 구성

차이는 깊은 맛과 향으로 전 세계에서 사랑받는 음료이다. 차이는 베이스가 되는 홍차와 우유, 단맛을 내는 감미료, 다양한 종류의 향신료를 기본 구성으로 하는데 지역과 기후, 문화에 따라 다양한 재료로 만들어진다. 베이스가 되는 홍차는 아쌈과 같이 색과 맛이 강한 차를 사용하여 우유가 들어간 후에도 홍차의 맛과 색을 잃지 않도록 한다. 오늘날에는 홍차 이외에도 녹차나 루이보스 등도 베이스로 사용한다. 우유는, 전통적인 인도의 차이에는 흔하게 구할 수

지 도샤의 균형 유지를 통해 건강을 달성한다.

있던 버팔로 우유를 넣었다. 오늘날에는 대부분의 국가에서 손쉽게 구할 수 있는 우유를 첨가하며 귀리, 아몬드, 라이스, 코코넛 등 다양한 비건 대체물을 사용하기도 한다. 홍차의 진한 탄닌과 부드러운 우유에 달콤한 감미료를 더하여 맛을 풍부하게 해 주는데, 흔히 설탕과 꿀을 넣는다. 요즈음에는 다양한 대체 감미료를 사용하기도 한다.

차이의 필수 재료인 마살라는 힌두어로 향신료의 혼합을 의미한다. 다양한 향신료의 향과 효능은 차이를 특별하게 만들어 주며, 종류와 비율에 따라 다양한 맛과 향을 가진 차이가 완성된다. 마살라는 지역과 기후, 혹은 문화나 개인의 취향에 따라 다양하게 사용된다. 인도에서 흔히 사용되는 카르다몸과 생강, 정향, 시나몬, 후추를 기본으로 육두구, 올스파이스, 메이스, 스타아니스, 바닐라 등을 추가하기도 한다. 일부 지역에서는 샤프란, 바닐라, 회향, 고수나 커민 등도 사용한다. 이러한 향신료는 인도에서 쉽게 구할 수 있는 재료일 뿐 아니라 인도 전통의 아유르베다 체계에 근거하여 심신의 치유효능을 겸비하고 있어 다양하게 사용된다.

카르다몸(Cardamom)은 마살라 차이에 필수적인 향신료 중의 하나로, 차이를 마셨을 때 이국적이면서 상쾌한 기분을 느끼게 해 준다. 연한 녹색의 씨앗 껍질에 싸인 그린 카르다몸은 달콤하고 향긋한 향을 가지고 있어 디저트와 커피 등의 음료에 주로 사용된다. 블랙 카르다몸은 그린 카르다몸보다 크기가 크고 강한 훈제 향이 나며 주로 고기 요리나 강한 커리 등에 사용된다. 카르다몸은 항염 및 항균, 호흡기 건강과 혈압 조절과 함께 소화 촉진 효능을 가지고 있는데, 특히 그린 카르다몸은 은은한 향과 구취 제거 효능이 있어 식사 후 입가심으로 제공된다.

달콤하고 따뜻한 향과 부드러운 단맛을 가진 시나몬(Cinnamon)도 차이의 맛과 향을 높여주는 향신료이다. 부드러운 단맛의 시나몬(Cinnamon)은 톡 쏘는 매운맛을 가진 계피(Cassia)가 아니다. 시나몬과 계피는 따듯한 맛과 향으로 비슷하게 사용되지만 엄연히 다른 향신료이다. 시나몬은 'Cinnamomum

다양한 향신료(azerbaijan_stockers on Freepik)

Verum'으로 스리랑카와 인도, 마다가스카르, 브라질 등의 지역에서 재배되는데 이중 스리랑카가 최대 생산지로 실론 시나몬(Ceylon Cinnamon)으로 불린다. 부드럽고 달콤한 맛과 향을 가지고 있으며 단면을 보면 여러 겹이 켜켜이 쌓여 있어 빈 공간을 거의 찾아보기 힘들다. 계피는 'Cinnamomum Cassia'로 주로 중국과 인도네시아, 베트남에서 재배되며 시나몬보다 톡 쏘는 강렬한 맛과 향을 가진다. 단면은 시나몬과 달리 두꺼운 껍질 한 층으로 이루어져 텅 비어 있는 것을 확인할 수 있다. 소량만 사용해도 강한 맛과 향을 내며 시나몬보다 저렴하고 쉽게 구할 수 있어 요리 등에 다양하게 사용된다. 이 둘은 학명에서 보이듯 식물 분류의 최종 단계인 종(種, spice)만 다르고 속(屬, genus)까지 동일하여 전혀 다른 식물은 아니므로 혼동하는 경우가 많고 맛과 효능이 비슷하여 혼용되는 경우도 많다. 용도와 취향에 따라 시나몬과 계피 중 선택하여 사용하면 좋다.

알싸한 생강(Ginger)은 따뜻한 성질로 몸을 보해주며 소화를 돕고 감기 예방에 도움을 준다. 강한 항균과 통증 완화 효과가 있는 정향(Clove)과 후추(Black Pepper)는 차이에 매운 맛을 더해주고 소화를 촉진한다. 이외에도 콜라에도 들어가는 독특하고 매력적인 향을 지닌 넛멕(Nutmeg), 팔각으로 알려진 스타 아니스(Star Anise), 달콤한 펜넬(Fennel) 등의 다양한 향신료를 사용할 수 있다. 이들은 차이의 맛과 향을 풍부하게 해 줄 뿐 아니라 대부분 소화에 도움을 주고 면역 체계를 강화하며, 소염 등의 효능을 가지고 있어 차이를 심신을 채워주는 건강 음료로 자리하게 해준다.

차이를 만드는 방법도 다양하다. 홍차와 향신료의 맛과 향을 극대화하기 위하여 물을 끓여 우려낸 후에 우유와 설탕 등의 감미료를 더하여 원하는 맛으로 완성해 내는 방법이 일반적이다. 향신료는 가볍게 으깨어 발향을 극대화하고, 물은 처음에는 팔팔 끓이다가 불을 줄여 향신료와 차가 뭉근하게 충분히 우러나도록 한다. 차와 향신료 건더기로 마실 때 불편하지 않도록 고운 체로 걸러낸다.

이처럼 다양한 향신료의 조합뿐 아니라 사용하는 우유와 감미료, 베이스 홍차의 다양한 선택으로 맛과 향은 물론 다양한 질감을 가진 차이를 만들 수 있다. 따뜻하게 마시는 것이 일반적이지만 여름에는 얼음을 더하거나 냉장고를 이용하여 시원하게 즐기기도 한다. 얼음을 넣어 시원하게 만들 경우 차를 평소보다 진하게 우려내어 농도가 희석되는 것을 고려해야 한다.

　다양한 효능을 지닌 향신료는 건강에 도움을 주고 홍차는 기분 좋은 각성으로 활력을 주며 우유와 설탕은 포만감을 더해주고 에너지를 보충해 준다. 이러한 차이는, 인도에서는 에너지와 활력을 더해주는 음료일 뿐 아니라 환대의 상징이기도 하다. 신선한 차이를 손님에게 대접하는 것은 예우의 표시이기도 하다. 홍차와 향신료의 풍부한 맛과 설탕과 우유가 더해주는 달콤하고 부드러운 질감으로 취향에 따라 무궁무진한 변용이 가능한 차이는 인도를 넘어 세계적으로 인기 있는 음료로 자리하고 있다.

3) 차이와 시종 압둘

차이는 인도의 전통, 문화, 그리고 아유르베다라는 인도 고유의 사상이 담긴 음료로 영화 속 압둘과 닮아 있다. 인도의 풍부한 문화와 전통을 담고 있는 마살라 차이는 압둘의 인도 전통을 보여주는 동시에 차와 향신료, 우유 등 다양한 재료로 구성되는 차이와 같이 여러 문화적 요소의 수용과 조화를 이루는 면모와 닮아 있다. 또한, 어떤 향신료를 얼마나 사용하느냐에 따라 달라지는 마살라 차이의 다채롭고 풍부한 맛과 향은 영화 속 압둘이 빅토리아 여왕의 삶에 새로운 시각과 경험을 선사하고 변화를 일으키게 하는 모습을 담고 있다. 이처럼 차이는 압둘의 문화적 배경과 그가 빅토리아 여왕의 삶에 가져다 준 새로운 시각과 경험을 표현하는 차로 선택할 만하다. 진하고 풍부한 차이의 맛은 압둘의 문화적 개성과 감성을 표현하며 인도 문화의 따뜻함과 환대를 반영하기에 적합하다.

다만 압둘과 마살라 차이의 다른 점이 하나 있다. 마살라 차이는 홍차와 향신료, 우유의 조화로 독특한 맛을 선사하며 동시에 건강에 도움이 되는 면까지 갖추어 세계적으로 인기 있는 음료로 자리 잡아 자연스럽게 인도 문화를 긍정적으로 전파하는 데 기여했다. 그러나 아쉽게도 압둘은 영국 왕실과 귀족들에게 받아들여지지 못하고 오직 여왕과의 소통과 조화를 이루었을 뿐이다. 그럼에도 압둘을 차이로 비유하여 이루지 못한 소망에 대해 아쉬움을 담아내 본다.

3. 얼그레이와 차이의 문질빈빈

얼그레이와 차이는 각각 영국과 인도에서 새롭게 만들어진 차이다. 얼그레이는 홍차에 베르가못 오일 향을 가하여 만들어졌고, 차이는 홍차에 인도 전통의 마살라와 우유 등을 넣어 만들어졌다. 서로 다른 문화와 전통을 유연하게 수용하고 알맞게 변용하여 고유한 개성을 잃지 않으면서 전에 없던 새롭고 풍부한 경험을 만들어 준다는 면에서 얼그레이와 차이는 빅토리아 여왕과 압둘처럼 전혀 다르지만 많이 닮아있다. 얼그레이의 세련되고 전통적인 맛은 영국 티타임의 정교함과 여왕의 품위를 나타내며, 다양한 향신료화 우유, 설탕으로 이루어진 풍부하고 진한 맛과 향, 다양한 효능을 지닌 차이는 압둘이 다른 문화를 품어내는 모습과 그의 따뜻한 환대를 상징한다 할 수 있다.

특히 얼그레이와 차이는 차 하나로 완성되는 것이 아니라 천연

향과 다양한 향신료, 우유와 설탕 등 다양한 부재료와의 조합으로 탄생한, 전에 없던 새로운 차茶이다. 얼그레이의 레시피는 차와 베르가못 오일을 중심으로 다양한 변주를 이루어 소개되고 있다. 수많은 향신료와 우유, 설탕의 조합으로 이루어지는 차이 레시피의 다양함은 말로 다하기 어려울 정도이다. 어떤 조합의 얼그레이가 최고이고, 어떤 맛과 향을 지닌 차이가 최선이라 할 수 없다. 어느 것이 정답이라 할 수 없다. 다양한 조합이 모두 조화와 균형을 이루어 문질빈빈한 얼그레이가 되고 차이가 되는 것이다. 이처럼 얼그레이와 차이는 서로 다른 문화적 전통이 어떻게 조화롭게 공존하며 이를 통해 더욱 풍부한 경험을 제공할 수 있는지 보여준다.

VI. 마치며

문질빈빈의 시각으로 영화《빅토리아 & 압둘》과 영국 티타임의 홍차예절을 살펴보았다. 더하여 사고의 확장과 새로운 영화 읽기의 방법으로 빅토리아 여왕과 시종 압둘을 얼그레이와 차이에 비유하며 의미를 탐색해 보았다. 문화의 향유는 동서양을 불문하고 가치를 가진다. 차이(差異)에 방점을 두지 말고 문화 향유 자체에 중심을 두면 서로의 문화를 더욱 깊게 이해할 수 있다.

빅토리아와 압둘은 서로 다르다. 다름은 공통을 전제한다. 그러므로 다름이란 구분의 기준이 아니라 이해의 매개가 될 수 있다. '문'과 '질'도 서로 다르지만 상호 연관되어 있다. 빅토리아 여왕과 압둘은 다름을 넘어서는 것에 그치지 않고 인격의 성장과 관계의 문질빈빈을 보여주었다.

전통과 현대, 동서양을 넘어 변함없이 이어져 내려오는 문질빈빈은 홍차예절 면면에 흐르며 차문화의 문화적 가치와 사회적 의의를 더해준다. 이는 홀로 차 한잔을 마주하며 내면과 외면의 조화를 통해 구현될 수도 있고 함께하는 티타임에서 타인과의 조화를 통해서 이룰 수도 있을 것이다. 이처럼 다양하게 적용될 수 있는 문질빈빈의 변하지 않는 가치는 문과 질 어느 한쪽으로 치우침 없는 조화와 균형에 있다.

빈빈彬彬의 한자어는 나무 목木 두 개의 수풀 림林과 터럭 모毛로 이루어져 있다. 태양이나 아름드리나무처럼 홀로 빛나는 것이 아니라, 조화롭게 햇살을 받아 함께 반짝이는 모습이다. 홀로 빛나는 것보다 "찬란한" 조화와 균형, 빈빈이라 하겠다.

단지 차 한잔일 수도 있지만 무엇을 어떻게 담아내느냐에 따라 맛과 향이 달라지고 의미도 달라진다. 영화《빅토리아 & 압둘》과 함께 일상의 한잔에 문질빈빈을 담아낼 수 있기를 바래본다.

참고문헌

남상호, 중국철학 제3권, 공자의 문질빈빈적 수양실천론, 중국철학회, 1992.
신정근, 「논어에 대한 역사학적 논의」, 서울대학교 철학사상연구소, 철학사상 31, 2009.2.
심영옥, 동양예술 제25호,「공자의 문질빈빈심비관과 조선시대 문인화론의 관계성 연구」, 한국동양예술학회, 2014.

조송식, 동아시아 예술론에서 유가 문질론文質論의 수용과 변환, 2016, 한국미학
　　회, 미학 제82권 1호.
전정애, 「영국 빅토리아 시대 노동계급의 차문화 연구」, 원광대학교 박사논문,
　　2014.
정현구, 「19세기 영국빅토리아시대의 티 에티켓 확산 양상」, 『한국차학회지』 22,
　　2016.

박진경, 『문화를 보는 두 개의 시선, 우아함과 저속함』, 새라의 숲, 2020.
박지향, 『클래식 영국사』, 김영사, 2012.
성백효, 『論語集註』, 傳統文化研究會, 2019.
송은숙, 『애프터눈 티, 홍차문화의 A에서 Z까지』, 이른아침, 2019.
케네스 모건, 『옥스퍼드영국사』, 한울아카데미, 1993.
한국문학평론가협회, 『문학비평용어사전』, 국학자료원, 2006.
Cha TEA 紅茶教室, 『영국 홍차의 역사』, 한국 티소믈리에 연구원, 2020.

Jane Pettigrew & Bruce Richardson, 『A social history of Tea』, Benjamin press,
　　2014.
Dorothea Johson & Bruce Richardson, 『Tea & Etiquette』, Benjamin press,
　　2013.
Allison, Ronald; Riddell, Sarah, eds, 『The Royal Encyclopedia』, Macmillan
　　Press, 1991.
Helen Simpson, 『The Ritz London Book of Afternoon Tea』, Ebury Press, 2006
Vicky Straker, 『Afternoon Tea』, Amberley Books, 2015.
Jane Pettigrew, 『Time of Tea, A Book of Days』, Bulfinch, 1998.

image on Freepik.com, Google.com, Wikimedia Commons

일 본 화과자와 과명 이야기

영화《日日是好日》

· 노근숙 ·

일본차문화가 주 전공으로, 원광대학교 동양학대학원과 원광디지털대학교에서 일본차문화사와 일본차문화론 등을 담당했다. 그리고 연함학당을 개설하여 일본 차문화에 관심이 있는 회원들과 함께 일본차문화 스터디와 연구에 전념하고 있다. 대외적으로는 국제티클럽과 국제차문화학회의 이사로 활동하고 있다. 저서로는『일본차문화론』,『일본차문화체험』(원광디지털대학교 교재),『홍차레슨』(공저),『한국 근·현대 차인물 연구 2』(공저),『스마일 일본어회화』,『스마일 항공 관광 일본어』(공저),『New live 캠퍼스일본어』(공저),『현대일본의 문화콘텐츠』(공저)가 있으며, 번역서로『티·스토리텔링-세시풍속과 일본다도』(공저)가 있다.

일일시호일
감독 오모리 타츠시, 주연 쿠로키 하루, 키키 키린
일본, 2018

I. 차와 화과자

'세상에는 금방 알 수 있는 것과 바로 알 수 없는 것이 있다'는 말은 《日日是好日》의 영화와 그 책에 나오는 이야기이다. 우리가 사는 세상사가 바로 그렇다는 것은 세월이 흐르고 연륜이 쌓이면서 알게 된다는 것이다. 이것은 일본 차를 배우면서 더욱더 느꼈던 부분이기도 하다. 지금 일본 차를 배운 지 6년째가 되지만 여전히 앞뒤 분간이 되지 않는 경우가 많다. 10년쯤 배우고 나면 바로 알 수 없는 것 중에서 얼마쯤은 고개를 끄떡이게 될까? 생각해본다.

오데마에를 배운지 6년째, 대학과 대학원생들에게 일본 차 문화를 가르친 햇수가 25년을 향해 가고 있지만, 여전히 공부하고 연구해야 할 분야가 많은 것이 일본 차 문화이기도 하다. 일본 차 문화를 배우면서 즐거운 날도 많지만, 책장에 꽂힌 책을 보며 언제 다 읽고 공부하나 싶어 마음이 꺾이는 날도 있다. 그러나 일본 차 문화를 공부하고 가르치면서 영화 제목처럼 매일매일은 아니지만, 기가 막히게 좋은 날도 있었고, 아름답고 멋있는 날도 있었다. 영화 제목 '니치니치코레코지츠(日日是好日)'가 가진 의미처럼 하루하루가 좋은 날이 되어 가기를 소망하며 차茶로 이어진 인연이 고맙고 고마운 나날이다.

일본 담교사에서 발행하고 있는 차 전문 잡지 『나고미』에 "명銘"에 관한 글이 있어서, 이번 『영화, 차를 말한다』 3권에서는 그동안 준비해 온 원고를 뒤로 물리고 일본 차 문화의 "명銘"에 관한 이야기를 발신하고자 한다. 이 글을 선택한 것은 일본 차 문화와 맥을 같이하고 있는 화과자和菓子의 명銘에 대한 사람들의 생각이 그저 이름이라는 수준에서 맴돌고 있기 때문이다. "명銘"은 단순한 명칭이나 호칭이 아니며 그 사물에 대한 문화성을 최대한 확장시키는 한편 무한한 생명력을 불어넣고 있는 문화이다. 그리고 살아 있는 문화로 영원함을 지속시키는 영속성이 있어서 그 의미가 지니는 가치는 무궁무진하다. 또한 일본 차 문화의 지속성을 지키고 있는 모노카타리를 담당하고 있기도 하다.

일본 차 문화의 "명銘"의 세계는 넓디넓은 대양과 같아서 이 글에서는 《일일시호일》의 영화와 책에 나오는 화과자의 "명銘"인 가메이(菓銘)를 중심으로 살펴보고자 한다. 그리고 영화와 책을 함께 다루는 것은 그동안 영화에 관한 내용을 게재한 서책과 기사도 있고, 『영화, 차를 말한다』 1권을 보면 「일상이 변하는 차 한잔의 비밀」* 등, 동 영화에 관한 이야기가 있다. 그리고 개봉 첫날, 이 영화를 보면서 석연치 않은 뭔가 2%의 허전함은 『일일시호일』의 책을 읽으면서 해결이 되었다. 그래서 이 글에서는 영화와 함께 책 내용도 범위에 넣고자 한다.

---

* 하도겸, 『영화, 차를 말한다』, 「일상이 변하는 차 한잔의 비밀」, 자유문고, 2022년, p.335.

그리고 본 영화는 오모테센케(表千家)를 중심으로 전개되고 있어서 일본의 산센케(三千家)의 형성과정도 이야기 전개상 건너뛸 수 없는 부분이다. 이 글의 목차는 Ⅰ장 차茶와 화과자和菓子, Ⅱ장 영화 이야기와 산센케(三千家), Ⅲ장 화과자 이야기, Ⅳ장 화과자와 銘, Ⅴ장 가메이(菓銘) 문화로 전개하고자 한다.

Ⅱ. 영화 이야기와 산센케(三千家)

1. 15개의 행복을 가져다준 영화 《日日是好日》 이야기

《日日是好日》은 2018년 개봉한 일본 영화로 수필가 모리시타 노리코(森下典子)의 원작을 영화로 만든 것이다. 원작의 정식 서명은 『日日是好日; 차가 가르쳐 준 15개의 행복』이라고 되어 있다. 『日日是好日』은 모리시타 노리코가 25년간 다도 교실을 다니면서 엮은 수필로, 노리코(典子)는 어머니의 권유로 사촌인 미치코(美智子)와 함께 다도 교실을 다니기 시작한다.

영화의 원작 책

　20살의 여대생인 노리코는 일생을 통해 몸에 익힐 무엇인가를 찾아 다도 교실을 다니게 되는데, 이 차 공부에 동참한 사람이 노리코의 사촌인 미치코이다. 다도 교실에는 "日日是好日"이라는 글이 걸려 있으며, 큰 집에서 혼자 사는 나이가 지긋한 다케다(武田) 씨가 바로 다도를 가르치는 선생님이다.

　이 영화의 일반적인 평가를 보면, 차라고 하는 일본문화는 시작하기 어려운 것이지만, 인생의 좌절 속에서 오감으로 느끼는 계절의 기쁨과 함께 살아갈 용기를 얻는 이야기라고 한다. 계절을 알게 하는 것이 차 문화이고, 그 계절의 기쁨을 누리게 하는 것도 차 문화이다. 특히 화과자가 품고 있는 문화적 요소에서도 가장 중요한 것은 바로 계절감이다.

　일본 차노유(말차문화)를 배우면서 천천히 깨달아 가는 것도 계절이라는 감각이다. 계절을 안다는 것은 철이 드는 것으로, 세상사를 관조할 수 있는 작은 힘과 지혜가 생기는 것이다. 그래서 차는 불교의 선禪과 동일선상에 위치하며 다선일미라는 말로 확장되어, 늘 그 의미를 다시 새겨보는 계기를 주기도 한다. 일본 다도의 각 유파의 제일 어른인 이에모토(家元)는 지금도 선종 사찰의 큰스님을 스승으로 참선에 임하며 깨달음을 얻는 과정을 통해서 체득한다고 들었다.

　일본뿐만이 아니라 우리나라의 차 고전『다부』에 나오는 오심지차도 우리에게 주는 메시지에 이러한 의미가 들어 있다고 생각한다. 오심지차의 핵심은 단순하게 내 마음의 차라고 말할 수 있겠지만, 차를 마셔서 이르는 득도의 경지를 이르는 말이다. 일상의 마음 상태로부터 이러한 경지에 이르는 사이에는 '다도'라는 수양의 과정이 놓여 있다*고 설명하고 있다.

---

*　최성민,『차와 수양』, 책과 나무, 2020년, p.293.

또한, 이설 기자가 작가 모리시타 씨와 e메일로 나눈 인터뷰에 다음과 같은 대화가 있다. "머리를 '무無'로 만든다는 점에서 다도는 최근 유행하는 명상과도 일맥상통하는 것 같다"고 하는 기자 질문에 작가는 "잡념을 잊고 오로지 맛있는 차 한 잔에 집중하다 보면 이따금 아주 기분 좋은 순간이 찾아옵니다. 그것이 '무' 아닐까요?"라고 답한다.* 이것은 작가가 말하는, 차가 가르쳐 준 행복이면서 마음 수행으로 가는 길, 다선일미의 경지에 이르는 길이 아닐까 한다.

책 부제로 "차가 가르쳐준 15개의 행복"이라는 글귀가 붙어 있는데 그 행복이 무엇일까? 이목 선생의 오심지차처럼 일상의 마음 상태에서 차 한잔을 통해 득도의 경지까지는 아니어도 마음의 안정을 얻는 행복이라고 생각한다. 따로 수행하는 과정은 없어도 다도구와 함께하는 하나하나의 동작에는 마음의 안정 없이 행해지는 것은 하나도 없기 때문이다. 예를 들면 불편한 마음과 게으름은 다다미에 물 한 방울을 흘리는 큰 잘못을 수없이 행하기도 한다. 평온한 마음과 함께 이어지는 부단한 노력이야말로 마음 수행의 기본이라는 생각이 든다. 아주 드물게 다 도구와 내가 둘이 아닌 하나가 되어 오데마에가 진행될 때의 느낌이 바로 저자 노리코가 말하는 행복일지도 모른다. 다 도구를 마주하고 앉아 마음의 주소를 찾아가고 한잔의 말차를 마시는 동안, 마음의 소용돌이가 잦아드는 것

---

* 이설 기자, 화제작 『일일시호일』 작가 모리시타 노리코 "다도는 작은 출가", 2019. 3. 12. 기사.

영화《일일시호일》에서 아버지의 죽음을 위로하는 다케다 선생님

이다. 행복은 주관적이라 이 영화를 보고 책을 읽는 사람마다 다를
수 있겠지만, 차로 인해 행복한 마음이 생기는 것이니 작게는 마음
의 평화와 안식을 마음에 담는 것이고 크게는 수양의 경지를 얻을
수 있는 것이다.

노리코가 일상생활 속에서 만나는 불안, 취직 문제, 취업 시험을
앞두고 불안한 마음에 달려간 곳은 다케다 선생님 댁이며, 그곳에
서 마신 말차 한잔은 그녀의 마음을 평온하게 해준다. 혼인을 앞두
고 연인의 배신을 알게 된 그녀가 전철역에서 울음을 참지 못하고
오열하는 장면이 있다. 그리고 아버지의 죽음 앞에서 힘들어하는
그녀의 등을 말없이 토닥인 것도 다케다 선생님과 차였다.

"나는 차의 세계에서는 아직도 아이에 지나지 않는다. 이런 미숙
한 내가 차에 관한 책을 쓰다니, 애당초 무모한 일이다. 그러나 차
는 인간이라고 하는 생명체의 불완전함을 있는 그대로 허용해준
다. 그런 차의 깊고 깊은 품속으로 뛰어든다는 생각으로 이 책을 썼

다"*고 작가는 이야기하고 있다. 책과 영화를 보면서 얻은 교훈은 차를 배운다는 것은 마음의 양식을 구하는 것으로,《일일시호일》은 이러한 진솔함을 우리에게 전하고 있다. 책과 영화는 차가 주는 행복을 우리에게 이야기하고 있다.

2. 산센케ㅣ三千家 형성과정

1) 리큐(利休)의 죽음

1590년 히데요시는 천하통일의 최종단계로 동북 지방 오슈(奥羽)에 대해 오슈시오키(奥州仕置)라는 영토재편에 돌입한다. 최대 세력을 자랑하던 다테 마사무네(伊達政宗)를 시작으로 각지의 다이묘는 신하가 되기를 표명했지만 단 한 사람 반기를 든 무장이 있었다. 도요토미 히데요시(豊臣秀吉)는 반기를 평정하기 위해서 천하의 대군을 이끌고 출전하는데, 이때 리큐도 수행한다. 내란이 평정되면서 리큐는 먼저 귀경했고 그다음 해인 1591년 정치권력과 무관할 수 없는 대덕사 산문 2층에 설치된 리큐의 목상과 리큐의 다구감정, 매매에 얽힌 사건 등등이 표면으로 부상하며 죽음의 그림자가 리큐를 덮치게 된다.

히데요시가 경도京都를 비우고 부재중인 음력 정월 20일경, 갑자기 대덕사 산문 누각 위에 있던 리큐 목상이 문제로 부상되며 여론

---

* 森下典子,『日日是好日 お茶が教えてくれた15のしあわせ』, 飛鳥新社, 2021年, p.237.

몰이가 시작되었고, 다음 달 2월 4일 이달정종伊達政宗은 신하가 되겠다는 증표로 경도로 상경한다. 히데요시는 명실공히 천하의 일인자가 되고, 2월 13일 리큐는 사카이로 추방·자택에서 근신하게 된다. 동 26일 경도로 소환, 28일에는 히데요시의 명으로 할복하게 된다.

리큐가 할복을 하게 된 것은 히데요시의 노여움을 산 것으로, 그 이유에 대한 설이 분분하다. 이러한 분분한 설들을 정리하여 예술론과 정치론으로 리큐의 할복 원인을 설명하기도 하고, 표면적 이유와 수면에 가라앉은 이면적 이유로 설명하기도 한다.

예술론으로는 다도에 대한 히데요시의 차와 리큐의 차가 서로 견해를 달리하고 있어 차노유에 대한 두 사람의 차이를 들 수 있다. 리큐가 추구한 것은 와비차로 이치고이치에(一期一會)를 기저로 정성껏 온 마음으로 대접하는 차 문화였으며, 히데요시는 리큐의 와비차보다는 즐거움과 맑고 쾌청하고 화려한 느낌의 분위기를 선호했다. 황금다실을 제작한 히데요시와 좁은 다실을 마음에 담고 와비를 구현하고자 한 리큐, 두 사람이 만들어 낸 다실의 모습에서 차노유에 대한 예술론의 관점이 서로 다르다는 것이 입증되고 있다.

다음은 다 도구의 가치관을 개혁하며 추구한 리큐의 미의식을 들 수 있다. 리큐는 다도의 기물에서 와비라는 새로운 미의식과 가치관을 찾아냈다. 그리고 세간으로부터 기존의 명품을 뛰어넘는 가치와 미를 인정받게 된다. 따라서 리큐가 감정한 다도구는 기존의 명품과 재화의 가치를 달리하는 결과를 낳았다. 이것은 주위의 시샘과 함께 다도구 매매에 따른 리큐의 사사로운 착복이라는 이야기가 호사가들에게 회자되어 리큐 할복의 원인으로 거론된다. 또한 리큐의 미의식과 가치관은 절대적인 것으로 인식되어, 일인 자인 히데요시보다 월등하다는 세간의 평가도 할복에 이를 수밖에 없었던 수면에 가라앉은 이면적인 이유가 되었을 것이다.

다도의 스승으로서 리큐는 권력의 중심부에 있었다. 당시 다도 라는 예도 자체가 상류 무사 계급사회에 보급되어 있었고, 리큐의 제자 중에는 무장들도 상당히 있어서 무시할 수 없는 세력이 형성 되어 있었다. 조선 침략을 반대하던 리큐는 사카이(堺) 거상으로 사 카이의 이익을 대변하는 입장이었고, 조선 침략을 둘러싸고 하카 타(博多)를 중시하게 된 히데요시 사이에서 경제적인 문제와 얽히 며 정치적인 갈등으로 확산되었음을 미루어 짐작할 수 있다.

도요토미 정권에는 갈등 해결의 귀재로 도요토미 히데나가(豊臣 秀長)가 있었다. 히데요시의 말을 빌리면, 내부의 일은 소에키(리큐) 에게 공적인 일은 재상인 히데나가에게 의논하라는 명이 전해지고 있을 정도로 두 사람은 히데요시에게 있어서 중요한 인물이었다. 히데나가는 히데요시의 동생으로 정권의 핵심에서 오른팔의 역할 을 했으며 리큐는 왼팔의 소임을 했다고 일컬어지고 있다.

히데요시와 가신들의 충돌을 능숙하게 중재하던 히데나가가 있 었기에 도요토미 정권은 원활하고 원만하게 유지되었고, 각자의 위치에서 자신의 역할에 충실했다고 볼 수 있다. 그러나 1591년 1 월 22일 히데나가가 병으로 세상을 떠난 뒤 정치 상황은 급변한다. 늘 자기 뜻을 굽히지 않는 리큐의 강경한 태도를 부드럽게 해결하 던 히데나가의 죽음은 리큐의 할복을 재촉하는 결과를 초래한다.

그리고 미망인이 된 리큐의 딸을 후실로 달라는 히데요시의 청을 거절한 일과 더불어, 이 모든 사건이 히데요시의 노여움을 사게 되어 70세의 나이에 할복하라는 명을 받고 자결하게 된다. 여기에서 주목할 점은, 할복은 무사에게만 내려지는 명예로운 죽음으로 리큐는 무사가 아니라는 점이다.

리큐의 할복이 정치적인 이유에 있다고 방점을 찍고 있는 복정福井 씨는 표면에 나타나는 히데요시의 명목상 차는 어다탕어정도御茶湯御政道를 위한 차노유 그 자체로 리큐에게 그것을 위한 후견인의 소임이 기대되었다. 리큐는 그런 히데요시의 기대에 충분히 부응하며 일심동체가 되어 정책을 추진, 전개하며, 천하제일의 차노유 명인으로 그 이름을 마음대로 휘두를 수 있었다. 히데요시도 역시 일인자가 되는 과정에서 부딪히는 여러 중대 국면에서, 또 천하 일인자의 문화적 스테이터스로 리큐의 차노유를 최대한 활용했다.[*] 이렇게 히데요시는 천하의 일인자는 되었지만, 문화면에서 리큐를 뛰어넘지 못했다. 그러나 히데요시는 문화면에서도 일인자로 군림해야 하는 것이 정치적으로 필요했으니, 히데요시가 넘을 수 없는 리큐의 뛰어난 미의식은 그를 비롯한 측근들에게 걸림돌이었다.

2) 센노소탄(千宗旦)과 일본의 다도[**]

소탄(宗旦, 1578~1658)의 아버지는 리큐의 양자이며 사위인 센노쇼

---

[*] 福井幸男, 「千利休の切腹の状況および原因に関する一考察」, 『桃山学院大学人間科学』 No.40, 2011年, p.34.

[**] 노근숙, 『일본차문화론』, 원광디지털대학교 교재, 2021년, pp.48~49 참조.

안(千少庵, 1546~1614)이고, 어머니는 리큐의 딸이다. 소탄은 리큐의 외손자로 아버지 쇼안이 계승한 경천가京千家의 상속자가 된다. 1578년 출생한 소탄은 열 살 때 조부 리큐의 희망으로 대덕사에 출가, 슌오쿠 소엔(春屋宗園, 1529~1611)을 스승으로 선 수행을 하였다.

1594년 아버지의 뜻에 따라 환속(환속한 시기는 여러 설이 있다)하여 제자들과 함께 할아버지 리큐의 와비차 보급에 진력한다. 1600년 아버지가 은거함에 따라 센케(千家)를 계승하여 3대가 된다. 리큐의 할복 이후 시대도 바뀌고, 세상을 움직이는 권력도 도쿠가와(德川)막부로 넘어간다. 평화와 안정을 되찾은 세상에서 소탄은 리큐가 만들어 놓은 차노유를 다시 세우기 위해서 고군분투하며 할아버지가 이룩한 와비차를 실천하는 데 한 점의 흐트러짐도 없이 전력투구한다.

소탄은 14세의 어린 나이에 조부의 할복을 보게 되고 집안이 풍비박산되어 가족이 뿔뿔이 흩어지는 이산의 아픔과 어려운 생활고에 직면하게 된다. 그러나 멸문지화의 아픈 경험이 있는 소탄은 귀족 무사의 다두(茶頭; 安土桃山시대 이후, 차노유에 관한 직무를 맡아보던 사람)가 되는 것을 거부하며 가난한 소탄으로 살아간다. 두 번 다시 권력에 휘말려서 집안에 비극을 초래하고 싶지 않았기 때문이다. 평생 정치적 관계를 지양하여 평생 다두가 되는 것을 거부했다. 어떤 귀족 무사에게도 속하지 않았기 때문에 정규적인 수입이 없어 경제적인 어려움을 겪었지만, 조부인 리큐의 와비차를 철저히 지키며 청빈하게 살았다. 그러나 아들의 다두 취업에는 열심히 노력했다. 청빈한 생활을 하면서도 권력과 결탁하지 않아서 '와비소탄', '가난한 소탄'이라는 평가를 받고 있다.

소탄(宗旦)의 가문 세우기는 엄격한 리큐의 차를 고수하는 데서 시작된다. 즉 어리석은 사람 1,000명에게 칭찬을 받기보다는, 단한 사람이라도 차노유를 아는 사람에게 인정을 받아야 한다고 생각했다. 그래서 엄격한 리큐의 차를 고집한 것이었다. 그것은 천씨 가문의 명성을 영원히 남기려는 소탄의 굳은 의지이었다. 실제로 소탄의 공적은 헤아릴 수 없을 정도로 많다. 리큐 사후 흩어진 다도구와 유품을 정리하였고, 리큐의 유품을 원하는 사람들에게는 천씨 가문의 보증서라고 할 수 있는 하코가키(箱書)를 써 주었다. 실로 소탄이 없었다면 오늘날의 산센케(三千家)의 차는 존재하지 않았을 것이다.

도쿠가와막부가 천하의 평화를 구현하자 귀족 무사들이 문화에 관심을 갖게 된다. 청빈을 미덕으로 여기고 있던 소탄은 아들이 귀족 무사의 다두가 되도록 적극적으로 노력한다. 천씨 가문의 명성을 되찾고 후대까지 이름을 남기기 위한 자구책이었을 것이다. 이것으로 산센케가 태어난 것이다. 산센케로 분리 독립을 시킨 것은 설령 정쟁政爭에 휘말리는 일이 생기더라도 나머지 집안은 살아남을 수 있다는 점에서 착안되었다는 설이 있다.

만년에 세운 다다미 한 장 다이메 크기의 다실은 리큐의 와비차 정신을 나타낸, 궁극의 다실이라는 평가를 받는다. 또한 소탄은 후손들에게 센케의 중흥조로 인정받고 있다.

3) 산센케의 성립

센케(千家)에는 사카이센케(堺千家)와 에도센케(江戶千家), 산센케(三千家)가 있다. 사카이센케는 리큐의 혈육인 센노도안(千道安, 1546~1607)이 계승한 집안을 말한다. 도안은 리큐의 적장자로 사카이로 귀향하여 집안을 계승하지만, 적자가 없어서 사카이센케는 단절되었다. 그럼에도 일반적으로 본가라고 일컬어지기도 한다.

에도센케(江戶千家)는 에도막부의 중흥조로 알려진 8대 장군 도쿠가와 요시무네(德川吉宗)의 명으로 오모테센케(表千家) 7대 죠신사이(如心齋)의 제자인 가와카미 후하쿠(川上不白)가 만든 다도 유파로 센케와 혈연관계는 없다.

우리가 알고 있는 센케는 센노쇼안(千少庵, 1546~1614; 센쇼안이라고도 읽는다)이 계승한 京千家로 센케(千家)라고 지칭한다. 쇼안은 리큐 후처인 종은의 아들로 혈연관계는 없으나, 리큐의 딸(첫 부인과 사이에서 태어난 딸)과 혼인하며, 리큐의 사위이자 양자로 센케를 계승하였다 오늘날 우리가 대면하고 있는 산센케를 창시한 소탄의 아버지가 바로 쇼안이다.

도안道安과 쇼안(少庵)은 리큐와 아들과 양자이다. 1591년 센노리큐가 할복하던 당시 두 사람 모두 46세였다. 아버지의 죽음과 함께 멸문지화를 당한 천씨 가문은 마에다(前田) 가문과 도쿠가와 이에야스(德川家康)의 알선으로 사면되어 천씨 가문을 재흥해도 좋다는 인가를 받았다.

쇼안이 은둔한 후, 소탄이 승계한 천씨 가문의 정통 다도는 다시 소탄의 아들 대로 이어져, 그때부터 세 집안으로 나누어지는데 이를 산센케(三千家)라고 한다. 산센케는 센케(千家)의 세 집안을 가리키는 말로 오모테센케(表千家), 우라센케(裏千家), 무샤노코지센케(武者小路千家)로 구성되어 있다. 구체적으로 설명을 하면, 쇼안에게는 4명의 아들이 있었으나 맏아들은 아버지에게 절연되어 산센케의 구성원이 되지 못했다. 귀족 무사의 다두가 된 세 아들만이 천씨집안을 세 집으로 나누어 대를 잇게 된 것이다.

차남인 종수宗守가 무샤노코지센케(武者小路千家), 3남인 종좌宗左가 오모테센케(表千家), 4남인 종실宗室이 우라센케(裏千家)의 시조가 되어 천씨 가문을 계승해 일본 다도의 전통을 지키며 오늘날의 일본 다도계를 이끌고 있다. 센케(千家)의 계보를 보면 리큐를 초대로, 2대는 센쇼안, 3대는 센노소탄으로 이어지며, 소탄의 세 아들이 각각 간큐안(官休庵), 후신안(不審菴), 곤니치안(今日庵)을 계승하고 있다.

산센케의 상징적인 다실을 살펴보면, 소탄이 은거했던 후신안은 삼남이 계승하며 오모테센케로 이어진다. 후시안을 셋째 아들인 종좌에게 양도한 소탄은 부지 안에 새로운 다실을 지어 은거했는데, 넷째 아들인 종실과 함께 거주했다. 소탄 사후 이 다실은 종실에게 양도되는데, 바로 곤니치안으로 우라센케의 상징적인 다실이 되었다. 차남인 종수는 칠기를 제작하는 장인 집안의 양자가 되었으나,

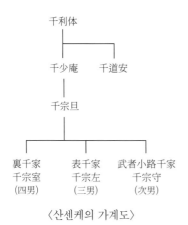

〈산센케의 가계도〉

https://search.yahoo.co.jp에서 인용

소탄 만년에 이르러 센케로 돌아와 간큐안의 주인이 되었다. 후신안은 오모테센케, 곤니치안은 우라센케, 간큐안은 무샤노코지센케의 다실로 후신안, 곤니치안, 간큐안은 산센케를 상징하는 다실로 명성이 자자하다.

산센케의 탄생은 다도의 유파, 이에모토(家元)제도의 탄생을 가져왔다.

Ⅲ. 화과자 이야기

1. 화과자의 '화和'의 의미와 유래

우리는 전통 과자를 한과라고 하는데, 일본은 전통 과자를 화과자(와가시)라고 한다. 우리는 한국적인 것이나 우리 문화를 나타낼 때 한식, 한복, 한과, 한옥, 한우, 한지, 한역, 영한·한영사전, 한국문화라는 단어를 구어체, 문어체 양쪽에서 모두 사용한다.

그렇다면 일본사람들도 日本 또는 日이라는 단어를 사용하고 있을까? '일본'국명을 사용하는 단어를 살펴보면 日本 文化, 日本 菓子, 日本食이라는 단어는 있지만, 음성언어보다는 문자언어로 사용하는 경우가 대부분이다. 또한 日本服, 日本室처럼 일본이라는 단어를 넣어서 사용하는 경우는 거의 없다. 더구나 우리처럼 日자만을 사용해서 일본문화, 일본적인 것을 나타내는 단어는 보이지 않는다.

일본적인 것, 일본을 나타낼 때는 와(和)를 사용하여 일본 음식은 와쇼쿠(和食), 일본 옷은 와후쿠(和服), 일본 재래종 소는 와규(和牛), 일본문화를 와분카(和文化)로 표현하기도 하며, 일본 고유 과자는 와가시(和菓子)라고 한다. 그리고 영어와 일본어 사전은 에이와(英和)사전이라고 한다. 모두 '和'로써 일본문화를 나타내고 있으며, 국명을 표현할 때도 和를 사용해서 和國*이라는 단어를 사용한다.

일본, 일본적인 의미로 와(和)가 사용되는 경우는 상당히 많다. 和風, 和洋, 和学, 和語, 和琴, 和裁, 和紙, 和字, 和式, 和臭, 和書, 和装, 和俗, 和本, 和名, 和訳, 漢和 등 이루 헤아릴 수 없을 정도로 많다. 몇 개 의미를 풀어 보면, 와가쿠(和学)는 에도(江戸)시대에 일본 문학·역사·유식·제도 등을 연구하던 학문을 말하며, 와지(和字)는 일본 글자라는 뜻과 일본에서 만든 한자를 말한다. 와슈(和臭)는 일본 냄새라는 뜻이지만, 일본 것 같다는 독특한 느낌을 의미한다. 즉, 일본 냄새가 나는 작품, 또는 일본인이 지은 시 같은 느낌일 때 사용하는 단어이다. 일본에서 만든 물건은 우리가 쓰고 있는 '일제'가 아니라 와세이(和製)라고 한다. 일본에서 만든 제품 라벨에 일본 제라고 표기하지만, 우리가 쓰고 있는 일제라는 말은 사용하지 않는다.

와(和)의 호칭 이전에 사용된 단어는 한자인 왜倭이고, 읽는 법은 '와'로 왜국이라는 의미이다. 기원전 중국에서는 일본을 왜倭라고 호칭했다. 중국의 역사서 『위지왜인전魏志倭人伝』의 서명을 통해서 중국이 일본을 "왜"라고 호칭한 것을 알 수 있다. 이러한 명칭이 나

---

* 鎌倉時代(1192~1333年) 수필인 徒然草 199段에 〈和国〉이라는 표기가 있다.

라(奈良)시대 중기쯤 왜에서 和로 바뀌었다. 倭와 和의 일본어 발음은 양쪽 모두 "와"라고 읽으니, 글자인 한자만 바뀐 셈이 된다.

和의 유래는 일본 최초 성문법에서 그 내용을 만날 수 있는데, 604년 성덕태자가 제정한 「17조 헌법(헌법 17조)」이다. 여기에 和의 내용이 기록되어 있으며, 관리가 지켜야 할 덕목과 마음가짐을 조례로 제정한 것이다. 「헌법 17조」 내용에는 태자의 선진적인 생각이 가감 없이 드러나 있으며, 제1조에 "和를 貴하게 여기라"는 조항이 들어 있다. 태자는 기존의 호족 중심의 정치를 천황 중심의 중앙집권 국가로 정립하기 위해서 일본 최초의 헌법인 「17조 헌법」을 제정했다는 평가를 받고 있다.

성덕태자(574~622)는 최초의 여제인 스이코(推古, 554~628)천황의 섭정이 된 황족으로 요메이(用明)천황의 아들이다. 태자는 폭넓은 인재 등용을 실천하기 위해서 「관위12계」를 제정하였다. 「관위12계」는 기존의 씨성을 폐지하고 조정 내의 서열을 머리에 쓰는 관의 색으로 나타낸 새로운 제도이다. 즉 계급에 따라 관의 색을 달리한 것이다. 관의 색을 자·청·적·황·백·흑의 여섯 가지 색으로 구분했으며, 여기에 다시 대·소를 두어 12계급으로 서열을 나눈 것이다.

외교면에서는 대외적으로 견수사를 파견하여 해외의 진보적인 문화를 도입했으며, 불교중흥에 진력하여 불교 사찰도 많이 건립하는 한편, 불교 포교에도 힘썼다. 내외 학문에 능통하여 『삼경의소三經義疏』*를 저술하기도 했다.

---

* 三經에 대한 주석서로 일본에서 최초로 저술된 본격적인 불전 연구서이다.

성덕태자를 생각하는 일본인의 마음이 가장 잘 나타나 있는 것이 일본 지폐이다. 1958년 처음 발행된 1만엔 지폐에 성덕태자의 초상화가 들어 있으며, 그 외 4종류(오천엔, 천엔, 백엔)의 지폐에도 태자의 초상화가 묘사되었다. 지폐에 가장 많이 등장한 인물이 성덕태자인 것을 보면 일본인들이 생각하는 마음속 위인이 태자라는 사실은 언급할 필요조차 없을 것 같다.

성덕태자가 제창한 "和"는 일본인에게 그들의 정체성이 무엇인지를 인식하게 하는 계기가 되었다고 볼 수 있다. 서양 문물이 들어오면서 과자 문화의 한 자락을 담당한 양과자에 대응해서 화과자라는 단어가 생긴 것도 우연한 일은 아니고, 이러한 역사적 배경에서 탄생한 명칭이다.

2. 찻자리의 화과자

19세기에 이르러 과자는 일반 서민에게도 널리 확산하기 시작한다. 더구나, 양과자가 수입되면서 양과자에 대응하는 개념으로 화과자라는 단어가 새롭게 등장한다. 일본 전통 과자인 화과자(和菓子; 와가시)는 세 가지로 분류하는데 나마가시(生菓子)·한나마가시(半生菓子)·히가시(干菓子)로 나눈다. 화과자가 찻자리의 차과자로 위치가 바뀌면 그 분류도 달라진다. 다도의 茶과자 분류는 오모가시(主菓子)와 히가시(干菓子) 두 가지로 나눈다. 즉, 일반 화과자와

일본불교의 독자성을 창출한 근원으로 평가되고 있다.

다도의 화과자는 그 분류 자체가 다르다. 오모가시는 농차를 마실 때 대접하는 화과자이고 히가시는 박차를 내놓을 때 대접하는 화과자, 즉 차과자이다. 그러나 보통 많은 사람이 모이는 다회에서는 오모가시에 박차를 내어 대접하는 것이 일반적인 경향이다.

다사茶事에서 오모가시를 먹는 순서는 찻자리 음식인 가이세키를 다 먹은 후에 마지막 순서로 오모가시(主菓子)가 나온다. 그리고 로지로 나와서 중간휴식에 해당하는 나카다치(中立)를 하고 주인(다회 주최자)의 신호에 따라서 다시 다실로 입장하게 된다. 이후에 농차를 마시고 이어서 히가시를 먹고 박차를 마신다.

오모가시는 찐 과자에 해당하는 만두, 고나시 등으로 만든 생과자를 부르는 명칭이다. 오모가시에는 생과자와 반생과자가 있으며, 보존기간이 짧고 맛의 변화가 빠르므로 만드는 시간에서 찻자리에서 먹는 시간까지를 고려해서 준비할 필요가 있다. 반생과자는 장인의 솜씨에 따라서 오모가시, 히가시, 그 어느 쪽으로도 분류가 가능하다. 그리고 손님의 수만큼 용기에 담아 내놓는다. 히가시

말차와 오모가시(主菓子)

는 마른 과자로 라쿠칸, 센베이, 곰페이토, 아루헤이토, 스하마 등
이 있으며 계절감을 알기 쉽게 표현한 것을 사용한다. 히가시는 참
가 인원보다 넉넉하게 담아내는 것이 일반적이다.

찻자리에서 사용하는 과자를 만드는 곳을 上菓子屋이라고 한다.
茶人의 주문을 받아 차과자를 제조하는데, 다회를 개최하는 주제,
과자를 담을 그릇, 같이 사용하는 다도구 등에 관한 의견을 듣고 종
합한 다음 장인의 솜씨와 창작이 가미된 화과자를 제작한다. 그야
말로 음식이기에 앞서 예술작품의 탄생이라고 할 수 있다.

생과자의 구입처는 백화점이나 화과자 전문점에서 가능하지만,
다회에서 사용하는 화과자에는 반드시 계절감이 있어야 한다. 계
절감을 느끼며 다실의 족자, 꽃, 향, 다도구를 즐기는 문화가 바로
다도(차노유)이며, 일본 다도는 종합예술이다.

IV. 화과자和菓子와 명銘

고즈넉하고 맑고 깔끔한 다실의 정취에 계절의 변화가 겹겹이 쌓
여간다. 그리고 사계절의 감성을 표현하며 존재감을 드러내는 것
이 다회에서 손님에게 대접하는 예술품과 같은 화과자이다. 그리
고 화과자의 존재를 한층 더 발현시키고 있는 것은 고유 이름인 과
자의 '銘'으로 가메이(菓銘)라고 한다.

1. 銘(메이)란 무엇인가?

메이(銘, 명)를 일본 국어사전에서 찾아보면 다섯 개로 나누어 설명하고 있다. 첫째는 금석, 기물 등에 사람들의 공적이나 사물의 내력을 적은 글로 한문체는 각 구의 자수를 동일하게 하며 운을 단다. 두 번째는 수리, 발급, 확인 등을 했다는 증표로 문서에 날짜, 성명, 요약 또는 그것을 가리키는 기호 등을 첨부한 것. 세 번째는 특제의 고급품이라는 뜻으로 특별한 물품에 붙인 명칭이다. 뛰어난 기물, 차, 술, 먹 등에 붙이는 특정한 이름, 또는 이름 있는 상등품. 네 번째는 기물에 제작자의 이름을 새기거나 표시한 것으로 예를 들면 도검을 만든 장인의 이름을 새긴 도검 등. 다섯 번째는 교훈의 글로 좌우명처럼 마음에 새기거나 글로 쓰거나 해서 자신을 경계하는 말이라고 서술되어 있다.

한자로 표기하고 있는 단어를 보면 금석에 새긴 문자나 문장으로 명문銘文, 비명碑銘, 무명無銘, 묘비명墓碑銘으로 쓸 수 있다. 마음에 새겨 잊지 않는다는 뜻으로 명간銘肝, 명기銘記, 감명感銘, 간명肝銘으로 마음에 새긴다는 공통점이 있다. 특제품이라는 것을 나타내는 말로 명과銘菓·명주銘酒·명차銘茶가 있다. 끝으로 상표, 상품명으로 일류 브랜드라는 의미로 메이가라(銘柄)라는 단어가 있다.

메이(銘)가 처음 쓰인 것은 8세기 초로 이때 제정된 대보율령에 따라, 도공의 이름 등을 칼에 써넣는 것이 의무가 되었다고 한다. 銘의 최대 역할을 말하면, 그 칼을 만든 사람이 누구인지를 나타내는 것이다.* 메이(銘)는 헤이안(平安)시대 말기부터 일반화되어, 일본도를 감정하는 큰 근거로 도공刀工의 활동 시기나 사실史實 확인에 필요한 사항이었다.

칼은 무사의 사회적 지위를 나타내는 것으로 전란이 끝난 에도(江戶)시대에도 변함없이 지속되어 무사의 혼을 상징하게 되었으며, 이것은 일본 도검문화가 전통예술로 생명력을 유지하고 있는 근본이 되었다. 현재 일본 국보로 지정된 250점의 공예품 중 도검이 차지하는 부분이 거의 절반에 가깝다는 사실만 보아도 알 수 있다. 이러한 도검의 메이(銘) 문화를 향유하고 있는 계층이 무사이며 차문화 발전에 큰 힘을 발휘한 계층도 무사였다. 이러한 문화적 배경을 향유하고 있었으므로 다도 세계에서도 銘 문화를 받아들이는 데 거부감 없이 오히려 친밀한 문화로서 수용할 수 있었을 것이다.

이렇게 메이(銘)가 존재하는 도검 문화는 일본의 銘 문화가 다양한 문화 속으로 파급되는 계기가 되었으며, 銘 문화가 확대되는 영양분이 되었을 것이다. 유럽에도 명품 악기에 이름을 부여하는 문화가 있는 것처럼, 茶席에서 먹는 차과자에도 가메이(菓銘)를 부여하는 화과자 문화가 등장한다. 茶席에서 과자 명칭인 가메이를 듣고 그 의미를 깨닫는 것은 에도시대 남자들의 교양으로 문화를 형성하며 확산된다.

---

*   https://www.meihaku.jp 名古屋刀剣博物館 刀剣ワールド

2. 책과 영화 속에 등장하는 화과자와 가메이(菓銘)

영화에도 등장하며 『日日是好日』 책에 가장 먼저 나오는 화과자는 만두 종류이다. 이 만두에는 이름, 즉 '가메이(菓銘)'가 있는데 '아야메(菖蒲)'이다. 아야메를 바라보는 노리코의 시선이 우리의 젊은이들과 별반 다르지 않아 재미있는 대목이다. 노리코의 화과자에 관한 생각을 본문에서 읽어 보면 "나는 파이나 슈크림, 초콜릿케이크를 좋아하는 양과자파라서, 화과자는 어쩐지 노인들이 선호하는 것이라는 정도로 생각했다."*고 서술하고 있다. 노리코는 茶를 배우면서 화과자에 대한 인식이 변화할까? 책과 영화에 모두 등장하는 아야메 만두를 바라보는 노리코의 시선을 통해서 우리도 생각해 볼 과제가 있을 것이다.

『日日是好日』의 영화와 책에 등장하는 화과자에 대해서 알아보기로 한다.

1) 시타모에(下萌)

동토 아래에서 희망의 봄을 기다리는 시타모에. 화과자 장인의 솜씨와 창작, 재료에 따라서 과자에 투영되는 모습은 아주 다양하다.

"겨울 마른 땅에서 풀이 싹 트는 모습을 표현한 거야."

선생님의 설명을 들으면서 구로모지(화과자를 먹을 때 사용하는 도

＊　　森下典子,『日日是好日 お茶が教えてくれた15のしあわせ』, 飛鳥新社, 2021年, p.29.

구)로 시타모에를 입에 넣은 노리코는 입 안에서 녹아내리는 달콤함에 저절로 미소가 번진다.

혹독한 겨울을 견디고, 생명력이 넘치는 새싹이 움트고 있는 무렵을 표현한 의장意匠이다. 둥글고 짙은 초콜릿색 생지의 윗부분이 터지며 그 사이로 드러나는 녹색 앙금이 선명하다. 한겨울을 견디어 낸 새싹의 힘을 표현하고 있는 과자이다. 이러한 선명한 색의 대비에서 시타모에(下萌え)라는 가메이가 명명되었다. 시구레 팥소에 떡가루 등을 넣고 반죽하여 쪄서 균열을 만들어 낸, 식감이 부드러운 만두다.

화과자 노포 미사키야(岬屋)의 주인장은, 시타모에는 싹이 움트는 봄을 나타낸 것으로 덮여 있는 흙을 밀어내고 새로운 싹이 돋아나는 순간을 표현한 것으로, 살아가기 위한 에너지라고 설명하고 있다.

2) 아지사이(紫陽花)

신록의 5월이 끝나고 드디어 비의 계절이 찾아왔다. 6월의 꽃으로 제일 먼저 생각나는 것이 아지사이, 수국이다.

영화 속 시타모에와 아지사이

장맛비가 내리는 날, 차를 배우고 연습하는 모습이 아름답게 펼쳐지는 화면이 이어진다. 거세지는 빗소리, 아버지와의 영원한 이별을 경험한 지 얼마 안 된 노리코는, 그저 가만히 빗소리를 듣고 있었다. 찻자리에 나온 오모가시(主菓子)는 한천으로 작은 주사위 모양을 만들어 보라색 수국꽃을 표현한 것이다. 반짝반짝 빛나는 모습은 보는 것만으로도 시원한 여름이다. "예쁘다." 노리코는 황홀하게 중얼거린다. 정성이 담긴 아름다운 과자는, 슬픔은 시간이 지나고 지나 익숙해질 수밖에 없다고 이야기하고 있는 것 같다.

3) 기누카츠기(衣被); 달맞이 경단

중추 명월에 억새, 도라지 등 가을 풀꽃과 함께 경단을 올려 달맞이를 하는 풍습이 있다. 농촌 등 지역에 따라서 토란을 공양하기도 해서 이모메이츠키라고도 한다. 경단을 공양하는 달맞이 풍속에서 토란 모양의 경단을 만든 것이 기누카츠기(衣被)이다.

십오야十五夜 한정으로 판매되는 화과자이다. 기누카츠기라는 것은 본디 토란의 상하를 잘라내고 껍질째 가열한 뒤 껍질을 벗겨 먹는 요리이다.

껍질을 벗겨낸 토란의 하얀 속이 마치 비단 피부처럼 매끈한 것을 이미지화한 과자이다. 가메이 유래를 보면, 토란을 삶아서 껍질을 벗기면 보이는 하얀 속이, 고귀한 집안의 여성이 쓰는 천과 비슷하다고 하여 기누카츠기(衣被きぬかずき´きぬかづき)라는 이름이 명명되었다고 한다.

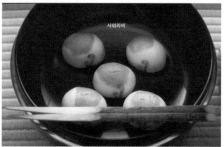

영화 속 기누카츠기와 사와라비

4) 사와라비(早蕨)

사와라비는 싹이 막 나온 어린 고사리를 말하며, 작은 주먹 모양의 새싹을 치켜들고 봄 향기를 전하며 봄의 시작을 알린다. 고사리의 새싹인 사와라비의 문양을 낙인으로 찍어 이른 봄을 표현한 화과자를 만들어 이름을 사와라비라고 지어주었다. 가메이는 동일하지만 만드는 재료도 다양하고 그 모습도 각양각색으로 봄을 전해주는 화과자이다.

봄나물인 와라비는 3월 중순경 규슈에서 제철을 맞이하고, 4~5월 중순경 혼슈, 6월 초순경에 북쪽 지방으로 올라가며 봄 계절을 알리는 식재료이다.

사와라비는 문학작품의 소재로도 자주 등장하여 그 옛날부터 봄을 알리는 소임을 맡고 있었다는 것을 알 수 있다. 겐지모노카타리(源氏物語)에도 등장하며, 중학교 국어 교과서에도 게재된 만엽가萬葉歌로 천지天智천황의 일곱 번째 왕자인 지귀志貴황자의 작품*에도

---

* 『万葉集』 卷8 ·1418. 돌 사이를 세차게 흘러내리는 폭포 언저리에 고사리

사와라비가 등장하여 봄을 알리고 있다.

5) 아야메(菖蒲) 만두

노리코가 차 공부를 하러 간 첫날 대면하
는 화과자이다. 영화와 책 양쪽에 모두 등
장하는 화과자이다.

영화 속 아야메 만두

> 아주머니가 개인 접시에 담은 하얀 만두
> 를 쟁반에 받쳐 가져다주었다. 하얀 만
> 두의 얇은 피에 비치는 보라색 붓꽃 그
> 림이 은은하게 보였다. "이건 아야메 만두라고 해. 5월 단오 명
> 절, 딱 이맘때 먹는 거야."*

'아야메'만두는 茶席에서 차를 마시기 전에 먹는 오모가시(主菓
子)에 해당하며, 아야메는 한자로 창포라고 쓴다. 본디 오모가시는
농차를 마시기 전에 먹는 차 과자이지만, 말차 종류(농차, 박차)에
관계없이 오모가시를 준비해서 대접하는 것이 일반적인 모습이다.

화과자의 노포인 도라야(虎屋)의 아야메 만두를 중심으로 내용을
살펴보면, 아야메라는 가메이(菓銘)를 가진 이 만두를 최초로 제작
한 것은 1918년(大正 7년)이며, 5월 1일부터 5월 15일까지 15일간

가 싹을 틔우고 있네. 드디어 봄이 되었구나.

* 森下典子, 『日日是好日 お茶が教えてくれた15のしあわせ』, 飛鳥新社, 2021年,
p.29.

한정 판매되는 제품이다. 새하얀 만두피에 쭉 뻗은 잎과 창포꽃 무늬가 있는데, 붓으로 쭉 뻗은 잎을 한 잎 한 잎 정성껏 그렸으며 창포꽃은 낙인을 찍어 나타내고 있다. 피의 재료는 마의 일종인 서여를 사용하고 있는 고급 만두이다. 아야메 만두는 5월달 화과자이다. 가메이가 아야메이므로 시기는 5월이다. 계절감을 중요시하고 있는 화과자의 분위기를 가메이를 통해서 전달하고 있다. 계절감은 일본문화, 나아가서 차문화의 중요 키워드이다.

또 하나, 노리코는 첫 수업에서 아주머니라는 호칭을 사용하고 있으나, 그 호칭이 선생님으로 바뀌어 간다는 점이다. 화과자에 대한 인식이 바뀌고 선생님으로 호칭이 바뀌는 것은 같은 맥락으로 동일선상에 점을 찍고 있다고 본다.

6) 하츠가츠오(初鰹)

두 번째로 나오는 화과자의 종류는 양갱으로, 갈분을 듬뿍 넣은 것이다. 이 양갱을 제조한 화과자 노포는 나고야의 미노추(美濃忠)이다. 이 양갱의 과명은 하츠가츠오(初かつお)로 우리말로 해석하면 '맏물 가다랑어'가 된다. 바로 생선 이름이며, 모습도 가다랑어 생선회와 똑같다. 수업 시간에 사진을 보여주며 이것이 무엇이냐고 물어보면 한결같이 생선회라는 대답이 돌아온다. 화과자라고 하면 모두 머리를 갸우뚱할 정도이다.

본문의 내용을 읽어 보면 노리코도 한국 사람인 우리와 똑같은 반응을 하고 있다는 것을 알 수 있다.

"오늘은 하츠가츠오를 차겁게 준비했어. 좀 잘라 올게." 선생님은 우리에게 가다랑어 회를 주실 생각이신가? 생선회와 말차의 조합이라니, 본 적도 없는데. 모두 의아스러운 듯 얼굴을 마주 보았다. 그런데 선생님이 들고 온 것은 회 접시와 간장 그릇이 아니라, 뚜껑 달린 과자 그릇이었다. ~~~ 냉장고에 그릇째 넣어서 차갑게 한 듯한 과자 그릇의, 서늘한 느낌이 좋았다. 뚜껑을 열자 연한 복숭아색 찐 양갱이 있었다. ~~~ "하츠가츠오라는 게 과자였어요?" 구로모지 젓가락으로 한 조각을 집어 가이시에 올려놓았다. 말랑하고 탄력 있는 복숭아색의 단면에 줄무늬가 있었다. 그 색과 줄무늬 모양이 정말 잘라낸 가다랑어 회 그 자체였다.*

판매 기간은 2월 상순에서 5월 하순까지이고, 연한 복숭아색으로 생선회의 색을 그대로 표현하여 만들었으며 단면에 줄무늬를 넣어서 가다랑어 회 그 자체를 표현하고 있다. 제조할 때, 줄을 당겨 눌러서 가다랑어의 줄무늬를 표현한다고 한다. 계절과 사물에 대한 탁월한 관찰력이 없다면 생선회로 착각하는 화과자를 만들지 못했을 것이다. 여기에 화과자 장인들의 기량과 창의력을 엿볼 수 있다.

한 가지 유념해야 할 사항은, 하츠가츠오는 차갑게 해서 먹어야 한다는 것이다. 즉, 먹기 얼마 전에 도자기 그릇과 함께 냉장고에

---

*　森下典子, 앞의 책, pp.101~104.

넣었다가 손님에게 대접해야 한다. 냉장고에 잠깐 넣어 두는 것은 말랑한 탄력성을 유지하여 입안에 녹아드는 달콤함과 서늘한 촉감으로 미각을 증폭시켜주기 위함이다. 이것은 더위를 식혀주는 디저트이다.

또한 노리코의 시선에 변화가 생기는데, 노리코가 다도를 배운지 1, 2년 만에 화과자의 매력에 완전히 눈을 뜬 것이다. 일 년 내내 같은 모습을 하고 있는 슈크림과 케이크가 어쩐지 시시하게 느껴졌다.[*] 변하지 않는 것에 대한 미적 감각과 시선이 바뀌고 있다. 세상에는 금방 알 수 있는 것과 바로는 알 수 없는 것이 있다는 노리코의 사고 전환이 무르익어 눈에 보이지 않는 마음의 공간을 하나씩 채워 가는 것이다.

7) 킨톤(金団)과 여러 계절

킨톤에는 음식인 킨톤과 화과자인 킨톤이 있다. 화과자 킨톤은 소나 규히로 속을 만들고, 체로 내린 형형색색의 고명을 묻혀 만든 것으로 죠나마가시(上生菓子)에 속한다. 죠나마가시에는 당연히 과명이 존재한다. 체로 내린 고명은 다양한 색으로 표현할 수 있어서 노란색으로 3월의 유채꽃을 제작하고, 여린 분홍색으로는 4월의 벚꽃, 붉은색으로는 5월의 철쭉을 만들어 겉모양은 다르지만, 각각의 계절을 표현하고 있는 화과자이다.

음식 킨톤은 일본 요리의 하나로 밤킨톤이 대표적인 음식이다.

---

[*]   森下典子, 앞의 책, p.105.

정월에 먹는 오세치 요리의 기본 구성을 이루고 있는 음식이다. 킨톤(金団)의 한자 표기에서 금 경단(金団子), 또는 금 이불(金布団)이라는 의미가 생성되면서, 다시 금괴, 금화라는 뜻으로 전환되어 사업번창, 금운, 재운을 가져오는 복식

봄을 알리는 킨톤

(福食; 복된 음식)으로 정월 음식 중 하나가 되었다.*

8) 찬 바람이 부는 계절의 화과자

검은 옻칠 상자에 담겨 나온 노란색 유즈만두를 시작으로 선생님은 긴자(銀座) 구야(空也)의 노란 호리병 모양의 기미효(黄味瓢), 아카사카의 노포 시오노의 지요키쿠(千代菊), 기타카마쿠라의 고마키에서 만든 아오우메(青梅) 등의 화과자를 사러 때때로 전철로 한 시간이나 걸리는 곳을 일부러 다녀오곤 했다.**

유즈만두는 보통 만두와 다르게 노란 껍질이 울퉁불퉁하다. 울퉁불퉁한 느낌이 정말 유즈(유자) 같았다. 움푹 들어간 꼭대기 부분에 조그마한 녹색 꼭지까지 달려 있었다.*** 12월 중순경 찻자리에 나온 오모가시이다.

동지와 관련이 있는 유자를 만두로 표현한 12월달 화과자이다. 일본 세시풍속으로 동짓날 유자를 띄운 목욕물에 몸을 담그는 풍

---

* https://ja.wikipedia.org 2024년 3월 검색.
** 森下典子, 앞의 책, p.106.
*** 森下典子, 앞의 책, p.106.

습이 있다. 유자탕은 혈액을 촉진시켜 냉한 체질을 완화시키고 감기를 예방하는 효과가 있다. 또한 동짓날 유자탕에 들어가는 것은 운을 불러들이기 전에 몸을 정갈히 한다는 의미도 있다. 동지가 제철인 유자는 향기가 강하고, 강한 향기에는 독기가 생기지 않으며, 유자는 열매를 맺기까지 긴 시간이 소요되므로, 오랜 시간의 수고와 노력이 결실을 맺을 수 있도록 소망하는 마음이 들어 있다.

이러한 풍습에서 유자탕이 세시풍속으로 정착되었으며, 유자만두가 12월 화과자가 된 연유가 여기에 있다.

노란 호리병 모양의 기미효를 만든 곳은 구야(空也)라는 상호를 갖고 있는 노포로, 1884년 긴자에서 창업한 화과자 전문점이다. 기미효는 11월부터 4월까지 한정 기간 판매되는 모나카이다. 이곳은 구야라는 상호와 표주박에 대해 진심인데, 이 노포의 유래에는 구야(空也) 스님과 구야 염불 이야기가 전해지고 있다.

구야 염불은 오도리(踊) 염불이라고도 하며, 헤이안(平安)시대의 승려 구야(空也)가 시작했다고 한다. 염불의 공덕으로 극락왕생이 결정된 기쁨을 표주박, 징, 바리때 등을 두드리며 가락을 붙인 염불이나 화찬(和讃; 불교 교의, 부처님, 보살, 고승의 덕을 일본어로 칭송한 것)을 외우며 춤으로 표현한 것을 말한다. 초대 가게주인이 오도리 염불의 신자였으므로 노포의 이름이 구야이며, 표주박 화과자를 만든 이야기가 모두 여기에 기인된 것이다.

지요기쿠(千代菊)라는 가메이를 갖고 있는 화과자는 생과자로, 아카사카(赤坂)에 있는 시오노(塩野)에서 만들며 가을에 한정 판매된다. 네리키리로 만든 섬세한 세공이 가을 국화를 표현하고 있다.

초대 점주 다카하시(高橋)씨는 노포 시오세(塩瀬)의 화과자 장인이었으나, 퇴직 후 독립하여 1947년 아카사카에서 시오노(塩野)를 창업했다. 비교적 역사가 짧은 화과자가게이다.

잔뜩 찌푸린 1월의 추운 토요일이었다. 과자 그릇에 각설탕처럼 하얗고 네모난 과자가 줄지어 있었다. 딱히 특별해 보이지 않는 설탕과자였다. "이건 나가오카에서 주문한 야마토야의 고시노유키(越之雪)"*라는 설명이 이어졌다. 고시노유키는 고시에 내리는 눈이라는 의미로, 고시는 북륙도(현재 新潟, 富山, 石川, 福井의 현을 합한 지역으로 우리 동해와 마주 보고 있는 지역)의 옛 명칭으로, 아름다운 고시의 산들에 내리는 맑고 깨끗한 눈에 비유하여 가메이를 명명한 것으로 시의 운율이 담겨 있다.

고시노유키(越乃雪)는 라쿠간(落雁)**에 속하는 히가시로 일본 3대 명과銘菓 중 하나이다. 고시노유키를 만든 곳은 창업 240여 년이 되는 노포 야마토야(大和屋)로 니이가타(新潟)현 나가오카(長岡)시에 있다. 화과자 재료인 찹쌀가루와 와산본(和三盆; 일본산 고급설탕)을 합해서 틀에 넣어 만든 사각형 모양의 과자이다. 약간 갈색을 띠고 있는 와산본에 설탕 가루를 뿌려놓아서 보는 각도에 따라 설원과 같은 반짝임이 있다.***

---

* 森下典子, 앞의 책, p.107.
** 쌀, 보리, 콩 등의 가루를 주재료로 설탕, 물엿, 찹쌀가루 등을 섞어 반죽한 다음 틀에 찍어 배로 나. 자연에 말린 과자.
*** 山本候充 編, 『日本銘菓事典』, 東京堂出版, 2004年, p.94.

9) 각 지역의 화과자

자그마한 화과자에 숨어 있는 예술성에 감탄하며 먹기보다도 바라보게 되는 것이 찻자리에 나오는 화과자이다.

후쿠이·하세가와류시켄의 후쿠와우치, 시마네·산에이도의 나타네노사토, 아이치·쇼카도의 호시노시즈쿠, 교토·가메야노리카츠의 하마즈토, 교토·마츠야토키와의 미소마츠카제, 도야마·고로마루야의 우스고오리…… 선생님은 전국 각지의 노포에서 그 계절의 화과자를 주문하곤 했다.* 일본 각 지역의 노포에서 제작하는 그 계절에 맞는 화과자를 선택하여 말차와 함께 대접하는 일본 차문화를 엿볼 수 있는 대목이다.

① 후쿠이(福井)현의 화과자 후쿠와우치(福和内)

후쿠와우치는 대두로 만든 라쿠간이다. 모양은 복을 부르는 여성의 얼굴로 오타후쿠산(お多福さん)이다. 오타후쿠산은 둥근 얼굴에 이마가 높고 낮은 코에 포동포동한 뺨이 귀여운 여성상이다. 후쿠와우치는 세츠분이라는 절기에 사람들이 콩을 뿌리며 외치는 말로 '오니와 소토, 후쿠와 우치(鬼は外, 福は内)'에서 온 말이다.

세츠분(節分)은 잡절(雜節: 24절기 이외의 9개 절기)**의 하나로 계절이 바뀌는 입춘·입하·입추·입동의 전날을 말하며, 특히 입춘 전날 저녁에 볶은 콩을 뿌려서 잡귀를 쫓는 일본의 세시풍속이다.

---

* 森下典子, 앞의 책, p.107.
** 節分·彼岸·社日·八十八夜·入梅·半夏生·土用·二百十日·二百二十日.

계절이 바뀔 때 잡귀가 생긴다고 믿었기 때문에, 악령을 쫓아내기 위한 행사로 일반적으로 "잡귀는 밖으로, 복은 집안으로(鬼は外 福 は内)"라고 큰소리로 외치며 볶은 콩을 뿌리고, 자기 나이만큼 콩을 먹는 액막이 풍습이다. 지금은 현대인들의 즐거운 행사로 각 가정에서 그리고 신사에서 거행하고 있다.

잡귀를 쫓는 세츠분 풍습은 헤이안(平安)시대의 궁중 행사인 츠이나(追儺), 오니야라이(鬼遣)가 기원이며, 이와 같은 궁중 행사는 중국 풍습에서 유래된 것이다. 가족과 보내는 단란한 시간, 즐거운 세츠분 다회에서 차와 함께 대접하며 복을 전달하는 화과자이다.

② 시마네(島根)현의 화과자 나타네노사토(菜種の里)

시마네현 마츠에에서 만들고 있는 노란색의 화과자 나타네노사토는, 마츠에 영주이며 후마이(不昧)라는 호로 더 많이 회자되고, 다인으로서도 유명한 마츠다이라 하루사토(松平治郷)가 고안했다고 알려져 있다. 후마이가 좋아했다는 차과자이며, 후마이의 차는 후마이유파(不昧流)로 현대까지 이어지고 있다.

나타네노사토는 라쿠간으로 유채꽃의 노란색을 띠고 있으며 군데군데 흰색은 마치 나비를 연상시킨다. 봄이 오면 유채밭에 나비가 춤추며 날아드는 모습을 표현한 것이다.* 먹는 방법은 칼을 사용하지 않고 손으로 쪼개서, 쪼개진 모양을 보고 즐기는 것이다. 메이지(明治) 이후 제조법이 끊어졌는데, 1929년에 창업한 산에이도(三

---

* 甲斐みのり, 『春夏秋冬お菓子の旅』, 主婦の友社, 2010年, p.14.

英堂)에서 제조법을 부활시켜 만들고 있다.

③ 아이치(愛知)현 화과자 호시노시즈쿠(星の雫)

호시노시즈쿠는 쇼카도(松華堂)에서 제작하는 와산본으로 만든 다섯 가지 색깔의 주사위 모양의 히가시로, 크기는 1cm 정도의 정방형이다. 모양은 심플하지만 색은 다채롭다. 가메이에 별(호시)이라는 단어가 있는 것에서, 별 이야기와 관련이 있는 7월 칠석 다회의 차과자로 사용된다. 칠석에 오색실을 장식하는 풍습에 따라서 별이 물방울처럼 총총한 정경을 이미지화하여 만든 것이 호시노시주쿠이다.

작고 귀엽고 예쁜 과자로 접시에 담는 즐거움이 있으며 환상적인 칠석·밤하늘의 별을 마음에 떠올리며 먹는 과자이다.

④ 교토(京都) 화과자 하마즈토(浜土産)

하마즈토는 5월 중순에서 9월 중순까지만 판매되는 여름 한정품이며, 청량함을 전하는 교토의 여름 과자로 보석보다 아름다운 과자이다. 교토는 바다에서 멀리 떨어져 있지만, 무더운 한여름에 대합조개를 바라보며 바다의 시원한 바람을 느끼게 하는 과자이다. 대합조개의 껍데기를 열면 유기물 보석·호박색의 한천에 된장 풍미가 있는 하마낫토가 한 알 들어 있다. 호박색 양갱의 단맛과 된장 풍미의 낫토가 조화를 이루며 독특한 맛이 있다. 대합조개를 열어 빈 조개껍데기를 스푼 삼아 떠먹는 재미도 있다. 주의할 점은 차갑게 해서 먹어야 한다는 것이다.

여름 안부 인사, 혼례 과자로도 좋은 선물이 된다.

⑤ 교토(京都) 화과자 미소마츠카제(味噌松風)

미소마츠카제는 교토를 대표하는 구운 과자의 일종으로 된장을 첨가, 또는 첨가 후 발효시킨 것이다. 카스텔라 풍의 구운 과자로 각 지역에서도 미소마츠카제를 만들고 있으나, 역시 전통이 있는 것은 교토의 미소마츠카제가 으뜸일 것이다.

미소마츠카제를 제조하고 있는 교토의 마츠야토키와(松屋常盤)는 1655년경 창업한 유서 깊은 노포로 센케(千家)·다이토쿠지(大德寺)에 차과자를 납품하고 있다. 그러나 스스로 '노포'라고 밝히고 나서는 법이 없는 점에서 그 품격을 느끼게 하는 곳이다. 두께는 4센티미터 정도이고 노릇노릇한 갈색으로 일본식 카스텔라가 연상되지만, 약간 단단한 식감이 특징이다. 이 미소마츠카제는 마츠야토키와에서만 살 수 있으며, 당일 판매상품으로 그 수량에 한계가 있어서 예약할 정도라고 한다. 창업 이래 가족끼리만 해 온 노포로 제조 비법 등을 자신의 자식에게만 전하는 경영방식을 선택하고 있다. 선대의 제조법을 보고 기억하여 그대로 전통을 전수하고 있다.

⑥ 도야마(富山)현의 화과자 우스고오리(薄氷)

우스고오리는 살얼음이라는 뜻이며, 일본의 와비, 사비를 전하는 화과자이다. 겨울 찻자리의 분위기를 자아내는 차과자로 히가시에 해당한다.

겨울의 호쿠리쿠(北陸; 현재 일본 중부지방)의 눈이 사라져 가는 음력 2월의 추운 밤에는 웅덩이나 논에 '살얼음'이 언다. 살얼음으로 살짝 뒤덮인 초겨울 모습에서 영감을 얻어 아름다운 계절을 과자에 담아 우스고오리라고 작명하였으며, 처음 만든 것은 1752년이다. 이후 비법이 전수되고 막부에 헌상되었으며, 메이지 이후 궁내성에 납품하며 다도계로부터 호평을 받았다. 숙련된 장인의 손길로 한 장 한 장 정성스럽게 만들어내는 우스고오리는 아름다운 얼음 결정체를 표현한 히가시로, 종류는 센베이에 속한다. 입 안에 넣으면 살얼음이 녹는 것처럼 녹아내리며, 와삼본의 독특한 풍미가 남는다.

3. 가메이(菓銘)에 들어 있는 의미

영화를 보면 절기별로 화면이 전개되어 간다. 이처럼 차노유(茶の湯)는 계절을 소중히 여기며, 화면에서도 그때그때 절기의 이름을 문자로 보여주고 있다. 로지, 다실의 모습에서 절기가 보이고 꽃, 족자, 다도구, 분위기에 이르기까지 계절감을 볼 수 있다. 계절과

영화《일일시호일》에서 절기가 표시 된 화면

주제에 맞는 족자를 골라 도코노마에 걸고 차과자도 그 계절과 다사를 개최하는 주제에 어울리는 것을 선택하는 감각이 있다. 책과 영화 속에 등장하는 화과자의 고유명칭인 가메이(菓銘)에는 어떤 의미가 내재되어 있는지, 어떻게 계절감을 내포하고 있는지 도표를 통해 알아보자.

영화·책에 등장하는 각 노포의 화과자

* 노포명: 생략

	가메이(菓銘)	종류	분류	시기	모양	대표색	가메이배경
1	시타모에 下萌	만두	主菓子	2월	둥근 모양	초콜릿색	계절
2	아지사이 紫陽花	금옥 錦玉	主菓子	6월·여름	작은 주사위	보라색	계절
3	기누카츠기 衣被	경단	主菓子	10월	토란	흰색	계절
4	사와라비 早蕨	만두	主菓子	봄	고사리 새싹	연두색	계절
5	아야메 菖蒲	만두	主菓子	5월	둥근모양붓꽃 무늬	엷은 갈색 연두색	계절
6	하츠가츠오 初鰹	양갱	主菓子	2~5월	생선회	분홍색	계절
7	유채꽃	킨톤	主菓子	3월	意匠	노란색	계절
8	벚꽃	킨톤	主菓子	4월	意匠	분홍색	계절
9	철쭉	킨톤	主菓子	5월	意匠	붉은색	계절
10	유즈 柚子	만두	主菓子	12월	둥근 모양	노란색	계절 세시풍속
11	기미효 黃味瓢	모나카 네리키리	主菓子	11~4월	표주박	노란색	계절

12	지요기쿠 千代菊	네리키리	主菓子	가을	국화	분홍색 다양함	계절
13	고시노유키 越乃雪	라쿠간	干菓子	1월	사각형	흰색	계절
14	후쿠와우치 福和内	라쿠간	干菓子	입춘 전날	얼굴 모양	밝은 갈색	세시풍속 계절
15	나타네노사토 菜種の里	라쿠간	干菓子	봄	쑤 모양	노란색	계절
16	호시노시즈쿠 星の雫	와산본	干菓子	7월	주사위	흰색 다양한 색	세시풍속 7월
17	하마즈토 浜土産	양갱	主菓子	여름 한정 품	대합조개	호박색	계절
18	미소마츠카제 味噌松風	카스텔라	干菓子	연간/기간	두께 4cm	갈색	
19	우스고오리 薄氷	센베이	干菓子	겨울	직사각형	흰색	계절

* 도표에 나오는 내용은 영화와 책에 나오는 화과자를 정리한 것이다.
* 종류와 분류/색은 각 노포 및 장인의 솜씨에 따라서 다르다. 즉, 위 도표의
  내용과 각각 달라진다.

    화과자는 장인·노포에 따라서 동일한 과명이라도 재료·종류·
분류가 다양해서 서로 다른 모양으로 제작되는 경우가 많으며, 이
것은 장인의 기량이 돋보이는 예술창작품으로 당연한 결과이다.
찻자리에 등장하는 화과자는 오모가시와 히가시로 분류하고 있다.
    위 도표에 나오는 가메이 중 대부분은 가메이 자체에 계절을 품
고 있다. 기누카츠기, 유즈, 후쿠와우치, 호시노시즈쿠, 하마즈토,
미소마츠카제를 제외하면 단어인 가메이에서 바로 계절을 읽어낼

수 있다. 그리고 세시풍속과 연계되어 있는 유즈와 후쿠와우치도 가메이에서 계절을 알리고 있다. 19개의 화과자 중에서 미소마츠카제를 제외하면 모두 계절감을 뿜어내고 있다. 화과자의 가메이를 작명할 때 토대가 되는 것은 문학작품도 있고, 각 지역의 역사와 문화도 있지만 공통적인 요소로 들어가는 것은 역시 계절감이다.

계절감은 화과자의 문화적 요소* 4개 중에 하나로 가장 핵심 요소이다. 계절감은 화과자뿐만이 아니라 차문화 및 일본문화의 중요한 키워드로 자리매김을 하고 있다. 저자인 노리코씨는 화과자의 가메이와 계절에 대해서 다음과 같이 설명하고 있다. "화과자는 디자인으로 계절을 표현하는 전통적인 예술입니다. 벚꽃 하나로도 막 피기 시작한 '첫 벚꽃', 천천히 져가는 '꽃보라', 강을 타고 흘러내려 가는 꽃잎을 표현한 '꽃잎 뗏목' 등을 각기 다르게 표현하죠."** 봄을 대표하는 벚꽃을 주제로 가메이를 작명하고 있는데, 벚꽃이 피는 시기에 따라서 첫 벚꽃, 만개한 벚꽃이 바람 따라 춤추는 꽃보라, 만개했던 꽃잎이 강물로 떨어진 모습을 아름다운 꽃잎 뗏목으로 작명하여 벚꽃의 일생을 표현하고 있다. 짧은 봄 계절을 세심하게 나누어 가메이로 표현, 우리의 감성을 깨우고 있다.

이처럼 가메이의 문화 코드에 있어서 계절은 핵심 키워드이다. 사계절이 표현되지 않는 경우는 매우 드물다.

---

* 노근숙, 「和菓子에 內在되어 있는 文化的要素」, 中國 第11届国際茶文化研討会, 2024. 5. 20 발표.
** 이설 기자, 화제작 '일일시호일' 작가 모리시타 노리코 "다도는 작은 출가", 2019. 3. 12. 기사.

V. 가메이(菓銘) 문화

화과자에는 계절 한정품이라는 표기와 함께 짧은 판매 기간이 설정된 경우가 상당히 많다. 그것은 화과자가 사계절과 밀접한 관계성을 갖고 있는 데서 기인한다. 과자 종류와는 별도로 작명되는 가메이(菓銘)의 의미나 배경을 알게 되면 화과자의 세계를 더욱더 느낄 수 있다. 화과자의 깊고 깊은 독특한 문화가 그 안에서 호흡하고 있는 것이다.

가메이(菓銘) 작명에 대해 살펴보면, 그 배경에는 와카(和歌), 하이쿠(俳句) 등의 문학작품에서 도입하기도 하며, 일본의 자연·지역의 역사와 풍물·문화·명소 등에서 선택하기도 하는데, 특히 계절감이 표현되는 경우가 많다. 이러한 내용이 내재되어 있는 가메이를 듣고 이름에 깃들어 있는 내용을 상기하는 것은 죠가시(上菓子)를 음미하는 오감 중 하나인 청각으로 중요시되었다.* 1693년 간행된 『난쵸호키(男重宝記)』에는 약 250종의 과자명(가메이)과 그 제조법이 기록되어 있다.

18세기 이후, 과자는 종류가 풍부해지고, 혼아미코에츠(本阿弥光悦), 오가타코린(尾形光琳)를 대표하는 림파(琳派)의 영향을 받아 세련된 의장이 등장하며 가메이(菓銘)을 명명하게 되었다. 이로써 과자 문화가 비약적으로 발전한다. 경도京都의 궁중이나 조정에 출사하는 계층, 막부의 직속 무사 집안, 각 종파의 본산이나 문적사원

---

* 青木直己, 『図説和菓子の今昔』, 淡交社, 2000年, p.75.

화과자 노포 鶴屋吉信의 교토 매장 모습

(門跡寺院)에서 수요가 급증하는 환경을 기반으로 독자적인 과자 문화가 육성되었다.[*]

가메이는 화과자가 발전하는 토양이 되었으며, 그 안에 스토리텔링이 내재되어 있어 가메이를 듣고 그 문화를 이해하는 것이 그 시대의 교양이었다. 또한, 다회와 다사의 주제를 표현하는 역할을 수용하며 그 품격을 높여 문화의 반열로 합류시켰다. 가메이의 공로를 들자면, 화과자의 브랜드화를 촉진시켰으며, 문화로서의 위치를 확보하여 세계로 발신하는 과자 문화의 토대가 되었다는 점 있다.

가메이는 모든 화과자에 부여되지는 않는다. 화과자 점포나 장인이 기량을 발휘하여 제작한 것, 전통적인 역사성이 있으며 어떤

---

[*]   京都市 文化市民局 文化財保護課, 京都をつなぐ無形文化遺産「京の菓子文化」.

문화와 호흡을 하는 것 등으로, 그 안에 공통으로 갖고 있는 의미는 사계절의 감성이다. 그렇게 예술성이 인정되는 작품으로 간주되는 화과자에 붙이는 것이 가메이, 즉 과명(菓銘)이다. 가메이가 부여된 화과자는 이처럼 문화적 측면이 내재되어 있는 것으로, 식품이기 전에 창작 예술작품이다.

일본 화과자 노포에 있는 '고려병'

원나라에서 고려의 유밀과를 고려병高麗餅이라고 했다. 그런데 일본 화과자 노포에 '고려병'이 있다. 한자표기는 고려병高麗餅인데, 읽는 것은 '고레모치'이다. 오사카의 국수당과 가고시마의 명석옥에서 고려병을 판매하고 있는데, 그 모양과 과정이 서로 다르다. 가고시마 노포의 공식사이트를 보면 고려에서 전해진 찐과자라고 설명하고 있다.

참고문헌

노근숙,『일본차문화론』, 원광디지털대학교 교재, 2021.

최성민,『차와 수양』, 책과 나무, 2020.

하도겸,『영화, 차를 말하다』,「일상이 변하는 차 한잔의 비밀」, 자유문고, 2022.

青木直己,『図説和菓子の今昔』, 淡交社, 2000.

森下典子,『日日是好日 お茶が教えてくれた15のしあわせ』, 飛鳥新社, 2021.

福井幸男,「千利休の切腹の状況および原因に関する一考察」,『桃山学院大学人間
　　科学』No.40, 2011.

山本候充 編『日本銘菓事典』, 東京堂出版, 2004.

京都市 文化市民局 文化財保護課,〈京都をつなぐ無形文化遺産「京の菓子文化」〉.

이설 기자, 화제작 '일일시호일' 작가 모리시타 노리코 "다도는 '작은 출가'",
　　2019. 3. 12. 기사.

https://ja.wikipedia.org

https://www.meihaku.jp 名古屋刀剣博物館 刀剣ワールド

다 구,

차를 마시는
이유가 되다

영화 《**경주**》

• 박효성 •

디자인하우스, 가야미디어 등의 출판미디어사에서 잡지를 만드는 에디터로 일하며 잘 사는 방법에 대한 잡다한 주제에 관심을 가져왔다. 차와 다구의 매력에 빠지면서 공예 분야에 마음이 닿아 한겨레의 토요판 ESC섹션에서 공예품을 예찬하는 칼럼을 연재하고 있다. 잡지에서 다루었던 잘 사는 방법이라는 것은 결국 이 땅에서 오랜 시간 빚어왔던 문화와 유산 속에 깃들어 있음을 깨닫고 한국전통문화대학교 미래유산대학원에서 전통 문화 기반의 콘텐츠를 만들기 위한 공부를 뒤늦게 시작해 매진하고 있다.

경주

감독 장률, 주연 박해일, 신민아

한국, 2014

낮술 같은 첫 번째 《경주》

2014년 개봉한 영화 《경주》를 처음 봤을 때, 이상했다. 박해일 배우의 무심한 듯 심각한 말투와 표정의 연기를 좋아해 부러 찾아서 봤다. 그가 맡은 주인공 최현의 시점으로 경주에서의 24시간 남짓의 이상하고 야릇하게 흘러가는 시간과 만남, 사건, 화해를 조망했다.

7년 전 친한 형 두 명과 경주에 왔던 최현은 그 멤버 중 한 명의 장례식에 참석했다가 곧바로 경주로 향했다. 아마도 즉흥적이고 충동적 여행인 듯하다. 형의 장례식에서 맞닥뜨린 영정 사진이 7년 전 경주에서 자신이 찍어준 사진인 것을 보고 문득 그 시간과 장소를 떠올렸을 것이다. 북경대 교수인 그는 오랜만에 한국을 찾았고, 1박 정도의 시간은 계획 없이 쓸 수 있는 상황이었으며, 한 가지 뚜렷한 목적은 7년 전 경주의 한 찻집에서 본 춘화를 찾는 것으로 나름의 당위성을 부여했다. 발빠르게 대학 후배에게 연락해 경주로 오게 한다. 물론 여자 후배다. 일단 후배가 도착하기 전에 춘화를 찾는 것부터 여정을 시작한다. 기억을 더듬어 찾은 찻집 '아리솔'은 푸른 담쟁이가 둘러싼 자그마한 정원 마당이 있는 한옥 전통 찻집이다. 옛스러운 공간과 다르게 주인 공혜원은 젊고 아름답고 정갈

영화 《경주》의 주인공 최현과 공윤희가 처음 만난 찻집 아리솔

하다. 신민아 배우가 꾸밈없이 담백하게 표현한 공혜원은 최현의 조금 엉뚱한 모습에도 차분하게 대처한다. 두 주인공의 만남은 그렇게 엉뚱하고 담백하다.

처음 이 영화를 봤을 때는 둘 사이에 놓인 차가 보이지 않았다. 그저 배경이 찻집이라 당연히 차가 나오는 것일 뿐 시선이 머물지 않았다. 경주에서 최현에게 일어나는 하룻밤 꿈같은 만남들과 환상 같은 장면을 좇으며 영화는 흘러갔고, 낮술을 마신 듯 알딸딸한 기분과 아리송한 의문들만 차올랐다. 그게 《경주》의 첫 감상이다.

차와 횡파다관이 보이는 두 번째 《경주》

두 번째 《경주》는 반가웠다. 드디어 차가 눈에 들어와서다. 2020년, 코로나 팬데믹 속에서 만남은 금지되고 여유로운 시간은 늘어난 덕분에 영화를 꽤 많이 봤다. 어쩌다 다시 《경주》를 선택해 보고 있는데 처음과는 다르게 찻집 주인 공혜원이 차를 우리며 다구를 정성스럽게 다루는 모습이 클로즈업 하듯 눈에 들어왔다. 2018년 10월부터 나도 차를 마시기 시작했기 때문이다. 이전에는 일절 관심이 없던 것이 이렇게 가슴이 두근거릴 정도로 반가울 수 있구나 싶어 신기하기도 했다. 공혜원이 차를 우리는 동작은 3년차 찻집 주인치고는 능숙하지 않았지만 그래도 연습을 해서인지 꽤 자연스러웠다. 다만 물을 따를 때 김이 나지 않는 걸 보니 뜨거운 물이 아니었고, 차를 충분히 우려낼 새도 없이 바로 숙우에 따라서 맛은 별로였을 것이 분명하다. 하얀 반팔 셔츠와 베이지 컬러 바지를 입고 화장기 거의 없는 편안한 얼굴임에도 신민아 배우가 연기한 공혜원의 차 내리는 모습은 소녀 같이 청순한 분위기를 자아낸다.

그녀의 자태 못지않게 다구에도 눈길이 머물렀다. 최현은 이 찻집을 두 번 방문하는데, 처음에 마신 황차는 횡파다관에서 우려 숙우에 담고 찻잔에 따라 준다. 다관은 잎차를 넣어 우려내는 주전자를 말하며, 횡파다관이란 몸통에 오른손으로 잡을 수 있도록 10cm가량의 막대기형 손잡이를 단 다관이다. 차 생활을 하기 훨씬 전부터 차를 즐기는 스님이나 어르신들이 사용하는 것을 익숙하게 보았던 터라 한국 전통 다관이겠거니 여겼다. 하지만 그 기원을 찾아보니 일본에서 시작되어 우리 차 문화에 자리잡은 것이다.

일본은 16세기 무로마치 막부시대에 센노리큐가 창안한 것으로 알려진 가루 녹차인 말차를 다완에서 격불해 마시는 방식이 가장 대표적이고 유서 깊은 전통이다. 이때는 다관을 사용하지 않았고 17세기 에도시대에 잎차를 따뜻한 물로 우려마시는 방식이 정착했

찻집 주인 공윤희가 횡파다관에서 우린 황차를 따르는 장면

으며 18세기 후반에야 비로소 일본만의 다관인 큐스(急須)를 완성
했다. 일본은 1964년 도쿄올림픽을 개최하면서 제2차 세계대전 패
전국이라는 낙인을 지우기 위해 여러 가지 문화 프로그램을 선보
였고, 그중 하나로 일본 다도를 세계에 알리기 위해 먼저 모든 일
본인들에게 다도를 배우게 했다. 그러자 문제가 발생했는데, 말차
를 담는 다완과 잎차를 우리는 다관인 큐스, 찻잔 등의 수요가 급격
하게 늘어나 가격이 상승하고 물건도 부족하게 된 것이다. 일본 상
인들은 한국의 경기도 이천과 여주, 광주, 경북 문경 등지의 사기장
들에게 부족한 다구들을 주문했고 이때 우리에게 생소했던 일본식
다관인 큐스를 접하게 되었으며 이 큐스가 바로 횡파다관인 것이
다. 1960~70년대 형편이 어려웠던 한국의 사기장들은 일본의 주
문을 통해 경제적 도움을 받았고, 일본 차문화가 한국에 전파되면
서 한국의 현대 차문화에 횡파다관이 자연스럽게 녹아들었다.*

---

*   정동주, 『차와 차살림』, 한길사, 2013.

이제는 횡파다관 외에도 다관의 형태와 재질이 다양해지고, 미감도 뛰어난 다관과 다구들이 넘친다. 차를 즐기는 이들이 늘어난 덕분에 도예가와 공예가들이 다채롭고 아름다운 다구를 만든다. 2014년이 아닌 2024년의 아리솔이라면 한결 세련된 차도구로 최현을 맞지 않았을까?

나의 첫 다구, 바닷빛 개완

세 번째《경주》는 비로소 재밌었다. 아는 만큼 보이고 보이는 만큼 즐기게 되는 법이니 말이다. 이번 글을 쓰기 위한 영화로《경주》를 결정하고 다시 보니 곳곳에 숨겨진 차와 관련된 장치들을 찾는 재미가 쏠쏠했다. 사실 『영화, 차를 말하다』 1권에서 이미 이 영화를 다뤘다. 삶과 죽음이 공존하고 연결되는 공간 경주에서 욕망과 욕심을 드러내는 인간들의 뒤섞임을 보여주고, 차를 통해 욕망을 걸어내 삶이 맑아질 수 있음을 고찰했다. 차에 대한 정의와 더불어 최현이 마신 황차가 우리 역사 속에 깃든 내용도 명료하게 정리해주고 있어, 아직 읽지 못했다면 일독을 권한다. 같은 영화를 통해 펼쳐낸 나의 차 이야기는 지극히 개인적 경험이다. 앞서 언급한 것처럼 찻집 주인 혜원이 다구를 다루는 모습을 유심히 보게 된 것도 내 차생활의 시작이 바로 차가 아닌 다구에 먼저 반하면서부터였기 때문이다.

별안간 마음을 빼앗아 간 나의 첫 다구는 토림도예의 개완이다. 서촌에 있었던 찻집 '일상다반사'에서 2018년에 만났던 모던하게

나의 첫 다구인 토림도예 개완

디자인한 공간에서 커피가 아닌 차를, 그것도 다구를 직접 사용해 우려보는 경험을 처음 했는데, 그때 토림도예의 블루 컬러 개완과 처음 만났다. 설레는 첫 인상이지만 선뜻 살 수도 없었고 어디서 사야 하는지도 몰라서 잊고 있었는데 1년 후 코엑스에서 열린 공예트렌드페어를 방문했다가 우연히 토림도예를 다시 조우했다. 차는 모르지만 운명이라 여기며 바다빛을 닮은 푸른 개완을 집으로 데려왔다. 숙우는 고사하고 심지어 찻잔도 없으면서 말이다. 개완에 우릴 수 있는 차는 일단 파리 출장 때 틴케이스가 예뻐서 사온 유럽식 홍차가 유일했고, 머그컵에 따라 마셔도 소꿉놀이 하듯 재미있고 맛도 근사했다. 평소 차를 즐기는 선배님에게 이를 자랑삼아 얘기했더니 안타까워하며 보이차 한 편을 선물해주셨고, 본격적인 차 생활이 시작되었다.

토림도예 개완은 푸른빛에 먼저 마음을 주었지만 손이 느끼는 섬세한 감촉이 더 매력적이다. 몸체는 유난히 얇은 두께로 여리여리한 꽃잎 같지만 차를 따르기 위해 잡았을 때 단단하고 안정적이다. 뚜껑을 살짝 비켜 잡고 뜨거운 찻물을 붓는 개완만의 따르는 동작을 안전하게 할 수 있도록 뚜껑의 손잡이 윗부분에 판 작은 홈이 참으로 든든하다. 작가는 그 홈에 손가락을 고정시키기 편하게 하

142

느라 수많은 시행착오를 거쳤다고 한다. 만든 이의 정성과 진심이 내 손끝과 마음에 닿는 일은 공산품이 아닌 공예품에서만 느낄 수 있는 감동이다.

단단하고 얇은 몸체와 뚜껑의 홈 덕분에 섬세하면서도 안정적으로 자세가 잡히면 개완을 기울이는 각도와 팔 동작이 편안하고 우아해진다. 혼자 차를 마시면서 개완을 따르는 내 모습에 스스로 만족해 이제 제법 많아진 다구 중에서도 여전히 자주 사용한다. 녹차, 청차, 보이차 등 차 종류도 가리지 않고 그 본연의 맛을 선명하게 뽑아내고 입구가 넓어 물속에서 찻잎이 파릇하게 피어나는 모습을 감상하는 즐거움도 선사한다. 이런 이유들 때문에 차 생활을 처음 시작하는 이들에게 첫 다구로 개완을 추천해왔다.

찻잔, 계절의 풍류를 담다

차 생활을 시작하게 해준 게 토림도예 개완이라면, 찻잔을 모으는 것은 차 생활을 풍성하게 채워준다. 차오르는 다구에 대한 물욕을 찻잔을 수집하는 것으로 타협해왔는데 다관이나 개완에 비해 상대적으로 저렴한 가격 덕분이다. 게다가 예쁘기까지 하니 외면할 재간이 없다. 다만 원칙은 찻잔은 디자인별로 한 개만 사는 것으로 세웠다. 똑같은 찻잔이 없이 다른 재질과 형태의 찻잔을 모아 골라쓰는 재미를 누린다. 계절이나 날씨, 마시는 차의 종류에 따라 손이 가는 찻잔은 달라진다. 겨우내 황차와 보이차를 자주 마셨는데 이때는 정재효, 김정우, 은성민 작가의 분청사기 찻잔이 좋았다. 자연스럽게 드러나는 흙의 물성과 색이 마음에 온기를 더하고, 투박한 듯 자유로운 문양이 겨울의 풍경과 닮아서이기도 하고 하다. 햇살에 분분한 봄꽃 향기가 담기기 시작한 계절에는 꽃을 닮은 앙증맞은 잔들이 간택된다. 1순위는 윤세호 작가의 양이잔이다. 양쪽 면에 작은 귀가 손잡이처럼 달린 형태로 조선시대 왕실 의궤 기록이나 박물관에서도 볼 수 있는 유서 깊고 품위 있는 디자인인데 귀엽기까지 하다. 맑은 봄 하늘을 닮은 빛깔 덕분에 백차나 녹차 등을 향기롭게 담아준다. 매화 꽃봉오리 같은 오선주 작가의 잔도 새봄에 매화차를 즐기기에 제격이다. 이렇게 매화향을 즐긴 날은 말도 꽃처럼 곱게 하고 싶어 진다. 옻칠 공예가 박수이 작가가 옻으로 피워낸 꽃볼에 다식을 담아 함께 찻자리를 마련하면 봄은 더욱 각별해진다.

영화《경주》에서 아리솔 찻집 주인 혜원이 『김선우의 사물들』이란 제목의 책을 잠시 읽는다. 짧게 지나가는 장면이지만 제목이 잘 보이길래 차에 관련된 내용이 나오는 건 아닐까 싶어 찾아 봤다. 시인의 감각으로 일상의 사물들이 숨기고 있는 이야기를 들려주는 에세이집 목차에서 역시 '잔, 속의 꽃과 술과 차와……'라는 소제목이 보인다. 그의 제안처럼 작은 잔 하나로 차오르는 소소한 즐거움을 아낄 이유가 없다.

자기 마음에 꼭 드는 작은 잔 하나씩은 가지자. 자기의 잔을 지니고 꽃나무 아래로 가자. 꽃나무 아래 잔과 독대하며 감각의 기원을 물어보자. 술이나 차를 채우거나 꽃잎을 받으면서 오종종

봄에 사용하는 윤세호 작가의 양이잔, 오선주 작가의 잔과
받침, 박수이 작가의 옻칠매화다식그릇

한 작은 잔 하나가 구현해가는 탐미의 방식을 들여다보자. 산다
는 것이. 환장할, 봄에, 그 정도는 탐하며 살아도 좋지 않겠는가.

토림도예 개완을 시작으로 차를 마셔온 6년 남짓한 시간 동안 차
근차근 다관과 찻잔도 들이고 차와 함께하는 매일이 차곡차곡 쌓
여간다. 다구에 먼저 반해 시작한 차와 함께한 시간은 인생 곳간을
든든히 채워준다.

효명세자의 다구 예찬

조선시대에도 찻잔을 무척 아껴 시를 지어 예찬한 이가 있어 반갑
다. 정조의 손자이자 순조의 하나뿐인 아들인 효명세자다. 22세의

짧은 삶에서 빛나는 이야기가 많이 남아 있어 임금이 되지 못한 그의 재능이 아깝고 아쉽다. 성군이 되기 위해 부단히 공부하고 애썼던 터라 글과 예술 분야에서 두각을 나타내는데, 특히 400여 제나 되는 시를 지어 조선 왕실을 대표하는 시인으로 인정받을 정도로 뛰어난 문학적 성취를 이뤘다. 조선의 대표적인 문예 군주인 정조는 49년 동안 지은 시가 200제를 넘지 않는데, 효명세자는 22년 생애 동안 마음에 품고 즐겼던 많은 것을 시로 표현했고 차 생활을 소재로 한 시도 여럿 남겼다.

다구 중의 찻잔
가장 고결하고 귀중해.
불 가까이하지 않고 찌꺼기를 받지 않고
사용하면 손에서 떠나지 않아.
정리할 때에는 반드시 상에 올려두고
손님이 오면 반드시 자리해.
문방사우와 더불어 가까이해
모두 중 우두머리 차박사네.
_「영물 49수詠物四十九首」 중 '찻잔(茶鐘)'

수정처럼 깨끗하고 옥같이 차가운 찻잔에 맑음 담아
가볍게 찻잔 들고 차 마시니
담박한 향 도누나.
크고 작은 찻잔 모두 그 제도에 따랐음을 비로소 알겠고

고동기 모으는 사람들 무엇 때문에 옛 솥 좋아하는지도 알겠네.

_'찻잔'

첫 번째 시에서 찻잔을 '차박사'라고 칭송했고, 두 번째 시에서는 크기에 따른 찻잔을 제도에 맞춰 사용하며 향까지 섬세하게 즐긴 것을 알 수 있다. 효명세자의 차에 대한 애호는 그가 진두지휘한 궁중 연회에서 진행한 진다의식에서도 드러난다. 그는 대리청정하는 3년 동안 어머니 순원왕후의 40세 생신을 경축하는 무자진작의, 1828년 연회와 1829년 순조의 40세 생신과 즉위 30주년을 기념하는 기축진찬의를 총지휘하면서 작설차를 올리는 진다의식을 여러 차례 거행했다. 숙종, 정조 대에도 궁중연회에서 차를 올리기는 했으나 효명세자의 진다의식은 이전보다 체계적인 형식을 갖춘 의례로 발전했고 가무 속에서 차가 올려졌다.* 외척인 안동 김씨의 득세 속에서 왕권 강화와 사회 통합을 위해 예악(禮樂)을 중심으로 성대하게 진행한 효명세자의 궁중연회는 춤과 음악이 어우러진 공연인 정재(呈才)에 특히 심혈을 기울였다. 손수 곡의 가사를 쓰고 새로운 춤을 창작하는 등 총 40종목의 정재 중에서 23종목이 당시 새로 등장했으며, 차를 올리는 진다의식도 가무와 함께 절차에 포함한 것은 단순히 성대하고 화려한 잔치를 위한 것이 아닌, 의례의 위상과 왕실의 권위를 높이기 위한 고도의 전략이었다. 이러한 효명세자의 왕실 연회 형식은 고종 대까지 이어졌으며, 진찬의궤에 이때 사

---

* 정은희, 『조선시대 서울의 차 문화』, 서울역사편찬원, 2021.

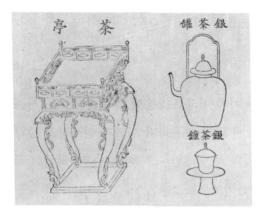

「기축진찬의궤」 속 다구

용한 다구들의 기록이 상세하게 남아 있다.

다관은 은으로 만든 것이었고 찻잔은 옥기와 은기로 받침과 덮개를 갖추었다. 또한 은으로 만든 찻숟가락과 젓가락이 있고, 이들이 놓이는 찻상인 다정(茶亭) 등이 있다. 의궤에 그려진 다구의 생김을 살펴보며 총명하고 아름다운 감성을 지닌 효명세자의 손길이 닿았으리라 짐작하니 애틋하게 곱기도 하다.

찻집, 다감하고 풍성한 찻자리

차는 다정하다. 처음 보는 사이라도 차를 함께 마시다 보면 금세 어색함은 노곤노곤해지고 대화도 소곤소곤 나눌 수 있는 자리로 만들어준다. 혼자서 마시는 차도 좋지만 둘이서, 혹은 여럿이 차를 나누다 보면 역사, 철학, 영화, 예술 등 차와 이어지는 다채로운 주제로 대화가 확장된다. 물론 술도 그런 면이 있지만 차는 대체로 관계의 선을 넘어서는 무례가 없는 편이라 술집보다 찻집이 어울리는 만남이 있다. 술은 혈관을 끓게 하고, 반면 차는 들끓는 마음을 고요하게 식혀 서로에게 예의가 각별해지는 것이다. 영화《경주》에서 최현과 공윤희가 첫 만남에서 차를 마신 사이였기 때문에 선을 넘지 않는 1박 2일을 함께 보낼 수 있었으리라. 찻집 아리솔이 두 주인공에게 로맨틱한 시간 여행을 선물했듯 나에게도 특별한 시간을 선사하는 찻집을 종종 찾는다. 공손하게 정돈한 예의를 바탕으로 차와 곁들여 즐길 수 있는 다양한 풍류를 누릴 수 있어서다. 2024년 봄을 맞아 선택한 찻자리는 '서울산책사무소'의 '미음완보微吟緩步' 프로그램이었다. 인왕산 아래 동네에서부터 경복궁, 북촌까지 산책하며 곳곳에 담긴 옛 이야기와 오래 터를 잡은 나무를 탐미한 뒤 차를 마시며 마무리하는 산책같은 찻자리다. 서울산책사무소라는 재미있는 이름으로 활동하는 홍수영 씨의 안내로 '작은 소리로 읊조리며 천천히 걷는다'는 의미답게 도란도란 대화를 나누고 옛 그림 속 풍경과 현재 모습을 비교하며 꽃망울이 터지기 직전의 나무 아래를 느리게 거닐었다. 김홍도가 그린 「송석원시사야연도(松石園詩社夜宴圖)」의 배경으로 추측하는 장소를 둘러보며 정조 시절 '송석원 시사' 모임을 통해 그들이 품었던 시정을 느껴볼 수 있었던 게 유난히 마음에 오래 머물렀다.

서울 성수동에 위치한 '묘차'에서는 옛 그림 속에 깃든 계절의 정취를 차와 함께 음미하는 '풍류다회'가 제법 흥미롭다. 동양미술사를 전공한 임예흔 미술평론가가 익숙하지 않은 옛 그림을 맛깔나게 읽어주어 '옳거니' 하며 추임새가 절로 나올 듯 흥겹다. 주제에 맞춰 선별한 차와 다식도 제각기 이야기를 담고 있다. 이를 테면 지

서촌과 북촌 산책 후 나눈 차담　　　　　계절의 정취를 옛 그림으로 느껴보는 묘차의 풍류다회

난 가을에 열린 풍류다회에서는 금수강산의 정취를 품은 그림과 마두암 육계를 배치했고, 문인의 아취를 보여줄 때는 순종 동정오롱과 함께해 시각에서 후각, 미각으로 이어지는 감각의 향연을 펼쳐냈다.

　아름답고 쓸모 있게 만든 다구의 기획 전시와 좋은 차가 함께 있는 '산수화'도 애정하는 찻집이다. 산수화를 운영하는 정혜주 대표는 2023년에 『차의 언어』라는 책을 출간했는데, 차를 마실 때 유용한 다구들을 중심으로 차에 대한 이야기를 풀어내 마치 필수 단어장 같다. 산수화에서는 다구에 대한 빼어난 미감과 심미안을 갖춘 그녀가 기획하는 전시를 통해 시어처럼 고운 작품들을 만날 수 있고, 그런 다구를 이용해 차를 마실 수 있어 무엇보다 특별한 곳이다.

산수화에서 열린 『차의 언어』 출간 기념 다구 사진 전시

차로 쓰는 인생의 특집

지난 20여 년 동안 나는 잘 사는 법을 주로 다룬 잡지를 만들었다. 잡지는 특집을 통해 하나의 주제를 다채로운 시각으로 소개하거나 심도있게 파고드는 기획을 진행한다. 이게 직업병처럼 몸에 배어 내 삶에서도 관심을 끄는 흥미로운 주제가 생기면 마치 월간지 특집을 만들 듯 여러 가지 갈래로 뻗어나가는 습성이 생겼다. 차도 마

찬가지다. 아름다운 개완을 만나 차 생활을 시작하고, 차를 알고 싶어 10주 과정의 차 수업을 듣고, 차에 대한 책들을 섭렵하고, 타이베이와 하동으로 차를 만나기 위한 여행을 떠나고, 다구를 만드는 다양한 클래스를 찾아다니는 등 차를 중심으로 다채로운 특집을 구성하고 있다. 이 특집을 진행하는 유일한 에디터이자 독자인 나는 아직도 차가 흥미롭고 더 알고 싶고 친해지고 싶다. 그래서 여전히 매일 차를 마신다. 삶이 치열할수록, 차를 마실 짬을 낼 수 없을 거 같을 때도 부러 차 마시는 시간 정도는 내려 한다. 짧으면 30분, 길면 1시간 정도인데, 그 정도 쉼표 한 점 없다면 결국은 일도 삶도 몸도 마음도 쉽게 이지러진다는 것을 이제는 조금 안다.

영화 《경주》 말미에 주인공 최현이 찾던 춘화가 회상 장면 속에 나온다. 카메라 시선은 그림 옆에 붓글씨로 쓰인 '한잔 하고 하세'라는 문구에 머문다. 이 문장이 바로 이 영화를 관통해 내게 와 닿은 정언명령이다. 아무리 고단해도, 혹은 몹시 즐거워도 잠시 숨을 고르고 차 한잔 하는 것. 진지하지 않고 가볍고 엉뚱해서 '풋' 웃으며 고개를 끄덕였다.

참고문헌

정동주, 『차와 차살림』, 한길사, 2013.
정은희, 『조선시대 서울의 차 문화』, 서울역사편찬원, 2021.
「기축진찬의궤」, 한국학중앙연구원 장서각 소장, 디지털 장서각(http://jsg.aks.
　　ac.kr/).

삶 의 맛,

물 의 맛

영화 《**리틀 포레스트**》

• 서은미 •

고려대와 서강대에서 수학하여 「북송 차 전매의 시행 기반과 차법의 변천」으로 문학박사학위를 받았다. 강사로 활동하며 차의 역사와 문화를 주제로 연구를 지속하고 있다. 「10~14세기 향차와 향료」, 「원대 차 문화의 특징」 외 다수의 연구논문과 『녹차탐미-한중일 녹차문화를 말하다』, 『북송 차 전매연구』의 저서와 다수의 공저가 있으며 번역서로 『녹차문화 홍차문화』가 있다. 차문화의 발전에 전문연구자의 역할로 일조하고자 한다.

다른 사람이 결정하는 인생은 살고 싶지 않아

리틀
포레스트

2018.02.28

리틀 포레스트
감독 임순례, 주연 김태리, 류준열, 문소리, 진기주
한국, 2018

나의 숲, 내 삶의 맛

살아간다는 것은 수없이 많은 자양분을 얻어가며 생존하고 해답을 찾아가는 것이다. 우리는 모체의 자양분으로 태어나서 이후 자연과 인간사회에서 다양한 자양분을 얻어 성장하고 살아간다. 자연도 인간사회도 거대한 유기체이고 그 속에서 개인은 사용처에 꼽히고 뽑히는 부속품이 아니라 각자의 삶을 꾸려가며 전체 유기체의 한 부분으로 존재해야 한다. 이러한 고단한 삶을 살아가는 개인에게 영화《리틀 포레스트》는 여유와 휴식을 제공해 준다. "잠시 쉬어가도, 조금 달라도, 서툴러도 괜찮아." "다른 사람이 결정하는 인생은 살고 싶지 않아." 그리고 각자 삶의 참맛을 찾아가라고 한다. 우리가 차를 마시며 느끼는 여유와 휴식의 맛과 같은 동질감을 준다.

영화《리틀 포레스트》는 임순례 감독의 2018년 작품으로, 원작은 2002년에서 2005년까지 아가라시 다이스케가 연재했던 일본 만화이다. 한국판에 앞서 일본에서 4부작 영화로 제작되어 2014년에 《겨울과 봄》, 2015년에 《여름과 봄》으로 개봉했고 국내에서도 2015년 두 편이 모두 개봉되었다. 일본판이 요리에 포커스를 맞췄다면 한국판은 청춘의 삶에 좀 더 무게가 실려 있다.

영화《리틀 포레스트》

　한국판《리틀 포레스트》는 도시의 경쟁에서 기회를 얻지 못하고
지친 혜원(김태리)이 눈 내린 겨울 어느 날 고향으로 내려오면서 영
화가 시작된다. 모두 떠난 고향 집은 텅 비어 쓸쓸했지만 그곳에서
사계절을 보내며 혜원은 허기진 몸과 마음을 채워 나간다. 고향에
서의 첫 끼니는 눈 맞은 채 밭에 남아 있던 배추로 끓인 배추된장국
이었다. 초라하고 보잘것없는 끼니지만 혜원의 몸과 마음에 충분
한 온기를 전해준다.

　고향에 살고 있는 친구 재하(류준열)와 은숙(진기주)도 혜원의 집
을 들락거리며 활기를 더한다. 재하는 외로울 거라며 새끼 강아지
오구를 가져와 "온기가 있는 생명은 다 의지가 되는 법"이라며 혜
원에게 안겼다. 이 대사는 이 영화의 주제를 관통하고 있다는 생각
을 들게 한다. 땅 위에서 모든 생물이 공존하고 의존하며 각자의 온
전한 맛을 찾아가는 거라고.

　겨울날 "배고파서 내려왔다"는 혜원. 도시에서의 생활은 팍팍했
고 취업도 연애도 풀리지 않았다. 허기진 몸과 마음을 끌고 돌아온
고향에서 다시 만난 친구들도 각자의 삶의 무게를 지고 자신의 길

혜원의 고향집

을 찾아가고 있었다. 다른 사람이 결정한 삶을 살기 싫었던 재하는 자신의 삶이 시골 고향에 있음을 깨달았다. 해답을 갖고 돌아온 재하는 보다 안정적으로 삶의 무게와 맛을 느끼고 있었다. 고향을 떠나본 적이 없는 은숙은 평범한 일상에 권태를 안고 일탈을 꿈꾸곤 한다. 더 이상 견디지 못하고 도망치듯 돌아온 혜원에게 이들은 서로에게 삶의 무게를 견디며 각자의 방향으로 나아가게 응원해 준다. 고향에서 봄과 여름을 보낸 혜원은 자신의 삶을 직시하기 시작하였고, "떠나온 것이 아니라, 돌아온 것이다."라고 말한다. 땅에 씨앗을 심고 기다리며 충실하게 한 끼를 만들어 먹으면서 스스로를 보살핀 혜원이 이제 자신의 삶을 주도적으로 이끌고 나아갈 힘을 다시 얻은 것이다.

고향이라는 나의 숲은 지난 시간 세상에 휘둘리며 받은 상처와 불안, 좌절에서 벗어나 자신만의 삶과 그 속도를 직시하는 굳건한 마음을 다지도록 감싸준다. 청춘들의 유대와 자연이 제공한 음식의 맛이 세상의 일방적인 잣대에 휘둘리지 않고 자신의 기준과 속도, 그리고 그 삶의 맛을 찾아가도록.

《리틀 포레스트》는 영상 속에 차가 등장하지 않는 영화이다. 그렇지만 영화는 온전한 음식의 맛을 전해주고 삶의 맛도 느끼게 해준다. 고향과 그곳의 자연과 사람들이 이루어내는 조화의 결과이기도 하다. 찻잎과 물로 차의 맛을 이루듯이.

물과 차의 맛

차 한잔 속에 가장 많은 함량을 차지하고 있는 것은 물이다. 따라서 물이 차 맛에 미치는 영향은 지대할 수밖에 없다. 물에 따라 차 맛은 크게 달라진다. 그렇다면 차 맛을 살려주는 물이란 어떤 물일까?

먼저 좋은 물에 대해 알아보자. 좋은 물이란 마시는 사람의 건강에 적합한 몇 가지 조건을 갖춘 물을 말한다. 유해물질이 포함되지 않은 물, 무기질 성분이 균형 있게 함유된 물, 산소와 탄산가스가 충분히 녹아 있는 물, 경도가 높지 않은 물, 약알칼리성인 물 등이 그러한 조건들이다. 그렇다면 이런 조건을 갖춘 물이 차를 맛있게 우려주는 것일까. 그렇지는 않다. 우리가 그냥 마시는 물과 맛있는 차를 우려낼 수 있는 물의 조건은 다르다.

일반적으로 마시기 적당한 물의 경도, 즉 함유된 무기질(미네랄)의 정도는 50~200ppm이고 최적량은 100ppm이다. 산도는 WTO의 기준으로 6.5~8.5pH로 약알

차색

칼리성이 좋은 물이다. 마시기 좋은 물은 약알칼리성의 경수인 것이다. 그런데 이 물로는 차를 맛있게 우릴 수 없다.

차를 우리기 좋은 물의 조건은 알칼리성의 연수이다. 산도(pH)가 높은 알칼리성일 때 차 성분이 잘 용해되고 찻물의 색도 좋게 보인다. 또한 경도가 낮은 물이어야 차의 성분이 잘 용해되어 나온다. 경도가 높은 경수는 물속에 무기질 성분이 많기 때문에 차의 성분을 용출시키기 어렵다. 마시는 물로서는 경수가 좋지만 차를 우리기에는 연수가 적합하다.

차를 즐기는 모임에서는 종종 초심자들을 위해 종류별 생수를 사서 차 맛을 비교해 보는 시간을 갖는다. 동일한 차가 물에 따라 얼마나 다른 맛이 나는가를 체험하는 기회인데, 그 사실을 알면서도 매번 놀라게 된다. 이처럼 더 맛있는 차 맛을 내는 물을 찾는 재미는 현대인들만 즐긴 것이 아니다. 이미 오래전부터 시작된 것이고 그 관심도 높았다.

육우와 이계경의 남천수 일화

중국에서 차와 관련된 많은 것들이 육우(陸羽, ?~804)에게서 시작되는 것은 이상할 것도 없다. 육우의 저작인 차 전문서 『다경茶經』이 당시부터 지금까지 차에 관심이 있는 이들의 애독서라는 점만으로도 충분히 이해할 수 있다. 물에 대한 품평과 관련해서도 육우의 의견은 큰 영향력을 미쳤다. 육우가 품평한 20곳의 물에 대한 기록은 장우신(張又新, 813년 전후)의 『전다수기煎茶水記』에 남아 있

항주차박물관 뜰의
육우 동상

다. 육우의 물 품평 이야기는 양자강 인근 역참에서 만난 이계경(李季卿, 709~767)이 육우에게 남령수南零水의 품평을 부탁한 일화로 시작된다.

양자강 인근 역참에서 이계경은 우연히 그곳을 지나던 육우와 만났다. 배를 띄워 남령수를 길어오게 하고 육우에게 물의 품평을 부탁하였다. 길어온 물통을 받아든 육우는 바가지로 물을 떠서 뿌리면서 말하였다.

"강물은 강물이나 남령수가 아니고 언덕 근처의 물이로다."

이에 물을 길어온 병사는 정색을 하며 부인하였다. 그러자 육우는 아무 말 없이 물통의 물을 절반 따라 버리고 나서 다시 바가지로 물을 떠서 흔들어 보이며 말하였다.

"여기부터 남령수겠구나."

그 소리에 깜짝 놀란 병사는 사색이 되어 이실직고하였다.

"남령수를 담아 언덕 근처까지 왔는데 배가 크게 흔들려 그만 절

반을 쏟았습니다. 양이 너무 적을까 걱정되어 언덕 근처의 물을
보태어 담았습니다. 육처사(육우)의 감별이 신의 감별인데 이제
어찌 숨길 수 있겠습니까."

이계경과 함께 있던 빈객들, 수행인들 등 수십 명의 사람들이 모
두 크게 놀랐다. 이어 이계경은 육우에게, "이미 이러하니 경험
하신 여러 지역의 물에 관해 그 우열이 어떠한지 자세히 구별해
주십시오."라고 요청하였다.

육우가 "초楚 땅의 물이 제일이고 진晉 땅의 물이 최하입니다."
라고 말을 시작하자 이계경이 육우의 말을 그대로 받아 적게 하
였다.

이런 재미있는 이야기와 함께 육우의 20개 지역에 대한 물 품평
이 기록되었다. 육우는 1등부터 20등까지 순서대로 20곳의 물을
나열하였다. 여기에서 20등이라고 해서 나쁜 물이라는 것은 아니
다. 차를 끓이기 좋은 물 20가지를 가지고 우열을 가른 것이므로
20곳의 물 모두 차를 끓이기 매우 좋은 물이었다. 육우는 여산 곡

민국시대의 남령수와 주변 전경 (출처: 바이두)

렴수를 최상으로 꼽았고, 무석 혜산사, 기주 석하수, 소주 호구사의 석천수 등을 상위로 꼽고 남령수, 즉 진강 중령천을 7등에 넣었다. 20등으로는 설수雪水를 꼽았는데, 설수는 명청시대와 조선시대 문인들이 차 끓일 때 열광했던 물이기도 하였다.

〈표 1: 『전다수기』에 기록된 육우의 수품水品 20등급〉

1	여산廬山 강왕곡康王谷 수렴수水簾水: 곡렴수谷簾水	11	단양현丹陽縣 관음사觀音寺의 물(水)
2	무석현無錫縣 혜산사惠山寺 석천수石泉水	12	양주揚州 대명사大明寺의 물(水)
3	기주蘄州 난계蘭溪 석하수石下水	13	한강漢江 금주金州 상류의 중령수中零水
4	협주峽州 산자산扇子山 아래 하마구수蝦蟆口水	14	귀주歸州 옥허동玉虛洞 아래 향계수香溪水
5	소주蘇州 호구사虎丘寺 석천수石泉水	15	상주商州 무관武關 서락수西洛水
6	여산廬山 초현사招賢寺 아래쪽 교담수橋潭水	16	오송강吳松江의 물(水)
7	양자강揚子江 남령수南零水	17	천태산天台山 서남봉西南峰 천장폭포수千丈瀑布水
8	홍주洪州 서산西山 서동쪽 폭포수瀑布水	18	침주郴州 원천수圓泉水
9	당주唐州 백암현栢巖縣 회수원淮水源	19	동려桐廬 엄릉탄嚴陵灘의 물(水)
10	여주廬州 용지龍池의 산령수山頂水	20	설수雪水 第二十(用雪不可太冷)

육우의 품평이 맞는가

『전다수기』에 남아 있는 육우의 20등급 물 품평은 한편으로는 그 진위를 의심받기도 한다. 사람들에게 의심을 갖게 하는 몇 가지 이유들이 있다. 가장 먼저 이계경과 육우의 남령수 일화는 꾸며진 이야기인가 싶을 정도로 비현실적이기 때문이다. 이 이야기는 확실히 많이 과장되었다고 보여진다. 하지만 육우의 안목이 높이 평가받고 있었기 때문에 가능한 이야기이기도 하다는 점에서 인정할 수 있는 부분도 있다. 후대에도 높은 안목을 인정한다는 의미로 비슷한 일화가 기록된 경우가 존재한다.

또 다른 이유로는, 이계경과 육우 두 사람 사이에는 이미 고약한 다른 일화가 있었기 때문이다. 바로 이계경이 강남으로 부임해 육우의 명성을 듣고 처음으로 찻자리 시연을 요청했을 때의 일이다. 이때 육우의 소박한 시연에 감흥이 없었던 이계경이 전다박사煎茶

당대 차 생산 지역

博士 일에 대한 수고비로 30전을 주어 돌려보냈다. 하대를 당했다고 느낀 육우는 집으로 돌아와 그 모멸감에 『훼다론毀茶論』을 지었다고 한다. 『훼다론』은 유실되어 내용이 남아 있지 않지만 차의 본질을 이해하지 않고 훼손시키는 일들에 관한 내용일 것이라고 추측된다. 이 일화는 『봉씨문견기封氏聞見記』에 남아 있다. 앙숙이 될 만도 하니 우연히라도 또 만나서 육우의 견해를 물어봤을까 의심받는 것이다. 게다가 당시는 20곳에 이르는 광범위한 지역의 물에 대한 정보를 수집한다는 것이 쉽지 않았던 시대였다. 그것이 가능하려면 폭넓은 지역에 대한 활동이 요구되는데, 개인이 그런 활동을 한다는 것은 당시에는 거의 불가능했기 때문이다. 그런데 육우라면 그것이 가능하다는 결론을 내릴 수 있다.

육우는 당시 개인이 다니기 불가능한 정도의 넓은 지역을 직접 답사한 사람이다. 차에 대한 열정만으로 육우는 차 생산지를 직

여산 수렴수의 원류와 여산 수렴수 (출처: 바이두)

접 찾아다니고 그 지역 차들의 품질을 평가했다. 그가 다닌 지역은 『다경』「팔지출八之出」에 산남山南, 회남淮南, 절서浙西, 검남劍南, 절동浙東, 검중黔中, 강남江南, 영남嶺南의 8개 행정구역에 따라 기록되어 있다. 차 생산지를 소개하고 그 품질의 등급을 상중하로 기록하였는데, 1개 군郡 42개 주州, 44개 현縣을 포괄하는 범위였다. 이들 지역 중에서 육우는 검중의 4개 주(思州, 播州, 費州, 夷州), 강남의 3개 주(鄂州, 袁州, 吉州), 영남의 4개 주(福州, 建州, 韶州, 象州)에 대해서는 등급을 기록하지 않고 나열만 하였다. 이 11개 지역의 차에 대해서는 '직접 가보지 않았기 때문에' 자세히 모른다고 하였다. 가끔 지인에게 차를 얻어서 맛을 보기는 하였지만 확신에 찬 평가를 하기 어려웠던지 '그 맛이 좋다'라고만 기록을 남겼다. 이 11개 주를 제외하고 다른 차 산지들은 직접 현지답사를 하고 자세히 평가한 것이다.

『전다수기』의 20수품이 육우의 평가가 맞다고 보는 것에 크게 문제가 없다는 것도 그들 지역을 직접 답사한 유일한 사람이라고 할 수 있기 때문이다. 차 맛에 물이 커다란 영향을 미친다는 사실을 알고 있었던 그가 차 생산지를 직접 답사하고 그 지역의 좋은 물에 관심을 보였다는 것은 당연한 일이었다.

혹자들은 『전다수기』에 기록된 육우와 유백추의 수품이 다르다는 점을 들어 육우의 수품을 의심하기도 한다. 저자인 장우신이 유백추의 수품에 신뢰를 보였기 때문이기도 하다. 그런데 두 사람이 품평한 물의 분포지역을 살펴보면 범위의 차이가 크다. 유백추와 장우신이 맛본 지역은 절동과 절서지역에 한정되어 있다. 반면 육우의 수품은 차 생산지 전역이 포함되어 있다. 또한 육우의 20수품에 유백추가 논한 물이 모두 포함되어 있다. 단지 〈표 2: 육우와 유백추의 수품차이〉에 보이는 것처럼 순위가 다르다는 것의 차이가 있을 뿐이다.

〈표 2: 육우와 유백추의 수품 차이〉

육우의 수품	유백추의 수품	
7	1	양자강揚子江 남령수南零水
2	2	무석無錫 혜산사惠山寺 석수石水
5	3	소주蘇州 호구사虎丘寺 석수石水
11	4	단양현丹陽縣 관음사觀音寺 물(水)
12	5	양주揚州 대명사大明寺 물(水)
16	6	오송강吳松江)의 물(水)
9	7	회수淮水의 물 최하㝡下

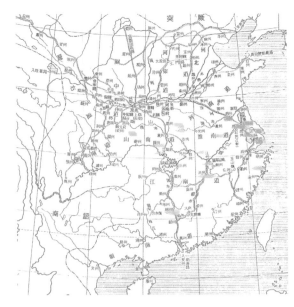

육우와 유백추의
수품 지역

166

유백추의 수품 범위(분홍색 표시)가 절동과 절서의 동쪽지역에 집중되어 있다면 육우의 수품 범위(분홍+하늘색 표시)는 차 생산지 전역에 걸쳐 있다. 여기서 수품의 순위는 좋고 나쁘다는 기준이 아니고 좋은 물 가운데 차 맛을 가장 좋게 하는 물이 어느 것이냐의 문제였다. 따라서 육우가 20등급으로 언급한 설수雪水, 즉 눈을 녹인 물이 차를 끓일 때 사용할 물로 부적합하다는 것은 아니었다. 육우가 맛본 각 지역의 좋은 물 가운데서는 하위였다는 것일 뿐이고 육우의 맛에 대한 취향이 그렇다는 것으로 보아야 한다. 설수는 명청시대와 조선시대 다인들이 차를 끓이는 물로 무척 선호했던 물이었다는 점에서도 쉽게 이해할 수 있다. 쉽게 구할 수 있는 물이 아니었기 때문에 무척 아쉬워하고 그 맛에 매료되었던 흔적을 문인들의 글에서 쉽게 찾아볼 수 있다.

가열된 관심에 대한 일갈

수품 논쟁은 차가 전국적으로 소비되고 그 문화가 발전했던 당 중기부터 어떤 물로 차를 끓여야 가장 맛있는 차를 마실 수 있는가에 관한 관심을 반영한 것이었다. 호사가들의 가세로 물에 대한 관심이 더욱 높아졌고 이러한 흐름은 이후 시대에도 지속되었다.

한편 과도한 관심에 따른 부작용을 걱정하는 사람들도 있었다. 송대 문인 구양수(歐陽修, 1007~1072)는 『대명수기大明水記』에서 "물맛은 좋고 나쁨이 있을 뿐이다. 천하의 물을 구해 일일이 순서로 차등을 짓는 것은 헛된 말이다."라고 과열된 분위기에 쓴소리를 하였다. 더불어 『전다수기』의 기록에 대해 그 진위를 의심하기도 하였다. 그 이유로는 육우의 20등급이 『다경』의 내용과 모순적이라는 점을 들었다.

육우의 20등급 속에 꼽히는 하마구수(4등급), 서산폭포(8등급), 천태산 천장폭포(17등급)로 말하자면, 『다경』에서는 육우가 "마시지 말아야 하는 물이며 오래 마시면 목병이 발생한다."고 했던 물이기 때문이다. 육우는 "차를 끓이는데 사용하는 물로는 산수가 상품이고 강물은 중품이며 우물의 물은 하품이다."라는 기준을 세웠다. 산수로는 젖샘(乳泉)이나 돌로 된 못에서 천천히 흐르는 물이 상품이고, 흐르는 물이라도 용솟음치거나 큰 소리가 날 정도로 빠르게 흐르는 물은 마시지 말아야 한다고 하였다. 강물은 사람들이 사는 곳에서 멀리 떨어진 곳의 물이 좋고, 우물물은 길어가는 사람이 많은 곳이 좋다는 견해를 가졌다. 고여 있는 물은 나쁜 것을 흘려보내고 새로운 물이 흘러 고이게 한 후 마시는 것이 좋다고 하였

천태산 천장폭포 (출처: 바이두)

다. 고인 물은 죽은 물이 되므로, 우물의 경우도 사람들이 사용하여야 그 물이 살아있게 된다는 것이다. 『다경』에서 육우가 차 끓일 때 사용하기 좋은 물을 이렇게 설명하였으므로, 빠르게 흐르거나 폭포로 쏟아져 내리는 하마구수, 서산폭포, 천장폭포는 좋은 물이라고 할 수 없다. 이렇게 다른 의견이 들어간 것에 대해 구양수는 장우신

이 덧붙여서 넣었을 것이라고 의심하였다. 그렇다고 하여도 그 외의 기본적인 것은 육우의 견해라는 것을 인정한 것이었다.

이후 『전다수기』로 촉발된 물에 관한 논쟁은 민감하게 반응하지 않는 분위기였다. 그것은 아마도 충분한 논의와 정보가 제공되었고, 한동안 계속 가루차가 주류로 자리를 잡고 있던 시대였기 때문이라고 이해할 수 있다. 그럼에도 물에 대한 관심은 지속적일 수밖에 없는 것이었고 후대 잎차가 주류가 되는 시대에는 관심이 한층 높아지며 더욱 자세한 견해가 갖춰졌다.

물에 대한 지속적인 관심

예술과 문화에 조예가 깊었던 북송 8대 황제 휘종(재위 1100~1125)도 『대관다론大觀茶論』에서 물에 대한 견해를 다음과 같이 피력했다.

> 물은 맑고 가볍고 깨끗한 것이 좋다. 가볍고 단 것은 물의 자연스러움이지만 유독 얻기 어렵다. 옛 사람이 물을 평가함에 있어 비록 중령과 혜산의 물을 상급으로 하였지만 사람들이 가기에는 거리의 원근이 있으므로 항상 얻을 수는 없을 것이다. 그래서 산천山泉의 맑고 깨끗한 것을 취하는 것은 당연하다. 그다음으로 우물물(井水)처럼 항상 길을 수 있는 것을 쓸 수 있다. 만일 강과 하천의 물이라면 물고기나 자라의 비린내와 진창의 오염이 있으므로 비록 가볍고 달다 하더라도 취할 수 없다.

진홍수의 〈보천譜泉〉

　옛 사람들이 중령수와 혜산수 등을 좋은 물이라고 하였지만 사람들이 접근하기에는 거리의 문제가 있어 항상 얻을 수 있는 것이 아니었다. 따라서 주변에서 얻을 수 있는 물 가운데 찾아보는 것이 좋다는 측면에서 보면 물에 대한 휘종의 견해는 매우 합리적이고 현실적이라고 할 수 있다. 그는 물에 대해 등급을 나누기보다는 감각으로 수질을 감별하는 방법을 선호하였는데, 바로 '청淸', '경輕', '감甘', '결潔'을 기준으로 삼은 것이다.

　중령과 혜산의 물이 좋다 해도 항상 얻을 수 있는 것이 아니므로 주변 산에서 흐르는 깨끗한 물이 있다면 그것이 차에 쓰기에 가장 좋다고 하였다. 그다음으로는 항상 길어 쓸 수 있는 우물물을 꼽았다. 강과 하천의 물이 흐르는 물이라 좋기는 하지만 물고기나 다른 오염물에 의해 더러워질 가능성이 있으므로 그런 경우에는 사용하지 않아야 한다고 보았다. 이러한 견해는 명확한 기준을 제시하면서 더불어 『다경』의 견해를 그대로 따른 것으로 볼 수 있다. 육우가 미친 영향력이 상당했음을 알 수 있으며 그 경험적 지식이 정확한 내용에 접근했다고 하겠다.

명대 문인 전예형(田藝蘅, 1524~?)도 『자천소품煮泉小品』에서 물에 대해 자세히 논하였다. 그는 4가지 항목, 즉 원천源泉, 석류石流, 청한淸寒, 감향甘香으로 차 끓일 때 좋은 물에 대해 설명하였다. 원천은 물의 가장 근원적인 형태로 '음기가 축적된 물'이라고 보았다. 돌(石)이 산의 뼈대이고 산은 그 기氣를 펼쳐서 만물을 탄생시키므로, 돌에서 솟아나는 샘물이 가장 좋은 물이라는 것이다. 또한 물은 맑고 차가워야 한다고 하였는데, 맑고 깨끗한 것이 징수澄水의 면모이고 차고 어는 것은 복빙覆氷의 면모라고 썼다. 샘물이 맑기는 쉬우나 차갑기는 어려우므로 맑고 차가운 물을 얻기란 쉽지 않다고 하였다.

물의 맛에 대해서 전예형은 달고 향기 나는 것이 좋다고 하였다. 물의 맛은 달기는 쉬우나 향기 나기는 어렵다고 하였는데, 반면 향이 없는 물은 달지도 않다고 하였다. 단맛이 나는 것을 감천甘泉이라고 하고 향기를 풍기는 것은 향천香泉이라고 불렀다.

이어서 물의 종류를 네 가지로 구분해 설명하였는데 영수靈水, 이천異泉, 강수江水, 정수井水가 그것이다. 먼저 영수는 원천 생수 그대로 깨끗하고 맑으며 섞이지 않는 물이다. 그러므로 자연스레 내려와 형성된 못의 물이 바로 영수라고 하였다.

이천은 땅에서 샘솟는 물로, 범상하지 않은 것 모두를 이천이라고 보았다. 그 종류를 예천醴泉, 옥천玉泉, 유천乳泉, 주사천朱砂泉, 운모천雲母泉, 복령천茯苓泉으로 구분하여 아래와 같이 설명하였다.

예천: 술처럼 단맛을 가진 샘물.

옥천: 옥석에서 정수가 나오는 샘.

유천: 종류석의 기운을 머금은 샘으로 물맛이 매우 달고 향기가
난다고 함. 유천에 대한 기록은 이전부터 다인들의 글에서 많
이 보인다. "팽다烹茶를 논하는 사람들은 유천을 상으로 친다."
라고 한 기록이 이미 송대에 있기도 하였다.

주사천: 바닥에 주사가 깔려 있어서 색이 붉고 따뜻한데, 계속
마시면 오히려 질병이 생긴다고 함.

운모천: 샘 바닥에 운모석이 있는 샘.

복령천: 오래된 소나무가 많아 복령이 많이 생산되는 산에 있다
고 함.

한편 강수江水는 여러 물이 합해진 것이므로 맛이 잡스럽게 되지
만 남령수가 특별히 좋은 물로 높은 등급에 속한다고 평가하였다.
본인이 직접 맛보았으며 그 맛이 산의 샘물과 다르지 않았다고도
밝혔다. 정수井水에 대해서는 육우가 하下로 평가한 것에 동의하였
지만 '우물물은 많이 긷는 것을 선택하라'고 한 것과는 의견을 달리

남령수, 즉 진강鎭江 중냉천中冷泉

용정 (출처: 바이두)

했다.

또한 전예형은 항주지역 차에 대한 육우의 의견에도 반박의견을 냈다. 육우는『다경』에서 각 지역의 차에 대한 품평을 하면서 절서지역의 경우 호주의 차를 상등품으로 하고 항주의 차를 하등품으로 평가하였다. 그중 전당강 지역에서는 천축사와 영은사의 차를 꼽았다. 이에 대해 전예형은 육우가 '용홍차龍泓茶'를 몰랐기 때문이라고 하였다. 용홍은 항주의 명천明泉인 용정龍井을 가리키는 말이다. 전예형은 좋은 물이 있는 곳에서 나는 차가 최고라는 주장을 한 것이고, 항주사람으로서의 자부심도 표출한 것이었다. 전예형이 살던 명대 항주지역에서는 용정차가 최고였다는 사실을 반영한 것이기도 하다.

청나라 황제 건륭제(재위 1735~1796)도 수품에 관심이 높았다. 그가 품평한 최상의 물은 설수雪水였다. 그러나 눈 녹인 물은 항상 얻을 수 있는 것이 아니므로 산에서 흘러 내려오는 물 가운데 경사인 북경에 있는 옥천玉泉이 최고의 물이라고 하였다. 건륭제가 옥천의 물이 최고라고 했던 기준은 물 무게의 가벼움을 기준으로 한

북경의 천하제일천 옥천수 (출처: 바이두)

것이었다. 그는 은으로 국자를 만들어 옥천수의 무게를 재고 다른 곳의 물과 비교해 보았다. 색상塞上의 이손수伊遜水, 제남濟南의 진주천珍珠泉, 양자강의 금산천金山泉, 혜천惠泉과 호포천虎跑泉; 평산平山의 물을 모두 비교하였다. 그 결과 옥천의 물이 가장 가벼웠고, 이보다 가벼운 물은 설수뿐이었다. 따라서 항상 얻을 수 있는 옥천수를 최고의 물이라고 하였다.

많은 사랑을 받은 혜산사 석수

무석無錫의 혜산사惠山寺 석천수는 차를 마시는 풍습이 유행하고 차를 끓이는 물에 대한 관심이 높아졌을 때부터 꾸준히 사랑받은 물이다. 혜산사는 태호 북쪽에 위치해 있었다. 태호를 따라 서쪽으로 내려가면 고저산 자락에 의흥과 장흥이 위치하고 호주에 이를 수 있다. 유명한 차 산지들이므로 물에 관심이 높은 사람들이 상대

문징명, 「혜산다회도」, 상해박물관 소장

문징명, 「혜산다회도」, 고궁박물관 소장

적으로 접근하기 좋다는 장점을 가지고 있어 많은 문인과 다인들
이 모여들었다.

육우와 유백추의 수품이 일치된 곳도 혜산사 석천수였다. 두 사
람 모두 두 번째로 이곳의 물을 꼽아서 '천하제이천天下第二泉'으로
불렸다. 많은 문인들의 언급도 있었고 회화 작품으로도 남아 있는
곳이다. 가장 알려진 그림으로는 문징명(1470~1559)의 「혜산다회
도惠山茶會圖」를 들 수 있는데, 두 개의 버전으로 남아 있다.

채우(?~1541)가 쓴 「혜산다회서惠山茶會序」에 따르면, 문징명과
왕총, 채우 등 동료 7인이 1518년 청명절에 혜산의 녹급천麓汲泉에
모여서 차를 끓이고 품평하며 시문을 지었다고 한다. 그림에는 초

문가, 「혜산도」(상해박물관 소장) / 「혜산도」(부분)

가지붕을 씌운 정자 아래에 우물이 있고, 완연한 봄날인 청명절에 그 주변에 모여 앉아 물을 감상하고 주변을 산책하며 즐기는 모습이 표현되어 있다.

혜산 녹급천 그림은 문징명의 그림 외에도 그의 아들 문가(1501~1583)의 그림으로도 남아 있다. 문가도 아버지처럼 친구들과 무석 혜산 녹급천에 유람을 갔고 그 기억을 그림으로 남겼다. 이 것은 「혜산다회도」의 청년 버전이라고 할 수 있다. 1525년 그려진 문가의 「혜산도」는 구도가 문징명의 것과 유사하다. 20대 청년으로 아버지 화풍의 영향을 지대하게 받았음을 알 수 있다.

무석 혜산사 석수의 다른 형태가 보이는 그림으로 전곡(錢穀, 1509~1578)의 「혜산자천도惠山煮泉圖」가 있다. 우뚝 솟은 고목 사이에 우물이 있고 그 주변에 일행 5명과 동자 3명이 그려져 있다. 일행 중에 승려도 한 사람 보인다. 아마도 혜산사 승려의 안내로 수품

전곡, 「혜산자천도」(부분) / 「혜산자천도」(대북고궁박
물관 소장)

을 즐기러 온 듯하다. 한 동자는 우물 곁에서 두레박으로 물을 긷고
있고, 두 명의 동자는 나무 그늘 아래에서 불을 피우며 차 끓일 준
비를 하는 모습이 묘사되어 있다. 이곳 우물이 있는 곳은 문명징과
문가가 묘사한 환경과는 전혀 다르다. 혜산에는 여러 곳에 물을 길
을 수 있는 장소가 있었을 것이다. 전곡의 그림 속에 보이는 장소는
승려의 안내를 받아 속인들이 잘 모르는 곳을 찾아간 것이라고 생
각할 수 있다. 이 작품은 전곡이 63세에 그린 것으로 후기 작품에
속한다.

이와 같이 무석 혜산 석수는 예전부터 그 명성이 자자했고 상대
적으로 접근이 수월한 입지였기 때문에 많은 사람들이 찾았다. 그
런 만큼 글과 그림 속에도 많이 남아 있다. 이후에도 명승지로, 찻
물이 좋은 곳으로 사람들의 사랑을 지속적으로 받았다.

박금천과 우통수, 그리고 원효방에 솟은 물

차를 마시는 사람이 물에 관심을 보이는 것은 중국만의 특징이 아니었다. 한국에서도 물에 대한 관심이 매우 높았다. 고려시대 문인 김극기(?~1209)가 쓴 「박천금薄金川」을 보면 맛있는 차를 마시려고 차 끓이기 좋은 물을 구하려는 마음은 같았음을 알 수 있다.

> 한 줄기 빠른 냇물 처음 발원한 곳은
> 붉은 길 인가가 끊어진 유산乳山의 뿌리라네.
> 달고 서늘한 기미가 차 달이기에 알맞아
> 힘들게도 도성 사람들이 긷느라 떠들썩하구나.
> 한 줄기 물은 어느 곳에서 근원하였나
> 유산 아래 흰 구름 피어나는 바위라네.
> 차를 달이려고 곳곳의 사람들이 서로 길어가니
> 오고 가는 사람들로 온종일 떠들썩하네.

박금천은 고려의 서경西京인 평양부에서 북쪽으로 9리(3.5km) 떨어져 있었다. 도성의 사람들은 좋은 물로 차를 달이려고 먼 곳까지 물을 길어가는 것을 마다하지 않았다. 조선시대에도 동일한 제목의 시가 남아 있다. 심언광(1487~1540)은 「박금천」에서 "뉘 집에서 저물녘 차를 달이는지, 석양에 어떤 이 몸소 물 길어가네."라고 하였다. 시간이 흘러도 여전히 찻물로 애용되고 있었음을 알 수 있다.

한국사에 남아 있는 기록에서 차에 사용한 물로 처음 주목을 받

우통수 평창

은 물은 오대산의 우통수于筒水이다. 『삼국유사』 보질도태자 전기
에 동생인 효명태자와 657년 오대산에 숨어든 일화가 남아 있다.
오대산에서 두 태자 보질도와 효명은 염불하며 수행하였고, 매일
이른 아침에 우통수를 길어다 차를 달여 일만진신문수보살에 공양
하였다고 한다.

　우통수에 대한 기록은 권근(權近, 1352~1409)의 「오대산 서대 수
정암 중창기五臺山西臺水精庵重創記」에도 보인다. 여기에서는 우통수
를 중국의 중령수에 빗대었고, 한강의 이름이 붙여진 연유도 설명
하고 있다.

　서쪽의 누대 아래에 함천檻泉이 솟아난다. 빛깔과 맛이 보통 물
　보다 좋고 물의 무게도 또한 그러하다. 그 물을 우통수라고 한
　다. 서쪽으로 수백 리를 흘러서 한강漢江이 되어 바다로 들어간
　다. 한강이 비록 여러 곳에서 흘러온 물이 모여 만들어진 강이지
　만, 우통수가 중령이 되며 빛과 맛이 변하지 않아서 마치 중국

에 양자강이 있는 것과 같다. 한강이라 부르게 된 것도 이 때문
이다.

오대산의 서쪽 누대 아래 솟아나는 함천이 곧 우통수였다. 물의
빛깔과 맛이 보통의 물보다 좋고 물의 무게도 그렇다고 한 것은 '청
淸''경輕''감甘''결潔'에 적합하다는 의미일 것이다. 중령수中零水는
양자강의 지류인 한수漢水 상류인 금주金州에 있고, 육우가 수품에
서 13번째로 꼽은 물이었다. 우통수가 이 중령수처럼 빛과 색이 변
하지 않고 흐른다고 하였다. 한수의 중심이 중령수인 것처럼 우통
수가 중심인 강이기 때문에 한강이라는 명칭이 붙게 되었다.

바위틈에서 솟아나는 물로 차를 끓였다는 원효방 이야기도 있
다. 이규보(1168~1241)의 「남행일기南行日記」에는 부안 개암사 뒤
울금바위에 위치한 석굴인 원효방의 바위틈에서 샘이 솟았다는 기
록이 남아 있다. 원효방 곁에 암자가 있어 사포성인蛇包聖人이란 사
람이 머물렀다고 한다. 사포는 차를 달여 원효에게 올리려 하였으
나 샘물이 없어 안타까워하고 있었다. 그러던 차에 물이 바위틈에

울금바위에 위치한 원효방 / 원효방 (출처: 디지털부안문화대전)

서 갑자기 솟아났는데 그 맛이 매우 달아 젖과 같았고, 그 물로 차를 달여 원효에게 올렸다고 하였다. 바위 사이에서 솟아나는 맛이 좋은 물인 유천乳泉이라고 평가한 것이다.

문인들의 시문에 보이는 물

고려시대 문인 이연종은 「차를 보내준 박충좌에게 감사하며(謝朴恥菴惠茶)」에서 젊은 시절 영남사에서 승려들과 차 달이기를 겨루며 놀았던 기억을 되살렸다.

소년 시절 영남사에 객으로 있으면서
차 달이기 겨루며 누차 두루 노닐었지
용암 벼랑과 봉산 기슭에서
대숲에서 스님 따라 어린 찻잎을 땄지
화전차 말려보니 최고의 품질인데
용천수와 봉정수까지 있음에랴
사미승들 삼매경에 빠진 날랜 솜씨
하얀 거품 사발에서 끝도 없이 일어난다.

당시 정승이었던 치암 박충좌(1287~1349)는 임금에게 하사받은 용차龍茶를 이연종에게 나누어주었다. 귀한 차 선물에 감흥한 이연종은 차 겨루며 즐기던 옛 기억을 되살렸다. 봉산 기슭의 어린 차잎을 따고 말려 만든 햇차를 좋은 물로 솜씨 부리며 만들어 마시던 젊은 시절의 추억으로, 차와 좋은 물은 항상 불가분이었음을 알 수 있다.

고려 말 조선 초의 문신인 이첨(1345~1405)의 시 「눈 녹인 물로 차를 달이다(雪水煎茶)」에는 설수로 차를 끓여 마신 감흥이 아래와 같이 표현되어 있다.

비석 위로 쌓인 눈송이는 땅에 닿지 않고
얼음 벼랑에 길 미끄러워 오가기 더디다.
추위 견디며 옛 비석 찾는 것은 나 같은 선비의 일이지
가서 보려고 긴 수염 버선발로 따라가네.

겨울 추운 날 옛 비석을 찾아다니다가 눈을 녹여 차를 마시며 지은 시이다. 땅에 닿지 않은 눈은 깨끗하다고 생각했을 것이다. 겨울철 야외에서 얻을 수 있는 물은 냇가의 얼음이나 쌓인 눈일 뿐이므로 옛 사람들이 겨울에 눈을 녹여 차를 끓여 마시는 일은 드물지 않았다. 설사 차를 끓이기에 가장 좋은 물이라는 사실을 모르고 시작했더라도 그 맛이 좋음은 바로 알았을 것이다. 또한 멋스럽고 낭만적으로 생각해 그 기회를 한껏 즐겼으리란 것도 쉽게 추측할 수 있다. 길재(吉再, 1353~1419) 역시 「산가서山家序」에서 "산에 눈이 표표히 날릴 때면 혹 차를 달여 혼자 마신다."라고 하였다. 물론 이때 설수를 사용하지 않았다고 해도 눈이 휘날리는 풍경과 차는 잘 어울린다고 생각했던 것이다.

차를 좋아하는 사람들은 친구들과 차만 나누지 않고 물도 함께 나

누곤 하였다. 그러한 일화의 하나를 이숭인과 정도전에게서 찾을 수 있다. 여말선초의 인물인 이숭인(1347~1392)과 정도전(1342~1398)은 돈독한 우정을 나누기도 하였지만 왕조교체의 풍파로 비극적인 결말을 맞기도 한 관계였다. 이들의 관계는 정도전의 모함으로 이숭인이 46세에 등골을 매질 당하여 죽음으로써 종결되었다. 그러나 그 이전 두 사람에게도 시문을 주고받으며 친밀한 교류를 하던 좋은 시절이 있었다. 그중 이숭인이 정도전에게 보낸 글에 「차 한 봉지와 안화사의 샘물 한 병을 삼봉에게 주며」라는 글이 있다.

숭산 바위틈을 졸졸 흐르는 작은 샘
솔뿌리 얽힌 곳에서 솟아난 것이라오.
사모 쓰고 독서하는 맑은 낮 길어질 때
돌솥에서 끓는 바람소리 즐겨 들으시구려.

이숭인은 삼봉 정도전에게 차 한 봉지와 안화사의 샘물 한 병을 선물하며, 그를 후한대 현자로 일컬어지는 관녕管寧에 빗대었다. '사모 쓰고 독서하는'이라는 표현이 정도전을 관녕에 빗대어 표현한 것이었다. 관녕은 수십 년 동안 늘 검은 모자를 쓰고 앉아 무릎 닿는 곳이 닳도록 글 읽기에 몰두하였다고 한다. 이숭인은 독서에 몰두하는 정도전에게 차 한잔 하며 쉬라고 차 한 봉지를 보냈던 것이다. 이때 이숭인은 차만 보내지 않고 차를 맛있게 끓여 마시라고 차 끓이기에 좋은 물도 함께 보냈다. 차와 함께 보낸 안화사의 샘물은 개성 송악산 바위틈을 흐르는 작은 샘물로 소나무 뿌리가 얽힌

강희안, 「고사관수도高士觀水圖」, 15세기

곳에서 솟아나는 물이라고 하였다. 바로 복령천에 해당하는 샘물이었음을 알 수 있다.

김정(1486~1521)도 「벗의 시에 차운하여」에서 "소나무 뿌리 아래 우물을 길어, 창을 열고 설차를 달이네(自汲松根井 開窓煮雪茶)"라고 하여 복령이 있는 곳의 우물에서 찻물을 길어서 차를 끓인다고 하였다. 송나라 사람 주밀(1232~1308)의 『무림구사武林舊事』에 "쓰러진 소나무 아래에 복령이 있기 때문에 유명한 샘이 되고 복령천이라고 하였다."라고 하여 무구사無垢寺에 있는 샘물에 대한 기록이 있듯이, 좋은 물에 대한 정보는 한중이 공유하고 있었음을 알 수 있다.

수품에 능했던 인물로는 이행(1352~1432)을 꼽을 수 있다. 그는 중국의 육우와 이계경의 남령수 일화에 못지않은 이야기를 남겼다. 이행은 물을 감별해내는 놀라운 능력을 보였는데, 바로 성석연(?~1414)과의 교류 속에서 남은 일화이다. 이행은 성석연과 막역한 사이로 친밀하게 지냈다. 성석현의 증손자인 성현(1439~1504)의 『용재총화慵齋叢話』에 이행의 일화인 「유사척록」이 수록되어 있다. 이야기 속 이행의 품수 능력도 귀신이 곡할 정도였다.

상곡 성석연은 기우자 이공(이행)과 서로 사이가 좋았다. 이행은 성 남쪽에 살았고 성석연은 산 서쪽에 살아 서로의 거리가 5리 (약 2km)쯤 되었다. 서로 오가며 노닐기도 하고 혹은 서로 시로 화답하며 교류했다. 상곡은 동산 가운데 조그마한 집을 짓고 당호를 '위생당'이라 불렀고 매번 하인 아이들을 모아 약을 만들며 지냈다.

한 번은 이행이 '위생당'에 놀러 오자 성석연이 (아들인) 공도공 석엄에게 창문 밖에서 차를 끓이게 하였다. (끓이다가) 찻물이 넘치자 (공도공이) 다른 물을 더 부었다. 이행이 차를 맛보고 말하였다.

"이 차에는 두 가지 물을 섞었구나."

이행은 물맛을 잘 가려내는 능력이 있었다. 충주 달천의 물이 제일이고, 한강 가운데로 흐르는 우중수가 둘째이며, 속리산 삼타수가 셋째라고 하였다. 달천은 금강산에서 흘러온 물이다.

성석연의 '위생당'을 방문한 이행은 성석연의 아들 공도공이 끓여 내온 차를 맛보고는 "이 차에는 두 가지 물을 섞었구나"라고 말하여 공도공을 놀라게 하였다. 창밖에서 차를 끓였던 공도공은 물이 넘치자 부족한 만큼 물을 첨가한 것을 맛으로 알아낼 수 있을 것이라고는 상상도 못했을 것이다. 이행이 그러한 비범한 능력으로 판단한 수품은 충주 달천의 물이 제일이고 한강 우중수가 둘째, 속리산 삼타수가 세 번째라고 기록하였다. 이 일화는 육우와 이계경의 품수 일화와 이야기의 구조가 유사하다. 이러한 일화는 사실적이라기보다는 그들의 품수 능력에 대한 찬사로 받아들여야 하지 않나 생각한다.

끓이는 방법의 변화와 물

차에서 시작된 물에 대한 관심은 물 그 자체에 머물지 않고 그 물을 사용하는 방법에 대한 관심으로 가닿을 수밖에 없었다.

찻물을 끓이는 방법은 차를 끓이는 방법과 사용하는 도구와 함께 변화하였다. 찻물을 끓이는 방법, 즉 탕법湯法의 기준을 처음 세운 사람은 역시나 육우였다. 육우의 견해는 하나의 기준이 되어 이후 문인들의 견해와 비교되었다. 육우는 탕법을 아래와 같이 세 단계의 삼비법三沸法으로 설명하였다.

"물 끓는 것이 마치 물고기의 눈알 같은 기포가 올라오고 가느다란 소리를 내면 이것이 첫 번째 끓음(一沸)이다. 솥의 가장자리

1 당대 자다법煮茶法
2 송대 점다법
3 송대 오백나한도

쪽이 솟아오르는 샘과 같고 구슬이 이어진 것처럼 기포가 올라 오는 것을 두 번째 끓음(二沸)이라고 한다. 물결이 뛰어오르고 파 도가 솟아오르듯 하면 세 번째 끓음(三沸)이 된다. 그 이상 끓으 면 물이 쇠어지므로 마시지 말아야 한다.”

어느 정도까지 끓일 것인가는 이후 시대에 차이가 발생하지만 오래 끓이면 적합하지 않다는 입장은 오랫동안 지속되었다. 당대 자다법煮茶法은 화로 위의 솥에서 차를 끓여내는 방식이었다. 솥 의 입구가 넓으므로 시각적으로 물이 끓어오르는 상태를 잘 확인 할 수 있었다. 따라서 육우는 ‘물고기의 눈알 같은’, ‘구슬이 이어진 것처럼’ 등과 같이 물이 끓는 모습을 구체적으로 묘사하는 것이 가 능하였다. 또한 물 끓는 정도를 확인하는 것도 상대적으로 수월하 였다.

반면 송대에는 점다법點茶法을 주류로 사용하였으므로 차를 끓 이는 방법과 사용하는 도구가 당대와는 달랐다. 찻물을 따로 끓이

고 다완에 가루차를 넣어 끓인 물을 붓고 다선茶筅으로 격불擊拂하여 마셨다. 물을 끓이는 다병茶瓶은 입구가 길고 좁으며 뚜껑을 사용하였으므로 물이 끓는 상태를 눈으로 확인하는 것은 다소 어려워졌다. 채양蔡襄이 『다록茶錄』에서 아래와 같이 물을 살피는 것이 가장 어렵다고 한 이유이기도 하였다.

"끓는 물을 살피는 것이 가장 어렵다. 물이 덜 끓으면 찻가루가 뜨고, 지나치게 끓으면 찻가루가 가라앉는다. 지난날 '게눈 같은 물방울'이라 일컫던 것은 지나치게 끓인 물이다. 더구나 탕병 속에서 끓으므로 판별할 수 없다. 그렇기 때문에 끓는 물을 살피는 것이 가장 어렵다."

여전히 물을 어느 정도로 끓여야 하느냐가 주요 관심사였다. 채양의 말에서 '게눈 같은 물방울'이라는 표현은 육우의 탕법에서 보면 두 번째 단계인 이비二沸 정도에 해당된다. 북송의 휘종徽宗은 『대관다론大觀茶論』에서 "무릇 끓는 물을 사용하려 할 때는 물고기 눈과 게눈이 연달아 뛰어오를 때가 적당하다. 지나쳐서 노수가 되었을 때는 새 물을 약간 붓고 불에 잠깐 끓인 후에 사용한다."라고 하여 육우의 두 번째 단계 정도까지만 끓여야지 그것을 넘어가면 물이 쇠하여 부적당해진다고 하였다.

'소나무 숲에 바람 이는 소리' '전나무 숲에 비 내리는 소리'

물 끓이는 다구로 다병을 쓰게 되면서 그 표현도 다양해졌다. 그것은 다병이 주류이기는 했지만 획일적이지는 않았기 때문이기도 하였다. 따라서 물이 끓어오르는 모양에 대한 시각적인 표현은 지속적으로 차용되었다. 여기에 송대 문인들은 청각을 통한 표현을 넣기 시작했고 그 표현을 더 즐겼다. 소식(蘇軾, 1037~1101)은 「시원전다試院煎茶」에서 점다법으로 차 끓이는 상황을 문학적이고 생동감 있게 묘사하였다.

게 눈이 지나고 물고기 눈이 생기다가
쏴아 하고 솔바람 소리 들리려 하네
맷돌에서 작은 구슬들이 잇달아 떨어지는데
찻사발에서 빙글빙글 가벼운 눈송이가 흩날리는구나

소식은 돌냄비(石銚)에 물을 끓이며 시각적으로, 청각적으로 다양한 표현을 함께하였다. 물속에 공기 방울이 커지면서 물이 끓어오르는 모양을 게눈과 물고기 눈으로 표현하고, 끓는 소리를 솔바람 소리에 빗대었다. 맷돌에서 갈려 나오는 차 분말을 고운 구슬에,

송대 정요 흑다완(출처:『品茶說茶』
浙江人民美術出版社)

천목다완의 문양을 흩날리는 눈송이로 표현하였다.

끓는 물에 대한 청각적인 표현은 나대경(羅大經, 1196~1252)의 글이 독보적으로 유명하다. 나대경은 『학림옥로鶴林玉露』에서 친구인 이남금李南金의 견해를 인용하며 물 끓이는 정도에 대해서 자세한 설명을 하였다. 당시는 육우의 시대와 방식도, 사용하는 도구도 다르므로 시각에 의해서가 아니라 청각으로 물의 끓기 정도를 판단할 줄 알아야 한다는 것이었다. 육우의 방식은 솥을 사용했을 때 적용되는 것이므로 차솥을 사용하지 않는다면 이비二沸 단계가 적당하다고 하였다. 당시처럼 끓는 물로 찻사발에서 익히는 방법을 쓰지 않더라도 물 끓임의 정도는 이비에서 삼비三沸 사이가 적당하다고 본 것이다. 이렇게 적당히 잘 끓은 물이 차맛을 달게 한다고 하였다. 이남금은 끓는 물의 정도를 분별할 수 있는 소리를 문학적 상상력을 높여 다음 같이 표현하였다.

"벌레가 수없이 우두둑거리며 재촉하다가 갑자기 천 승의 수레
가 달려온다. 솔바람 소리(松風)와 골짜기를 흐르는 물소리(澗水)
가 들리면 옥녹색 자기 다완을 급히 찾아야 한다."

나대경은 이남금의 '송풍간수松風澗水', 즉 솔바람 소리와 골짜기를 흐르는 물소리가 나기까지 물을 끓여 바로 다완에 부으면 차에 쓴맛이 난다고 하였다. 그는 탕병을 불에서 내려서 끓는 소리가 잦아들 때까지 기다리는 것이 적당하다고 보았다. 나대경의 표현은 이렇다.

"송풍회우松風檜雨 소리 나면 급히 동으로 만든 다병을 대나무 화로에서 내리고 소리를 들으며 잠시 기다린다면 찻사발에서 봄 눈 꽃송이가 제호를 이긴다."

'소나무 숲에 바람 이는 소리', '전나무 숲에 비 내리는 소리'가 들려오면 물이 적당히 끓었다는 신호라고 받아들였다. 그때 다병을 화로에서 내려놓고 잠시 기다렸다가 차를 격불해서 마시면 최고의 맛을 즐길 수 있다는 것이다. 지금 들어도 멋들어지게 느껴지는 '송풍회우'는 이후 많은 문인들의 시문에서 무수히 사용되었다.

잎차 시대의 새 방식

변화가 생기면 다시 새로운 방식을 찾아가는 것처럼, 물을 끓이는 정도에 대한 생각도 가루차의 사용에서 잎차로 바뀌면서 크게 달라졌다. 나대경의 표현이 멋지다고 계속 추종할 수만은 없는 것이다. 명대 나름(羅廩, 1573~1620)은 『다해茶解』에서 나대경의 방식과 견해를 달리했다.

"나대경은 물이 지나치게 끓여질까 두려워한 것 같다. 송풍 소리에 물결이 일면 탕병을 이동시키고 불을 제거한 후 끓는 것이 멈출 때까지 잠시 기다려 차를 익힌다고 하였다. 탕이 이미 지나치게 끓었는지 모른다면 비록 불을 제거한다고 한들 무슨 소용이겠는가."

명대 포다법

　나름은 육우의 '삼비三沸'와 이남금의 '배이섭삼背二涉三'을 본받
을 만한 견해라고 지지하였다. 이는 또한 명대의 차 마시는 방법이
송대와 달랐기 때문이기도 하였다. 송대에 가루차를 마시는 방법
이 주류였다면 명대는 잎차를 우려마시는 포다법泡茶法이 주류였
다. 가루차에 비해 잎차는 유념을 했다고 해도 좀더 끓은 물에 우려
야 차가 잘 우러나오기 때문이다.

　장원張源도『다록茶錄』에서 "탕은 반드시 오비五沸해야 차가 삼기
三奇를 알린다."라고 하였다. 물은 다섯 번까지 끓어 완전히 익어야
차의 삼기, 즉 기색奇色, 기향奇香, 기미奇味의 3요소가 드러난다는
것이다. 완전히 익은 물(純熟)을 사용하는 것이 알맞은 것 역시 사
용하는 차의 형태가 송대와는 다르기 때문이라고 하였다. 즉 차를
갈아내는 과정을 거치지 않고 잎을 그대로 사용하므로 물이 완전
히 익은 다섯 번 끓은 물이 알맞다는 것이다.

　차 문화가 발전해온 시간 내내 차를 애호한 사람들은 차의 온전
한 맛을 찾기 위해 많은 노력을 기울였다. 품질 좋은 차를 확보하려
고 노력하였고, 그 차에 어울리는 다구를 찾았다. 무엇보다도 차 맛
을 잘 살리는 물에 대해서 지대한 관심을 보였다. 차에 대한 관심만

큼이나 물에 대한 관심을 보이며 차의 맛을 즐겨온 과거 다인들의
모습에서 차에 대한 진심을 엿볼 수 있다.

참고 문헌

원전자료: 『煎茶水記』, 『封氏聞見記』, 『茶經』, 『大明水記』, 『大觀茶論』, 『茶譜』, 『煮
　　泉小品』, 『武林舊事』.

裵紀平, 『中國茶畵』, 浙江撮影出版社, 2013.
서은미, 『한중일 녹차문화를 말하다, 녹차탐미』, 서해문집, 2017.
송재소, 유홍준 등 역, 『한국의 차 문화 천년 1~7』, 돌베개, 2009~2014.
왕총런王從仁 저, 김하림・이상호 역, 『중국의 차문화』, 에디터, 2004.
中國茶葉博物館, 『品茶說茶』, 浙江人民美術出版社, 1999.
정동효・윤백현 편저, 『물의 과학과 문화』, 弘益齋, 2008.
치우지평 저, 김봉건 역, 『그림으로 읽는 육우의 다경, 다경도설』, 이른아침,
　　2008.
홍윤호, 『물의 과학과 미학』, 전남대학교출판부, 2010.

김용희, 「영화 〈리틀 포레스트〉에 나타난 시간의 의미와 그 영화 형식적 구현에
　　대한 연구」, 『아시아영화연구』12-1, 2019.
김종국, 「〈리틀 포레스트〉(2018)의 빛바랜 회색, 맛과 향의 공감각」, 『만화애니
　　메이션 연구』통권 제63호.
김지희・방재석, 「영화 〈리틀 포레스트〉 속 공간적 특성과 의미에 대한 고찰」, 열
　　린정신인문학연구 , 2020.
이연수, 「영화 〈리틀 포레스트〉, 그 속에 담긴 속도의 철학」, 『글로컬창의문화연
　　구』제11호, 2018.

장석용, 「고단한 청춘을 위로하는 작은 숲: 〈리틀 포레스트〉임순례」, 『영화평론』
　　제30호.

전민영, 「물이 찻물 품질에 미치는 영향에 관한 연구」, 한서대학교 석사논문,
　　2011.

진은경, 「일상성으로 본 농촌영화 비교: 한국과 일본의 『리틀 포레스트』를 중심
　　으로」, 『문학과환경』 19-1, 2020.

차　로

통하다

영화《**달마야 놀자**》

• 양흥식 •

동국대학교에서 '다선일미의 융화사상 연구'로 철학박사 학위를 받았다. 현재는 필로쏘티 아카데미에서 조계종 교육원 승려 연수 프로그램을 위탁받아 차명상 프로그램을 운영하고 있다. 불교텔레비전에서 차문화 프로그램을 제작했으며, 동국대·목포대·금강대·동아대에서 차와 불교, 다도철학을 주제로 강의하였다.

달마야 놀자

감독 박철관, 주연 박신양, 정진영

한국, 2001

한 건달 일행이 절에 들이닥친다. 큰스님은 보스와 단둘이 앉아
있을 때 차를 따라 준다.

"밥은 먹었냐?"

"예?"

"차 식었어~"

"스님, 선생님 우리 여기 놀러온 게 아닙니다. 목숨 걸고 온 겁
니다."

"아, 고놈 참 눈빛 하나는 시원하게 잘 뚫렸구먼, 그래 좋다."

2001년 개봉한 영화《달마야 놀자》첫 부분의 대화다. 이 영화는
개봉 당시 스님과 조폭이라는 신선한 조합으로 370만 관객을 동원
하며 흥행에 성공하였다. 영화는 단순한 코미디 영화를 넘어서 인
생의 교훈과 불교의 철학을 함께 담고 있다. 특히 절(김해 은하사)을
배경으로, 어울리지 않을 법한 조폭과 스님들의 인물상을 잘 살려
내 호평을 받은 작품이다.

그러나 이러한 호평 뒤엔 장소를 찾는 과정에서 제작을 맡은 이
준익 감독은 험난함을 경험했다.《왕의 남자》로 유명한 이준익 감
독이지만 촬영 장소를 섭외하기 위해 1년 반 동안 무려 100여 곳의

이준익 감독

사찰을 순례해야만 했다. 다음은 『불교신문』
과의 인터뷰에서 밝힌 내용이다.

스님들은 한결같이 이 감독을 반갑게 맞아
줬지만, 누구도 촬영을 허락하진 않았다. 스님
들이 "무슨 영화인가?"라고 물으면 이 감독이
"조폭들이 절에 와서 스님들과 한판 붙는데…"
여기까지만 듣고 손사래를 친다는 것이었다.

대신 발에 쥐가 나도록 3시간 가까이 쭈그
리고 앉아 스님이 건네주신 차를 얻어마시며
'법문'을 들어야 했었다. 그 덕분에 100여 명의 스님들이 설한 '감
로법문'이 이후 삶에 양약이 됐다고 그 당시를 회고했다.

"충청도 강원도 전라도 할 것 없이 주말마다 발바닥에 땀이 나도
록 사찰섭외에 열을 올렸지요. 지금 고백하자면 논산 개심사가 촬
영지로 가장 탐났지만 역시 스님의 만류로 좌절됐고요. 봉화 청량
사에서 만난 지현스님은 지금도 기억에 남는 아름다운 스님이셨
고…. 결국 김해 은하사로 결정된 것은 당시 주지 대성스님께서 결
단을 내려주신 덕에 가능했어요. 스님은 영화촬영을 마치고 떠나
는 날 제게 부채를 선물로 주시면서 '아무것도 거침없이'라는 뜻의
문구를 적어 주셨어요. 지금도 우리집 서재에 걸려 있지요.

줄거리

《달마야 놀자》는 조직폭력배 일당이 사찰에 들이닥쳐 스님들과 그

사찰에서 잠시 기거하는 이야기로 구성되어 있다. 조직원 중간 보스인 재규(박신양 분)는 조직의 위기로 인해 부하 조직원 네 명과 함께 몸을 피할 곳을 찾는다. 그들은 피신처로 여러 곳을 궁리하지만 왕구라(김수로 분)의 '머리 깎고 중이라도 되면 모를까'라는 말에 절을 은신처로 정한다.

재규 일행은 사찰에 당도하여 조직폭력배가 업소를 접수하는 태도로 '오야붕(대표) 나오라'고 소리치지만 놀라지 않은 큰스님(김인문 분)은 앉자마자 '밥은 먹었냐' 묻고, 차를 한잔 따라 주면서 재규의 요청대로 일주일간 머물 것을 허락한다.

규율을 중시하는 청명 스님은 조직 폭력배의 체류에 거부감을 갖는다. 재규는 사찰을 업소관리하는 방식으로 각자 스님을 전담할 것을 명령한다. 영화에서는 스님들이 발우공양을 할 때 조폭식 인사, 기왓장을 깨면서 단련운동, 종을 놓고 비오는 날 공놀이 하는 등 스님들이 불편할 만한 일들만 벌인다. 일주일이 다가오는데 보스로부터 연락이 닿지 않고 있다가 무조건 거기 있으라는 연락을 받는다.

사정이 바뀌어 재규 일행이 일주일 더 체류를 요청하자 이에 스님들은 반발한다. 팽팽한 의견대립에 청명 스님의 삼천배 베틀을 재규가 받아들인다. 동네에서 인사성 밝기로 소문난 왕구라와 묵언수행 중인 명천 스님의 삼천배 베틀은 스님팀의 승리로 끝난다. 첫 시합에서 자신만만한 조직 폭력배팀이 지고 이어 다음 족구 경기를 하려다 청명 스님의 뛰어난 실력을 확인하고 종목을 고스톱으로 변경한다. 고스톱을 조폭팀이 승리하면서 1:1이 되었다.

삼천배 배틀과 물속에서 오래 버티기 대결

그리고 시합은 물속에서 오래 버티기와 삼육구 게임까지 이어진다. 369게임에서 명천 스님은 조폭팀이 건너뛴 것을 발견하고 소리를 쳐 묵언수행이 깨지게 된다. 2:2가 됐다. 팽팽한 접전 속에 서로 물러설 기미가 없던 차에 큰스님이 제안한 10분 안에 깨진 독에 물 채우기 경기가 시작됐지만 계속 실패를 하게 된다. 조폭팀은 막내가 구멍을 막아 물을 채워보기도 하고, 불곰은 배위에 올려놓고 채우기도 한다.

그때 스님팀의 청명 스님은 밑빠진 독에 스스로 들어가 '내가 곧 물이요'라고 하지만 큰스님은 내가 물을 채우라고 했지 사람을 채우라고 하지 않았다고 말한다. 반면에 조폭팀의 박신양은 밑 빠진 독을 연못 속에 던져 버린다. 재규는 밑 빠진 독에 물을 채우는 법을 깨우친 것이다.

그리고 큰스님은 조폭팀의 승리를 선언하고 일주일 더 머물 것을 승낙해준다. 큰스님의 결정이었지만 불만은 남아 있었다. 그러나 그 뒤로 이어지는 내용에서는 청명 스님의 안목을 키워주는 가르침이 있었다.

첫 번째는 재규 일행이 법당 청소를 하다가 불상을 넘어뜨려 귀

369 게임, 깨진 항아리 물 채우기

가 떨어진 것을 큰스님께 말씀드리지만 '너희 마음속에 부처가 있다'고 청명 스님을 질책한다.

두 번째는 큰스님이 재규 일행이 떠나기 전날 밥을 손수 준비하면서 청명 스님에게 조용히 '수행은 좌선에만 있지 않다'는 말을 한다.

뿐만 아니라 재규도 큰스님으로부터 울림을 받는다. 재규는 큰스님께 조직원을 감싸준 연유를 묻는다.

"스님, 저희를 이렇게 감싸주시는 이유가 뭡니까?"

"누가 누굴 감싸줘?"

"아니, 스님께서…"

"아, 그거야 내가 낸 문제를 풀었으니까 더 있으라 그런 건데, 누가 누굴 감싸줬다 그래?"

"그래두, 착하게 살아라든지 뭐 남들 괴롭히지 말라든지, 아무튼 원하시는 게 있으니까 이렇게 감싸 주시는 거 아닙니까?"

"그게 그렇게 궁금허냐? 그럼 너는 밑 빠진 독에 물을 채우기 위해 연못에 던질 때 무슨 생각으로 했느냐?"

"그건 그냥… 그냥 항아리를 물속에다가 던졌습니다. 생각이고

큰스님(김인문 분)과
재규(박신양 분)

뭐고 없이 그냥 던졌습니다."

"나도 밑 빠진 너희들을 내 마음속에 그냥 던졌다."라고 말한다.

큰스님도 열반에 들고 예정된 대로 조직폭력배들은 세속으로 돌아간다. 하지만 날치는 홀로 남아 불교에 귀의하여 수행을 한다.

불교영화란

한국의 종교영화 가운데서 항상 주목을 받고 있는 주제가 불교영화이다. 불교영화는 편수에 있어서도 한국의 종교영화 가운데 가장 많은 비중을 차지할 뿐만 아니라 질적인 면에서도 우수한 작품이 많다. 그중에서도《달마가 동쪽으로 간 까닭은》(배용균 감독, 로카르노영화제 최우수작품상 수상),《아제 아제 바라아제》(임권택 감독, 모스크바영화제 여우주연상 수상),《화엄경》(장선우 감독, 베를린영화제 알프레드 바우어상 수상),《유리》(양윤호 감독, 칸느영화제 황금카메라상) 등은 해외 영화제에서 좋은 평가를 받은 작품들이다.

그런데《달마야 놀자》를 조폭영화로 해석하는 경향도 있으므로, 불교영화에 대해 살펴볼 필요가 있다.

불교영화란 무엇일까? 불교영화란 "불교를 소재로 한 영화", "불교적인 삶의 존재방식, 혹은 그 가치의 지향점에 놓여 있는 구도를 영상의 이면에 강렬한 주제의식으로 심화시킨 한 묶음의 영화들", "불교 혹은 불교적인 주제를 소재로 하는 영화" 등 여러 주장들이 있다. '넓은 의미로 봤을 때 불교영화는 사찰을 배경으로 하거나 불교인과 불교적인 삶의 존재방식과 그 가치의 지향점에 놓여 있는 구도의 서사를 일정한 주제로 심화시킨 일련의 영화'로 문관규는 정리하고 있다.

이런 관점에서《달마야 놀자》는 불교의 교리를 충분히 담고 있는 불교영화이다. 물론 일반적으로 조폭영화로 분류할 수도 있지만 건달들이 절에 피신하고 그 안에서 생활을 해 나가다 불교의 세계로 빠져든다는 면에서는 불교영화의 범주에 속한다.

불교영화는 언제부터 시작한 것일까? 한국불교영화의 효시는 윤용규 감독의《마음의 고향(1949)》이다. 그 뒤 60년대와 70년대에는《석가모니》,《서산대사》,《원효대사》등 특정인물의 일대기와 호국사상 고취를 위한 작품이 주류를 이루다가 80년대 임권택 감독과 배용균 감독이 불교를 예술로 승화시켰다. 그리고 90년대에 들어서면서 불교영화는 사회 참여적인 모습을 보이기 시작한다. 통일문제와 소외계층에 대한 관심을 드러내고, 2000년대에 들어서면서는 불교문화 컨텐츠를 영화에 접목시킨 간접적인 방식이 등장했다.

화두와 다반사

"밥은 먹었냐?"

"예?"

"차 식었어~"

불교 수행법 중에서 선수행禪修行은 어떤 특별한 것이 아니라 일상적으로 차를 마시는 것처럼 평상심을 잃지 않아야 한다고 가르친다. 선종의 차나무 기원설에 따르면, 초조初祖 달마대사가 중국으로 건너와서 중국 승려들에게 참선을 시켰다고 한다. 그러나 승려들이 졸음을 참지 못하므로 달마대사가 자신의 눈썹을 베어 땅에 묻자 그곳에서 차나무가 자라났다. 이에 승려들에게 그 나무의 잎을 달여 마시게 하였는데, 그때부터 졸음에서 벗어나 참선을 잘하게 되었다고 하는 내용이다. 물론 차의 각성효과가 선수행에 도움이 된다는 것을 상징적으로 표현한 설화이다.

선어록을 보면, 8~9세기에 들어서면 남종의 많은 스님들의 어록에 차와 관련된 내용이 등장한다. 즉 귀종화상, 동산 양개, 설봉 의

큰스님이 조폭 재규에게
차를 따르는 장면

존, 복선 초정, 조주 종심, 법안 문익, 앙산 혜적 등 이 시기 활동했던 남종선 계열의 많은 선승들이 차를 생활 속에서 즐겼음을 알 수 있다.

뿐만 아니라 북종선 계열 중 중국 사천성을 중심으로 활약한 정중종의 무상(淨衆無相)도 차를 즐겼다는 사실이 확인된다. 『역대법보기』에는 다음과 같은 내용이 전한다.

(무주)화상은 산중에서 김화상(무상)이 멀리 자기를 생각하는 것을 알고, 곧바로 그 마음을 읽었다. 그래서 동선董璿에게 말했다.

"거사, 달마조사의 한 줄기 불법이 이제 검남에 퍼져 있소. 김화상이 바로 그렇고. 수계를 하지 않은 것은 가물산에서 그냥 맨손으로 내려가는 것과 같다."

동선은 그 말을 듣고 합장하고 일어섰다.

"저는 이 길로 성도 땅으로 가서 수계하겠습니다." 화상은 동선에게 말했다.

"여기 차茶가 반 근 준비돼 있다. 그대가 간다면, 이 차를 신물信物로 김화상에게 드리고, 나에 대하여 묻거든, '무주는 아직 산을 떠나려 하지 않는다.'고 전하게."

동선은 곧 화상에게 작별인사를 올리고, 김화상에게 전할 차를 가지고 떠났다.

위의 내용은 정중무상에게서 법을 받은 내력이 자세하게 기록되어 있다. 즉 무주화상이 무상에게 믿음의 징표信物로 바친 것이 바로 '차 반근'이었다.

이와 같이 선승들의 음다 풍속은 선종의 일반적 현상이었고, 이로서 스님들이 생활 속에서 일찍부터 음다 풍속을 받아들여 즐겼음을 알 수 있다.

즉 조주선사의 '끽다거'라는 화두가 세상에 크게 유행하게 되면서 많은 승려들이 선원에서 차를 마시는 일이 성행하여 다반사茶飯事라는 말로 정착하게 된다. 그 외 선어록에 나타난 선승들과 차에 얽힌 내용은 고승에게 차를 공양하거나, 일상적으로 차를 다리고 (煎茶) 차를 마시는(喫茶) 내용이 많이 나온다. 또한 다례茶禮가 선승들의 주요한 의례로 등장한다.

다반사는 차나 식사를 하는 것처럼 일상에서 흔한 일을 의미하는데, 본래 불교용어였으나 일상적으로 쓰는 어구가 되었다. 이는 일상생활에서의 평상심이 곧 깨달음의 마음과 연결되어 있다는 의미이다. 이 영화에서 이렇듯 의미심장한 내용을 '훅' 찌르고 시작하고 있는 것이다.

은하사

은하사는 경남 김해시 삼방동 신어산神魚山 서쪽 자락에 자리한 사찰로, 대한불교조계종 제14교구 본사인 범어사의 말사이다. 신어산의 옛 이름이 은하산銀河山이라 하여 은하사라 부른다. 전설에 따

은하사 입구와 전경

르면, 가락국 시조 수로왕(首露王: 재위 42~199) 때 인도에서 온 허
왕후의 오빠 장유화상이 창건했다고 하며, 당시의 이름은 서림사
西林寺였다 한다. 그러나 전설 속의 창건 연대가 불교 전래 이전인
서기 1세기라 확실한 고증은 할 수 없다. 단, 이 전설이 사실이라
면 1900년이 넘은, 우리나라에서 가장 역사가 오래된 사찰에 해당
한다.

은하사 경내에는 대웅전을 비롯한 화운루, 설선당, 명부적, 응진
전, 요사채 2동과 객사, 산신각, 종각 등이 있다. 그리고 시대를 알
수 없는 5층 석탑이 있다. 대웅전은 조선 중기 이후 세워진 것으로
보인다. 그 이전까지 있던 건물은 동림사와 함께 임진왜란 때 전소
되었고, 지금의 건물은 조선 후기의 양식을 따랐다.

진입로의 소나무 숲이 특히 아름답고, 사찰의 단아한 모습도 찾
는 이의 마음을 편안하게 해준다. 영화《달마야 놀자》의 촬영지로
더욱 유명해졌다.

가야와 불교

가야는 500여년 동안이나 낙동강 하류 지역을 중심으로 연맹체 국가를 형성하여 이 지역을 실질적으로 지배한 왕국이었고, 백제나 신라와 어깨를 나란히 하는 것은 물론, 일본 역사에도 지대한 영향을 끼친 나라였다.

「가락국기」에는 아라가야, 고령가야, 대가야, 성산가야, 소가야, 금관가야 등의 명칭이 있는데, 그 가운데 김해지역을 터전으로 하던 금관가야는 본가야라고도 한다.

가야의 건국에 대해 『삼국유사』 「가락국기」에는 다음과 같이 전한다.

"천지개벽 후 이 지역에는 나라가 없어 다만 9간(九干, 족장)들이 있어서 7만 5천의 백성들을 통솔하였다. 후한 광무제 건무 18년(A.D. 42년)에 그들이 살고 있는 북쪽 구지봉에서 이상한 소리가 났다. 마을 사람 2~3백 명이 가보니 모습은 보이지 않고 소리만 들렸다.

"여기에 사람이 있느냐?"

9간들이 대답했다. "우리가 있습니다."

또 말했다. "내가 있는 곳이 어디인가?"

"구지입니다."

"하늘이 나에게 명하여 여기 나라를 세우고 임금이 되라 하였으므로 온 것이니, 그대들은 흙을 파며 '거북아 거북아 머리를 내어라. 내어 놓지 않으면 구워서 먹겠다.'라고 노래를 부르고 뜀을 뛰

구지봉석龜旨峯石 / 허황후릉과 구지봉 사이 차나무길

며 춤을 추어라."

9간들이 그 명령을 따르며 하늘을 우러르니 한 줄기 자주색 빛이 하늘로부터 땅에 드리워 닿아 있었다. 줄 끝에 붉은 보자기로 싼 금함이 있고 열어보니 해처럼 둥근 황금빛 알 여섯 개가 있다. 그 가운데 가장 먼저 태어난 사람이 수로였다.

불교와 관련 있는 주제는 수로왕의 왕비인 허황옥에 대한 이야기에서 시작된다. 많은 연구에 따르면 두 가지의 이야기로 축약된다. 하나는 김병모 교수가 주장한 내용으로, 인도 아요디아 가문 출신 여인으로 중국 사천의 보주普州에서 정착해 살다가 바닷길을 통해 가야로 입국했다는 설이다. 또 다른 설은, 인도에서 직접 왔다는 내용이다. 특히 이 내용에 대해서는 가야문화진흥원 이사장을 지낸 도명 스님(여여정사 주지)이 가야불교 복원을 위해 직접 발로 뛰어 밝혀낸, 가야에 대한 고고학적 성과로 얘기하고 있다. 만약 도명 스님의 주장대로라면, 우리나라 불교전래는 고구려 소수림왕 때보다 324년이나 더 빠른 수로왕 7(A.D. 48)년이라는 말이 된다.

이에 대한 증거로 인도공주 허황후가 가지고 왔다는 파사석탑에서 파사석을 분석한 결과를 제시한다. 이 돌은 우리나라 남부지방

가락국 수로왕비 보주태후허씨릉

에는 없는 돌이고 강원도 정선 예미에 극소량이 있으나 색이 어두워서 다르며, 유사한 것으로 영월 양양의 칠보석이 있으나 층리의 특징이 없어 다른 돌이라고 부경대학교 박맹언 명예교수는 실험결과를 바탕으로 말했다.

　박 교수는 탑 위아래의 커팅 기술이 기원전으로 보인다고도 하였는데, 그 이유는 기원후에는 도구가 발달하여 매끈하게 절삭하고 다듬기 때문에 파사석탑처럼 거친 표면은 그 이전 시기에 가공됐을 가능성이 크다는 것이다. 또 탑 내 사리공 정도의 구멍을 뚫는 기술은 고대에는 흔했다고도 하였다.

　그 외에도 '가야'라는 명칭이 인도어에서 유래된 사실에 대해서는 여러 연구가 있다. '가락駕洛'과 '가야'라는 말은 고대 인도어인 드라비다어이고, 그 뜻은 물고기라는 것이다. 물고기(魚)라는 뜻을 가진 가락은 고어이고 가야는 신어였다. 즉 가락이 발전하여 가야로 변화된 것이다. 이는 가락국에서 가야국으로 변화한 한국고대사 문헌의 내용과 일치하고 있다. 결국 가락국, 가야국 모두 물고기(魚國)란 뜻으로 시조 김수로왕릉의 쌍어문과 연관성이 있을 것이다. 즉 국명인 가락·가야가 인도어로 그 뜻이 물고기이며, 그 나라의 시조 왕릉에 쌍어문이 있음을 고려해 볼 때 불교적 요소가 강한 인도와 연계되어 있다는 내용이다.

그리고 차에 대한 내용은 『삼국유사』에 전하는 내용에 따르면,

파사석탑

"…신라 30대 법민왕이 신유년(661) 3월조에 조서를 내리기를, '(중략) 시조 수로왕은 어린 나에게는 15대조가 된다. 그 나라는 이미 멸망하였으나 그 묘는 아직 남아 있으니 종묘宗廟에 합하여 계속 제사를 지내게 하리라'하였다. 이에 (중략) 수로왕의 17대손 갱세급간이 조정의 뜻을 받들어 해마다 술과 감주를 빚고 떡과 밥, 차茶, 과일 등 여러 가지를 갖추고 제사를 지내어 끊이지 않게 하고, 그 제삿날은 거등왕이 정한 연중 5일을 변동치 않으니…"

쌍어문

이 기록에서 우리는 가야의 차문화를 이해할 수 있는 중요한 사실을 알게 된다. 수로와 이후의 가야 왕들을 모시는 제사에 차가 제물로 사용되어 왔다는 것이다. 물론 언제부터 그렇게 되었는지에 대한 기록은 아니지만 수로왕의 뒤를 이은 제례의 내용을 알 수 있는 것이다.

김해 장군차

김해 장군차는, 하륜의 기록에 의하면 금강사金剛社의 산다수山茶樹를 충렬왕이 장군이라 칭하였다는 내용, 즉 1530년 중종의 명에 의해 편찬된 『신증동국여지승람』 '불우佛宇'조에는 고려 충렬왕이 쓰시마 정벌을 위해 김해에 주둔하던 군사들을 위로하기 위해 들렀다가 금강사 터에 있는 산다수를 보고 맛과 향이 차 중에서 으뜸이라 하여 장군將軍이라고 명명한 것에서 오늘날 장군차의 유래가 되었다고 한다.

그리고 조선시대 서거정의 시 '김해금강사'에 다음과 같이 읊고 있다.

"역대로 이름난 곳 모두 말발굽 달려서
분성 북쪽에서 날 불러서 찾아왔네
금관가야 옛 나라 터는 하늘 땅도 지쳤는가
임금님 수레는 이곳을 놀다갔어도 세월은 혼미
시조릉은 깊고깊고 산은 적적하기만 한데

김해장군차

장군수는 늙어만 가고 풀만 무성하여 처량하고나
가야 옛물건 가운데 가야금만 그대로인데
가인을 보내어 노래소리도 낮추어야 하리"

여기서 이야기하고 있는 시조릉은 수로왕릉이며, 장군수는 충렬
왕이 내린 김해 금강사 앞뜰에 있다는 산다나무(장군차)를 말한다.
특히 '장군수 늙어가니 풀만 무성하다'는 것은 관리를 하고 있지 않
다는 것을 나타내준다.

이러한 기록을 토대로 2001년 김해시에서 김해차의 명칭을 인터
넷으로 공모한 결과 김해장군차라는 명칭을 얻게 되었다.

장군차는 실제 김해 동상동, 대성동 일대 차밭골 등에 예전부터
야생차 군락이 있었고, 진례면 찻골(茶谷), 창원시 동읍의 다호리
등 옛 가락국 영토에는 차와 관련된 지명들이 많다.

장군차는 인도 대엽종으로 잎이 크고 두꺼워 차의 가장 중요한 성분의 하나인 탄닌 성분이 다른 차에 비해 높고 아미노산, 비타민류, 미네랄 등 무기성분의 함량이 높다.

참고문헌

김명자, 「김해 장군차의 특성에 관한 연구」, 원광대 석사학위 논문, 2012.

김방룡, 「선승들의 차문화에 대한 일고」, 한국선학 제21호, 2008.

도명, 『가야불교, 빗장을 열다』, 담앤북스, 2022.

손연숙, 『손연숙의 참문화 기행』, 이른아침, 2008.

신광철, 「한국불교영화의 회고와 전망」, 종교연구, 2002.

정재형, 「불교와 영화에 대한 총론적 접근」, 불교문예연구, 2015.

실마 차
심결
時茶

영화 《헤어질 결심》

• 조인숙 •

원광대학교에서 예문화와다도학 전공으로 석·박사학위를 수여했다. 국제차문화교류협력재단 이사와 국제차문화학회 이사를 역임했다. 2006년부터 원광대학교 예문화와다도학 전공 강사로 재직하고 있으며, (사)부풍오감차문화원 원장을 역임하고 있다. 박사학위 논문인 「조선 전기 茶詩 연구: 徐居正과 金時習을 중심으로」를 비롯, 다시와 차문화 고전에 관련된 논문을 주로 발표하였다. 학교에서는 한국차문화사와 한국차와 중국차고전을 강의하고 있다. (사)부풍오감차문화원에서 다양한 커리큘럼으로 지역 차인들을 길러내고, 차문화를 알리는 활동을 전개하고 있다.

헤어질 결심
감독 박찬욱, 주연 박해일, 탕웨이, 이정현
한국, 2022

차 찾기를 탐닉하다

영화를 볼 때, 감독의 의도를 전부 헤아릴 수는 없다. 그렇기에 관객의 입장에서 시선이 한 곳에 머물러 해석의 대상이 된다면 그 또한 감독의 숨은 의도라고 봐도 좋지 않을까. '영화가 시각예술이라면 공간은 그것의 총체적인 매력 형태가 되는 것 같다'*라는 말이 있다. 대사 외의 장치를 통해서도 내용을 읽어내야 한다는 말이라고 해석된다. 그래서 필자는 영향력 있는 매체에서 차가 자주 노출되기를 희망한다. 매체는 대중의 취향을 선도한다는 측면에서, 그 노출 자체가 차문화 확산에 좋은 영향을 미칠 수 있기 때문이다. 영상매체를 활용한 다양한 교육 프로그램에 대한 연구가 많이 진행되고 있는 점에서도 그 중요성은 크다고 본다.** 최근엔 드라마에서도 차 장면이 자주 등장한다. 조용하고 품위를 지키는 자리에서

---

* 「영화에서의 공간에 관한 연구-히치콕의 영화를 중심으로」, 장수 · 최원호, 멀티미디어학회 논문지 제23권 제2호(2020. 2), p.377.

** 「대중영상매체가 청소년의 심리사회적 특성에 미치는 영향에 관한 연구」, 「영상매체를 활용한 통합적 인성교육 프로그램이 유아의 사회성발달과 자기조절능력에 미치는 효과」 등 학위논문을 비롯, 다수의 논문이 발표되어 있다.

는 녹차를, 화려하고 여자들이 많이 등장하는 드라마에서는 유럽 차도구와 차들이 나온다. 물론 시의적절한 차의 형태가 드러나면 더욱 좋겠다는 희망은 늘 품는다. 대본을 쓰고 촬영을 할 때, 이왕 이면 때와 장소에 어울리는 차의 종류나 차 도구 사용에 대해 조금 더 세밀한 신경을 써서 말이다.

그렇기에 때로는 영화 속의 차를 더 잘 이해하기 위해 배경지식이 필요한 경우들도 있다. 잠깐 휘종 황제의 이야기를 해보자. 전체 차문화사에서 고급과 대중화가 한꺼번에 이루어진 시기는 중국 송나라(960~1279) 때이다. 송나라는 중앙집권적 정치체제를 구축하며 경제가 발전함에 따라 문학예술, 과학기술, 인쇄술 등 다양한 문화 또한 발전하였다. 그중 차문화도 한 부분을 차지한다. 그 중심에 북송北宋 제8대 황제인 휘종(조길趙佶, 재위 1100~1125)이 있다. 정치적으로 뛰어난 평가를 받지는 못하지만, 고미술품을 수집하고, 시·서·화에 뛰어난 재능을 보였으며 음악을 애호하던 문화 황제였다. 그리고 그는 차를 유독 좋아해 『대관다론大觀茶論』이라는 차와 관련된 글을 남기기도 했다. 그는 다론을 저술하게 된 배경을 다음과 같이 밝혔다.

"잘 다스려지는 세상에 어찌 오직 사람만이 그 자질을 다할 뿐이 겠는가. 초목의 신령스러운 것(차) 또한 그 쓰임을 다할 수 있어야 한다. 내가 한가한 날이면 정교하고 미세한 부분까지 연구하여 얻은 오묘한 경지를 후세 사람들이 스스로 이롭고 해로움을 깨치지 못할까 하여 짓는다."*

218

황제는 틈나는 대로 차에 관한 연구를 면밀히 했다. 그리고 그 결과를 총 20편으로 기록했다.* 가루차를 만들어 다선茶筅이라는 도구로 거품을 내 마시는 음다법을 적고 있다. 이는 당시 송나라 차문화 유행은 물론이고, 지금 이루어지고 있는 가루차 음다법의 시작이기도 하다. 여린 잎을 따서 시루에 찌고 절구에 찧어 덩어리로 만들어 말린다. 곱게 간 다음 다완에 가루차를 넣고 천천히 물을 부으면서 생기는 거품을 즐기다가, 다선으로 힘차게 저어 더 크고 쫀쫀한 거품을 만들어 마신다. 지금의 가루차는 잎차를 가루로 만드는데 반해 당시는 덩어리로 만들어두었다가 가루를 낸다는 점이 조금 다르다. 이는 고려에도 영향을 미쳤다. 고려 왕들도 부처님께 공양할 차를 직접 갈았다**는 내용이 나올 정도로 차를 대하는 마음에 진심이었다.

이렇게 왕들이 차를 진심으로 대한 마음이 백성들에게도 미쳐, 백성들도 차를 좋아할 수밖에 없었다. 고려는 우리나라에서 차문화가 가장 발달한 시대이다. 지금 우리가 사용하는 다방茶房이라는 말도 이때 생긴 것이다. 다방은 나라에서 거행되는 차와 관련된 제

---

*   '嗚呼 至治之世 豈惟人得以盡其材 而草木之靈者 亦得以盡其用矣. 偶因暇日 研究精微 所得之妙 後人有不自知 爲利害者 叙本末列于二十篇 號曰茶論', 조길, 『大觀茶論』.

** 고려 문신인 최승로가 「성종에게 시무책 28조를 올리다」(『고려사』 권93 열전 권 제6)라는 글에서 확인된다. "삼가 듣건대 성상께서는 공덕재功德齋를 지내기 위하여 때로는 친히 맷돌에 차를 갈기도 하시고 때로는 보리를 찧는다고 하시니, 저의 어리석은 마음에는 상께서 친히 근로하시는 것을 매우 애석하게 여깁니다. 이러한 폐단은 광종으로부터 시작되었는데…."

반 사항을 관장하던 관청이었다. 관청을 따로 둘 만큼 차 사용이 빈번하였던 것이다. 차의 발달은 도자기의 발달에도 영향을 미쳐, 고려시대에는 다양하고 화려한 도자기들이 많이 만들어졌다. 이렇게 한 시대를 풍미한 차문화의 발달은 강한 영향력을 미칠 수 있는 사람들이 차를 좋아했기 때문에 가능했다고 생각한다.

이런 측면이 박찬욱 감독의 영화를 더욱 관심 있게 보게 되는 이유다. 박찬욱은 '공간장악과 시공간의 전환에 있어서 자신만의 방식을 갖고 있고, 영상언어의 활용에도 능숙한 솜씨를 갖고 있다'고 평가되고 있다. 화면에 대한 미적 감각이 집착에 가깝다고도 한다. 치밀한 설계 구도를 통해 관객의 시선을 집중시켜 영화인물의 내면적이고 외재적인 특징을 전달하는* 감독으로도 평가된다. 그래서 영화 관람 시작부터 '제발 한 컷이라도 좋으니 차가 등장했으면 좋겠다'는 기원의 마음이 작용한다.

연극이나 영화 등에서 연출가는 무대 위의 모든 시각적 요소들을 배열하는 작업을 통해 메시지를 전달한다. 이런 작업을 미장센이라고 하는데, 목표를 통해 크게 두 가지로 나눌 수 있다고 한다. 하나는 시나리오상의 각 신에 가장 적합한 감정적 분위기의 영화적 환경을 만드는 것이다. 다른 하나는 한 걸음 더 나아가 영화의 주제, 각 신의 분위기, 등장인물의 심리상태 등의 표현이 단지 배우의 대사를 통한 내러티브 정보의 조절로만 행해지는 것이 아니라

---

*   손숙함, 「영화감독 박찬욱의 작품 속 공간 의식 연구: 〈올드보이〉, 〈스토커〉, 〈아가씨〉를 중심으로」, 동국대학교 석사학위, 2021.

는 것이다. 오히려 미장센 요소들의 창의적인 결합에 의해 더욱 잘 표현될 수 있다고 본다. 미장센 요소들이 내재하고 있는 본래의 의미들을 영화적으로 변환시켜 영화의 주제나 등장인물에 대한 정보 그리고 감정 상태를 묘사하는 데 효과적으로 사용하는 것이다.*

이러한 영화 이론을 토대로 한다면, 영화를 보면서 꼭 차를 주제로 한 내용이 아니더라도 차와 관련된 장면의 삽입에 집중해야 하고 해석해보아야 하는 이유가 분명해졌다. 간절한 바람이 통했는지, 감독이 차를 좋아했는지는 모르겠지만, 뚫어져라 본 영화《헤어질 결심》에서 차도구와 차 마시는 장면을 포착하였다.

영화《헤어질 결심》

'마침내', '붕괴', '단일한' 등등, 별다른 의미 없이 사용하던 단어가 특별하게 인식된 건 한 영화를 통해서이다. 2022년 박찬욱 감독이 만든《헤어질 결심》이라는 영화이다. 이 말들은 중국에서 한국으로 밀입국하여 살고 있는 중국인 여성 송서래(탕웨이)가 장해준(박해일)에게 하던 말들이다. 중국인이기에 한국말이 서툰 서래가 맞는 듯, 좀 다른 듯 사용하는 언어들이 재미를 더한 영화였다. "당신이 사랑한다고 말할 때 당신의 사랑이 끝났고 당신의 사랑이 끝났을 때 내 사랑이 시작됐다", "한국에서는 결혼했다고 좋아하기를 중단

---

* 　최병근, 「미장센 요소들의 창의적 기능에 대한 연구」, 한국영화학회, 『영화연구』 Vol.0 No.29, 2006.

합니까?" 등 명대사를 많이 남긴 영화이기도 하다. 영화에 삽입되는 말러 교향곡 5번과 정훈희의 「안개」 노래도 빼놓을 수 없는 화제였다.

박찬욱의 영화는 인간의 생존 상황 및 인간과 세계의 관계 등을 논하며, 하층민들의 폭력, 분노, 원망 등을 매우 강렬한 개인적 특색으로 표현한다.* 1992년《달은 해가 꾸는 꿈》을 시작으로, 2022년에는《헤어질 결심》으로 칸 영화제 감독상을 비롯 9개의 영화제에서 감독, 남녀 주인공, 각본, 촬영, 음악 등의 상을 거머쥐었다. 《헤어질 결심》은 한 남자의 살인 사건 이후, 진심을 숨기는 용의자 서래와 용의자에게 의심과 관심을 동시에 느끼는 형사 해준 간의 감정을 그린 로맨스 영화이다.

영화는 5발의 총소리로 시작된다. 이어지는 대사는 장해준의 "요즘은 살인 사건이 뜸하네"이다. 남편의 죽음 앞에서 특별한 동요를 보이지 않는 여주인공 서래. 경찰은 보통의 유가족과는 다른 태도를 보이는 서래를 용의선상에 올린다. 그 사건을 수사하는 핵심 인물인 해준은 사건 당일의 알리바이 탐문과 신문, 잠복수사를 통해 서래를 알아가면서 그녀에 대한 관심이 점점 커져가는 것을 느낀다. 한편, 좀처럼 속을 짐작하기 어려운 서래는 상대가 자신을 의심한다는 것을 알면서도 조금의 망설임도 없이 해준을 대하고 감정을 표출한다. 진심을 숨기는 용의자와 용의자에게 의심과 관심을

---

* 장천사, 「폭력 미학의 관점에서 바라본 박찬욱 감독 영화 스타일 연구」, 청주대학교 박사학위, 2019.

사라진 서래를 찾는 해준

동시에 느끼는 형사 간의 감정은 용의자인 서래가 마침내 헤어질 결심을 하고 사라져버리는 것으로 막을 내린다. 노래 중간중간 나오는, 정훈희가 부른 「안개」의 가사처럼.

「안개」(-정훈희 노래)
나 홀로 걸어가는 안개만이
자욱한 이 거리
그 언젠가 다정했던 그대의 그림자 하나
생각하면 무엇 하나 지나간 추억
그래도 애타게 그리는 마음
아 아 그 사람은 어디에 갔을까
안개 속에 외로이 하염없이 나는 간다
돌아서면 가로막는 낮은 목소리
바람이여 안개를 걷어가 다오
아 아 그 사람은 어디에 갔을까
안개 속에 눈을 떠라
눈물을 감추어라.

차 마실 결심 茶時

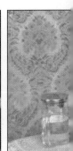

《헤어질 결심》에서 차를 보았다

《헤어질 결심》 중 음료를 마시는 장면에서는 대부분 차를 마신다. 박찬욱 감독은 세트에 있는 벽지 소품들 하나까지도 철저히 준비한다는 평이 있어서, 차 도구 세트와 차 마시는 장면은 의도가 분명할 거라고 생각되었다.

이 영화에 나오는 차 도구를 먼저 살펴보도록 하자. 영화 세트는 실내와 실외로 이루어지는데, 차 마심은 실내에서 이루어진다. 실내세트는 주로 서래 집과 해준이 사는 집, 그리고 경찰서다. 차 도구는 해준이 사는 집을 제외하고는 모든 실내공간에 비치되어 있다. 서래 집에는 중국식 차 도구가 갖추어져 있었지만, 실제로는 유리로 된 다관을 사용하고 있었다. 해준의 집은 부엌과 거실이 나오는데, 이곳에는 차 도구가 보이지 않았다. 해준이 근무하는 경찰서에서도 몇 번 나오는데, 유리다관이 있었다. 근무 중에 사용한다는 점에서 편리하게 사용할 수 있는 유리 도구를 선택한 것 같다.

한 차례 나온, 서래의 엄마가 입원해 있던 중국 병원 병실에서 차 도구가 발견된다. 병실 침대 옆에 중국식 차 도구가 정갈하게 구비

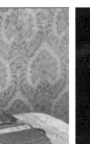

영화에 등장하는 차 도구들
해동할머니 집 / 해동할머니 집 / 서래 집 / 서래 엄마 병실 / 호신 집

되어 있었고, 영화 프레임의 1/3을 차 도구 장면이 나오게 촬영을
했다. 감독이 의도적으로 차를 보여주고 있다는 느낌을 받았다. 서
래가 간병하는 집 해동할머니 댁에도 차 도구가 갖추어져 있었다.
중국 도자기와 유리 도구가 있었다. 그리고 영화 마지막쯤에서 서
래가 호신과 재혼해 사는 집에서도 차 도구가 보인다. 거실 한켠에
긴 테이블이 있는데, 그 테이블 위에 차 도구만 놓아두어 차 도구의
존재감을 가장 확연하게 드러내주었다. 차가 일상화되고 있다는
느낌을 전달해주고 있었다.

1) 서래의 차, 따뜻한 간병인
영화에서 차 마시는 장면은 초반부에서 자주 보인다. 첫 번째는 서
래가 간병하고 있는 해동할머니집이다. 각본집에는 '편안 원피스
차림의 서래, 1층 창가 안락의자에 앉은 할머니가 차를 마시며 떡
먹도록 돕는다'라는 지문이 설정되어 있다. 실제 화면에서는 서래
가 숟가락을 할머니 입에 대주고, 할머니는 무언가를 씹는다. 그 시

간이 찰나여서, 서래가 할머니에게 숟가락으로 입에 넣어주는 게 무언지 파악이 어렵다. 창가 쪽에 놓여진 차 도구를 통해 입에 넣어준 것이 차일 거라 짐작되는 수준이다. 시점이 해준이 밖에서 창문 안으로 보는 장면이어서, 차 도구는 화면 앞쪽에 배치되어 있다.

모든 사물은 창문에 설치된 창살 너머로 보이는 모습이다. 창살로 인해 서래와 할머니가 갇힌 듯한 답답함을 느끼게 한다. 그러나 그 안에는 차를 마시고 떡을 먹으며 흐뭇해하는 할머니의 모습을 지긋한 눈으로 바라보는 서래의 모습이 따뜻한 여인으로 보이게 하는 요소이다. 해준이 간병인 소개소를 찾아가 서래의 근무태도를 묻자, 실장이 전해준 서래에 대한 반응을 증명이라도 하는 듯하다. 실장은 이렇게 말한다. "할머니들은 이렇게 말하죠. 이것은 간병인인가 손녀딸인가." 타인으로부터 전해 받은 서래에 대한 평은, 해준이 서래가 범인이 아닐 거라고 넘길 만한 분위기를 조성한다. 그리고 그녀를 이해하는 단계로 넘어간다. '슬픔이 파도처럼 덮치는 사람이 있는가 하면, 물에 잉크가 퍼지듯이 서서히 물드는 사람도 있는 거야'라고 말하면서.

해동할머니집: 아래쪽으로 차 도구들이 보이고 중국 차 도구도 있다.

서래는 해동할머니와 차를 자주 마셨던 것으로 보인다. 할머니 집 부엌 한쪽에는 작은 식탁이 있고, 서래는 그곳에 앉아서 일지를 적는다. 그 식탁 위에도 차 도구가 놓여져 있다. 나무쟁반 위에 자사호 두 개와 자사로 만든 차통으로 보이는 작은 단지가 있고, 잔처럼 보이는 도구도 있다. 할머니는 주로 침대에 누워 있는 것으로 보아, 식탁 위에 비치되어 있는 차 도구는 서래가 자주 이용했을 것이다. 본인의 집보다 할머니집에 머무르는 시간이 많은 간병인의 업무 중에, 서래가 주로 이 다구를 이용해 차를 마시는 모습을 연상하게 한다. 차가 다반사(茶飯事: 차를 밥 먹듯이 한다)일 가능성이 있음도 보여준다.

2) 해동할머니의 차, 차 지식 해박한 할머니

해동할머니 집에서의 차 마심은 두 번 더 나타난다. 장면은 두 번이지만, 실재는 같은 날 같은 시간에 이루어진 것이다. 해준의 경찰 동료인 수완이 할머니 집을 방문해 서래에 대해 묻는 과정에서다. 할머니에게 사과를 깎아드리는 장면이 포커스인데, 화면 앞 오른쪽에 차가 담긴 유리잔이 배치되어 있다.

유리 숙우 안에 차가 담겨 있고, 숙우 위를 작은 잔으로 막아놓은 것이 주목된다. 차향의 사라짐과 차가 식을까봐 우려한 세심한 배려이다. 차의 맛은 미묘해서 이렇듯 세심하게 다루어야 함을 잘 보여주고 있다. 할머니는 사과를 너무 두껍게 깎았다고 수완에게 호통치면서, 차를 마신다. 그러면서 할머니는 다음과 같이 말한다.

"아는 스님이 지리산에서 한 잎 한 잎 따신 건데, 이렇게 뜨겁게

해동할머니집: 유리다관과 유리찻잔을 사용하고 있다.

만들면 안 되지."

　차와 스님들의 관계, 지리산에서 차가 생산된다는 상징성, 차를 우리는 물의 온도 등의 내용이 짧막한 대화 속에 담겨 있다. 이 단어들을 조합해보면 우리나라 녹차 이미지와 잘 부합한다. 우리나라 차가 본격적으로 시작된 곳이 지리산이다. 주로 생산하는 차의 종류는 녹차이다. 차는 스님들의 선수행에 도움을 주는 물질로서 오랜 시간 동안 사찰에서는 꼭 있어야 하는 품목이었기 때문이다. 『삼국사기』 신라 흥덕왕조에는, "당에 사신으로 갔다 돌아온 사신 대렴이 차나무 종자를 가지고 왔는데, 왕이 그것을 지리산에 심게 하였다"*는 내용이 있다. 우리나라에 차가 본격적으로 시작되었고, 그 지역은 지리산임을 알려주는 글이다.*

---

*　『三國史記』卷第十 新羅本紀 興德王, '冬十二月, 遣使入唐朝貢. 文宗召對于麟德殿, 宴賜有. 差入唐迴使大廉, 持茶種子來, 王使植地理山. 茶自善德王時有之, 至於此盛焉 흥덕왕 3년, 828년 "겨울 12월, 당에 사신을 보내 조공하였다. 당 문종이 인덕전에서 잔치를 열고 지위에 따라 차등을 두어 물품을 하사하였다. 이때 당에 갔다 돌아온 사신 대렴이 차나무 종자를 가지고 왔는데, 왕이 그것을 지리산에 심게 하였다. 차는 선덕여왕 때부터 있었지만, 이때에 이르러 성행하였다."

쌍계사 앞 차시배지 안내 (하동군청누리집)　　화엄사 앞 차시배지 안내(네이버)

　해동할머니는 녹차를 우릴 때 뜨거운 물을 조금 식혀 부어야 한다는 사실도 알고 있어, 차 수준을 짐작케 한다. 서래는 차를 좋아하는 중국인이다. 그래서 자신이 좋아하는 차를 가져다 할머니에게 드리지 않았나 했는데, 이 장면을 통해 어쩌면 할머니가 차를 좋아하시기에 서래가 중국차와 다구를 가져다 차를 우려드린 게 아닌가 하는 생각이 들었다. 요즘은 노인층에서도 커피를 자주 드시는 걸 볼 수 있는데, 커피보다는 차를 음료로 추천한다. 차는 치매 예방이나 몸의 이완 작용을 도와주고 변비 예방에도 도움이 되는 성분이 함유되어 있어 노인층일수록 차를 마셔야 하는 이유가 있다. 그런 측면에서 해동할머니의 차 생활은 바람직한 모습이며, 감독은 이를 잘 표현해 주고 있다고 본다.

　이어 재생되는 장면에서는 차가 담긴 유리다관과 잔이 나온다. 거실 풍경이 크게 나오는데, 경찰인 수완이 서래에 대해 물으러 온 장면이다. 뜨개질한 하얀 보가 깔린 테이블 위에는 다식으로 준비

＊　차 시배지와 관련해서는, 하동 쌍계사와 구례 화엄사 입구 두 군데에 안내판이 설치되어 있다. 지리산에 심게 했다는 내용인데, 서로 자기네 지역이 시배지라고 주장하는 것이다.

한 접시와 나무쟁반 위에 차가 담긴 유리다관과 차가 담긴 잔 두 개가 놓여 있다. 수완이 차를 마신다. 그런데 서래가 할머니에게 먹여주던 장면과 부엌 식탁에서는 중국 다관이 보였는데, 수완이 왔을 때는 유리다관을 사용하고 있다. 할머니 집에는 중국식 다관도 있고 유리다관도 있는 것으로 보아 서래와 할머니가 차를 자주 마셨음을 유추해볼 수 있다. 서래가 오지 않는 날에도 할머니는 좀 더 편한 유리다관에 차를 우려 마셨을 것이다.

3) 서래 엄마의 차, 마지막 음료

또 한 번은 서래 엄마가 입원해 있던 중국 병실에서이다. 서래는 차를 우려 담은 찻잔 속의 차를 숟가락으로 떠서 엄마의 입에 천천히 넣어드린다. 엄마의 아버지 얘기를 들으면서. 엄마는 오래 시간 병원에 누워 있었던 것 같다. 병색이 짙은 얼굴은 지친 기색이 완연하다. 이제는 그만 생을 마감하고 싶은데, 잘 되지 않는 엄마는 딸인 서래에게 자신을 죽여달라고 부탁한다. '엄마를 돌보기 위해 간

차를 숟가락으로 떠서 엄마에게 드리는 장면

호사가 되었는데, 엄마를 죽이는 간호사로 만들거냐'고 엄마를 만류하지만 엄마의 부탁은 완강하다. 결국 서래는 약물을 주사기로 주입해 엄마를 죽음에 이르게 한다. 그래서 서래는 한국으로 도망오게 된 것이다. 병실 서랍장 위에는 차 도구가 놓여 있다.

병실에 차 도구들이
놓여 있다.

서래도 서래 엄마도 차를 무척 좋아했던 것으로 읽힌다. 그래서 서래가 마지막으로 엄마 입에 넣어 드린 음식이 차였을까. 엄마에게 마지막으로 줄 수 있는 음식은 어떠해야 할까. 구체적으로 설명되지는 않지만, 엄마가 평소에 좋아했던 음식이어야 할 것이다. 그음식 중에는 여러 가지가 있겠지만, 병의 상태로 보아 음료 정도가최선이었지 않았을까. 그중에서도 엄마가 좋아했던 차. 마지막으로입에 넣은 차는 엄마의 마지막 길에 향기로 남았을 것 같다.

4. 차의 때(茶時)를 갖다

《헤어질 결심》의 결심이라는 말을 떠올릴 때마다 시간이라는 개념이 맞물렸다. 결심이 '할 일에 대하여 어떻게 하기로 마음을 굳게 정함, 또는 그런 마음이기에 그 마음을 먹는 순간', 곧 시간이라고 느꼈기 때문이었다. 우리의 삶은 시간으로 채워진다. 그 시간은매일매일 같은 일들이 반복되어 이루어지기도 하지만, 특별한 의미가 부여된 시간이 함께 섞여 이루어지기도 한다. 누구에게나 동일한 시간이 주어지지만, 그 시간을 채우는 내용은 얼굴이 다른 것만큼 다르다. 시간이라는 개념* 중 적절한 때를 의미하는 카이로스 (Kairos)가, 필자가 영화를 통해 말하고자 하는 시간이다. 이는 순간 적으로 주어지는 기회, 운명적인 전환을 의미하는 순간들 중 가장 적절한 시간을 말한다. 조금 이르거나 조금 늦지 않은 바로 적당한 그 순간. 카이로스는 적시와 계량의 신으로 적절한 시간에 이르거 나 기회가 왔을 때 그것을 깨닫게 해준다고 한다.

우리는 인생의 어떤 순간에 카이로스를 맞이한다. 감동을 받거 나, 즐거움을 느끼거나, 행복한 느낌을 받거나, 사랑하는 사람을 만 나는 그 시간에 각자의 가치와 의미를 만들어 낸다. 하나의 사건이 인생의 의미가 되는 각자의 역사를 만드는 시간이다. 카이로스는 의식에서만 잡는 시간이 아니고 몸 자체가 행복해지는 구체적인 시간이다. 시간은 각자의 가치로 인식된다.

차와 관련된 사항에도 때는 중요시된다.

1) 찻잎을 따고 만드는 때

차 만들기는 찻잎을 딸 때부터 시작된다. 『다경』에서는 "찻잎은 2 월, 3월, 4월 사이에 딴다"**고 했다. 『대관다론』에서는 그 시간을 천

---

* 김정섭은 「장애인 평생교육의 시간적 의미」(단국대학교 박사논문, 2015)에 서, 정해진 시간인 크로노스, 순환적 시간의 의미인 아이온(Aion), 적절한 때 를 의미하는 카이로스(Kairos)로 나눌 수 있다 했다.

** 『茶經』: 중국 당나라 때 육우(陸羽, 733~804)가 761년 시작하여 780년에 완 성한 총 10장으로 구성된 차 전문 책으로, 중국뿐만 아니라 세계적으로 차 문화 교본으로 인식되고 있다.
'凡采茶在二月三月四月之間.'

시天時라고 하여 구체적으로 밝힌다. "차 만드는 일은 경칩에서부터 시작된다. 무엇보다 하늘 시간을 얻는 것이 제일 중요하다. 추위가 가벼워지면 싹이 점점 자라는데, 가지 발달이 급하지 않아 차 만드는 사람이 정성을 다할 수 있기 때문에 색과 맛이 온전할 수 있다. 그러나 날이 뜨거워지면 차나무 싹을 너무 빨리 터뜨려 차 만드는 손이 바빠져 차가 거칠어진다. 그러면 쪄도 제대로 누르기에 미치지 못하고 눌러도 제대로 갈기에 미치지 못하고 갈아도 제대로 만들기에 미치지 못해 색과 맛을 반이나 잃어버린다. 그래서 차 만드는 이에게 천시를 얻는 것은 경사스러운 일이다."* 이는 절대적 시간을 얘기하고 있다. 차를 만드는 사람 누구에게나 똑같이 인식되어야 함을 강조한다. 그러나 매해 일기 상황에는 변동이 있을 수 있다. 일찍 추위가 물러나는가 싶다가 갑자기 다시 추위가 몰려온다든지 하면, 차나무 싹에 이상이 생길 수 있다. 반대로 너무 빨리 따뜻해지면 맛이 축적될 시간이 촉박하여 맛과 향이 싱거워질 수 있다. 그래서 천시를 얻는 것이 경사스런 일이 된다.『다경』에서는 2, 3, 4월을 얘기했고,『대관다론』에서는 경칩(양력 3월 5일경)이라는 절기를 말했다. 그리고『다신전』이라는 책에서는 곡우를 말한다. "찻잎을 딸 때는 그 시기가 중요하다. 너무 이르면 향이 온전하지 못하고 너무 늦으면 신령스러움이 사라진다. 그래서 곡우 5일이

---

*　'茶工作于驚蟄 尤以得天時爲急. 輕寒 英華漸長 條達而不迫 茶工從容致力故
　其色味兩全. 若或時暘鬱燠 芽甲奮暴 促工暴力隨稿 曩刻所迫. 有蒸而未及壓
　壓而未及研 研而未及製 茶黃留積 其色味所失已半. 故焙人得茶天爲慶.' 조길,
　『大觀茶論』.

찻잎

제일 좋고, 다시 5일이 다음이다."* 『다신전』은 초의선사가 중국의 장원이 쓴 『다록』이라는 책을 베껴쓰고 이름을 바꾼 책이다. 그래서 곡우라는 절기에 찻잎을 따는 것은 중국 상황이지 우리나라 상황은 아니다. 이런 점을 초의선사는 직접 창작한 『동다송』에서, "그러나 경험한 바로는 우리나라 차는 곡우 전후는 너무 이르고 입하가 되어야 그 시기에 미친다"**라고 하였다.

그러나 같은 중국 책인 『대관다론』과 『다록』이 찻잎 채취 시기를 달리한 이유는 차의 선호도 때문이다. 『대관다론』에서는 가루로 만든 다음 다완에 넣고 물을 부어가면서 거품을 일으킨 다음 다선으로 저어 거품을 더 많이 일어나게 해 그 거품을 마셨다. 그 거품이 하얄수록 좋은 차로 인정을 받는데, 엽록소 생성이 덜 된 어린잎일수록 좋은 차를 만들 수 있기 때문이다. 반면에 『다록』은 지금처럼 잎차를 다관에 우려마시는 방법을 설명하기에, 아주 어린잎보다는

---

* '採茶之候 貴及其時 太早則香不全 遲則神散 以穀雨前五日爲上 後五日次之 再五日 又次之.' 초의선사, 『茶神傳』.

** '然驗之東茶 穀雨前後太早 當以立夏後爲及時也.' 초의선사, 『東茶頌』.

조금 성장한 잎이라야 맛이 더 깊어질 수 있기 때문이다. 즉 음다 방법이 다르기 때문에 차를 따는 시기에 대한 선호도 달랐다고 볼 수 있다. 가루로 만든 다음 가루 전체를 마셔야 할 때는 떫은맛이 덜해야 할 터이니 어린잎이 더욱 좋았을 것이다. 지금은 차광막을 설치해 탄닌 생성을 막기 위한 방법을 사용하기도 한다.

찻잎을 딸 때와 더불어 차를 만드는 날의 일기도 중요하게 여긴다. 비가 오는 날에는 따지 않으며, 맑더라도 구름이 있으면 따지 않는다.* 비가 오거나 구름이 낀 날 찻잎을 따면 맛이 싱겁다. 밤새 이슬이 내린 맑은 날 해가 나기 전에 따는 걸 선호했다. 그리고 차를 만들 때는 하루를 넘기지 않아야 한다. 하루를 넘기면 색과 맛에 해롭게 된다.** 불발효차인 녹차 제다를 말하고 있다. 찻잎에는 산화발효성분이 함유되어 있어, 찻잎에 열을 가해 발효성분을 파괴해야 한다. 그래야 녹색을 유지하며 풋풋한 향이 살아 있다. 시간이 지체될수록 찻잎은 발효가 진행되므로 가능한 빨리 끝내야 한다. 지금은 발효를 의도하여 차를 만들기도 하므로 하루를 넘겨 차를 만드는 제다법도 있다.

2) 차 마실 때

정약용은 '아침에 꽃이 갓 피고 구름 개인 하늘에 선연히 떠갈 때, 낮잠에서 막 깨어나 달이 점차 푸른 물 위에 멀어질 때'*** 차가 생각

---

* '其日有雨不采, 晴有雲不采.' 육우, 『茶經』.
** '使一日造成 恐茶過宿 則害色味.' 조길, 『大觀茶論』.
*** '旅人 近作茶饕, 兼充藥餌. 書中妙解, 全通陸羽之三篇. 病裏雄呑, 遂竭盧仝之

서래가 해준에게 줄 차 따르기

난다고 했다.

차를 마실 때에도 적절한 시간이 있고 우릴 때에도 적절한 시간이 있다. "물을 붓고 잠시 기다려 차와 물이 서로 충분히 어우러진 후에 걸러 나눠 (잔에) 따른다. 거르기를 너무 일찍 하는 것은 마땅치 않다. 마시는 것을 느리게 하는 것은 마땅치 않다. 너무 이르면(거르기에) 차신이 일어나지 않고, 너무 느리면 마시기에 좋은 향이 사라져버린다."*

거른다는 것은 다관에서 우려진 차를 빼내는 것이다. 다관 주구 속이 작은 구멍으로 이루어져 있으면 차를 따를 때 찻잎이 빠져나오지 않지만, 구멍이 크면 찻잎이 빠져나오므로 거름망을 써야 한다. 이것을 거른다고 한다. 즉 다관에 찻잎과 물을 붓고 둘이 어우러지는 시간이 적절하게 해서 따라야 한다는 것이다. 지금은 보통 2~3분 정도로 한다. 과거에는 시계가 없어 이 시간을 맞추는 것도

七椀. 雖侵精瘠氣, 不忘慕母羹之言. 而消壅破癥, 終有李贊皇之癖. 泊乎 朝華始起, 浮雲晶晶乎晴天. 午睡初醒, 明月離離乎碧磵. 細珠飛雪, 山爐飄紫筍之香. 活火新泉, 野席薦白菟之味. 花瓷紅玉, 繁華雖遜於潞公. 石鼎靑煙, 澹素庶近於韓子. 蟹眼魚眼, 昔人之玩好徒深. 龍團鳳團, 內府之珍頒已罄. 玆有采薪之疾, 聊伸乞茗之情. 竊聞 苦海津梁, 最重檀那之施. 名山膏液, 潛輸艸瑞之魁. 宜念渴希, 毋慳波惠.'『與猶堂全書補遺』「下貽兒菴禪子乞茗疏」.

* '稍俟茶水沖和然後 分釃布飮. 釃不宜早 飮不宜遲. 早則茶神未發 遲則妙馥先消.' 초의선사, 『茶神傳』.

쉬운 일은 아니었을 것이다. 그리고 차를 따라놓고 마시기를 너무 느리게 하는 것도 좋지 않다. 향이 계속 사라지기 때문이다. 적절하게 잘 우려서 가급적 빨리 마셔야 한다.

이런 시간들을 제대로 지켜내야 다도茶道가 된다.『다신전』에서 "다도는 만들 때 정성, 저장할 때 건조, 우릴 때 청결"*에 있다고 했다. 다도란 만드는 것에서 시작해서 우릴 때까지의 과정에 있다. 즉 한 잔의 차를 마시기까지의 모든 과정에 적절한 시간과 정성이 잘 어우러져 가능한 것이다.

차 시간과 관련한 말 중에, 최근 들어 티타임이라는 말을 자주 들을 수 있다. 차의 종류와 차 마시는 공간이 다양해지면서 생긴 말이다. 유럽 차문화의 영향으로 홍차 등이 많이 소비되면서 홍차를 마시는 것과 관련해서 나온 말이다. 영국에서는 하루 중 언제 차를 마시느냐에 따라 시간을 달리 부르며, 그때를 중요시한다는 개념이다.

우리나라에서는 1400년대에 벌써 티타임이라는 뜻의 글자인 '다시茶時'라는 말을 사용했다. 그리고 이 말은 우리나라에서만 사용되었다는 것이 일반적 견해이다.** 하지만 지금 사용하는 티타임이라는 말과는 전혀 다른 의미에서의 시간이었다. 다시는 즐기는 시간이라기보다는 차를 마시면서 정신을 번쩍 차리는 시간이었기 때문이다. 시기는 조선시대이고, 그 시간을 갖는 사람들은 사헌부 관

---

* '造時精 藏時燥 泡時潔. 精 燥 潔 茶道盡矣.' 초의선사,『茶神傳』.

** 이원종,「조선시대 다시茶時에 관한 연구」, 원광대학교 박사학위, 2021, p.21.

원들이었다. 서거정(徐居正, 1420~1488)이 사헌부의 수장인 대사헌을 맡고 있을 때, 지은 지 오래되어 낡은 재좌청을 보수하면서 남긴 글에서 확인된다. 서거정의 「사헌부에 재좌청을 새로 중수한 기록」 중 일부이다.

"사헌부의 청사廳事는 둘이 있는데, 다시청茶時廳과 제좌청齊坐廳이다. '다시'라는 것은 다례茶禮의 뜻을 취한 것이다. 고려 때와 우리나라 초기이다. 대관臺官은 말하는 책무만 맡고 다른 여러 직무를 수행하지 않았기 때문에 날마다 한 번씩 모여서 다례를 행하고는 마쳤다. 국가의 제도가 점차 갖추어져 대관도 송사를 청리聽理하는 직무를 수행하게 되어 다스려야 할 일이 많아지자, 드디어 항상 출근하여 직무를 처리하는 장소가 되었다. 그 직분은 논하여 아뢰는 것과 규찰하여 탄핵하는 것과 백관을 살피는 것을 맡아, 그 책무가 하나가 아니다. 그 책무가 중요하기 때문에 그 선발 또한 신중하게 한다.…"*

하루에 한 번씩 때를 정해 모여, 차를 마시면서 중요한 공사를 의

---

* '司憲府. 卽古之御史臺也. 其職掌論奏糾劾. 治察百僚. 不一其責. 其責重. 故其選亦重. 府之長曰大司憲. 亞曰執義. 次掌令二. 持平二人. 屬有監察二十四人. 府之廳事有二. 曰茶時. 曰齊坐. 茶時者. 取茶禮之義. 高麗及國初. 臺官只任言責. 不治庶務. 日一會. 設茶而罷. 國家制度漸備. 臺官亦兼聽斷. 履事惟繁. 遂爲常仕之所. 然非正衙也. 其職掌論奏糾劾. 治察百僚. 不一其責. 其責重. 故其選亦重.' 서거정, 『사가문집』 제1권 「司憲府齊坐廳重新記」.

논했다. 차를 마시면서 모이는 때라는 의미로 사용되었던 것 같다. 이러한 일은 고려시대부터 있었을 것으로 짐작된다. '다시'에 대한 구체성을 다 들여다볼 수는 없지만, 사헌부 직책의 엄정함과 차를 마시는 시간을 가졌음을 미루어서, '다시'가 가진 의미를 찾아볼 수 있다. 그래서 차학자들은 다시를 '말의 책임을 다하고 공정한 판결을 기하는 시간*', '차를 마시면서 공정한 판결을 위해 자신의 말에 책임을 지고, 생각하는 시간을 가지는 모임**'이라고 해석한다. 사헌부가 관리의 비행을 조사하고 풍기를 바로잡으며 백성의 억울한 누명을 풀어주는 일을 맡고 있기 때문이다.*** 사헌부 관원들이 가져야 하는 말의 무게를 짐작할 수 있다. 서거정이 쓴 다음 글에서 다시를 가졌던 본 뜻을 헤아려볼 수 있다.

"가령 여기에서 지내고 여기에서 먹고 여기에서 쉬는 자가 한 가지 의견을 내거나 한 마디 말을 하는 것이, 저울대처럼 고르고

---

*   정영선, 『한국차문화』, 2007, p.110.

**   류건집, 『한국차문화사』 상, 2007, p.203.

***   '사헌부는 관원의 인사에도 관여하여 임금이 결정 임명한 관원의 자격을 심사하여 이에 대한 동의 여부를 결정하는 서경署經 기관이기도 하였다. 이렇듯 시정·풍속·관원에 대한 감찰, 인사 행정에서 엄정을 위주로 하는 사헌부는 직원 간에도 상하의 구별이 엄하여 하위자는 반드시 상위자를 예로서 맞이하고, 최상위자인 대사헌大司憲이 대청에 앉은 다음 도리都吏가 제좌齊坐를 네 번 부른 다음에 모두 자리에 앉는 등 자체 내의 규율부터 엄격하였다. 인사관계·시정탄핵時政彈劾 등의 일이 있으면 일동이 당상원의석堂上圓議席에 둘러앉아 가부를 숙의한 다음 결정하였으며, 일을 끝내고 퇴청할 때까지 모든 것을 정한 절차에 의하여 일사불란하게 진행하는 전통을 지녔다.'

먹줄처럼 바르고 화살처럼 곧아서, 군주의 비위를 거스르면서도 피하지 않고, 강직한 충언을 올리고 강개한 논핵으로 사특한 자를 치받아 멀리 내쳐서, 조정이 맑아지고 온갖 법도가 곧아진다면, 옳은 일일 것이다. 그러나 만약 먹줄처럼 공정하게 바로잡는 일을 저버린 채 터럭 같은 작은 허물이나 찾아내거나, 일을 만나도 입을 닫은 채 해태처럼 매처럼 공격하지 않는다면, 어찌 이 청사에 부끄럽지 않겠는가. 아아, 어사御史란 사람을 문책하는 자이다. 사헌부에서 나오는 논평을 누가 두려워하지 않겠는가. 그러나 외부의 사람들도 어사를 논평하여, 아무개는 충성스러웠고 아무개는 강직하였으며 아무개는 간사하였고 아무개는 아첨을 잘했다고 할 것이고 보면, 이는 사람을 문책하는 자로서 도리어 사람들에게 문책을 받는 것이니, 어찌 매우 두려워할 일이 아니겠는가. 이것으로 조금이나마 제군들을 경계하는 글을 삼고자 한다."*

정신을 차리라는 이야기이다. 한 가지 의견을 내거나 한 마디 말을 할 때는, 저울대처럼 고르고 먹줄처럼 바르고 화살처럼 곧아서,

---

* '使居於斯. 食於斯. 游息於斯者. 建一議. 吐一辭. 其平如衡. 其正如繩. 其直如矢. 能以蹇諤之忠. 批龍鱗而不辭. 慷慨憤激之論. 觸邪枉而遠去. 朝廷淸明. 百度惟貞. 則可矣. 如或背繩墨. 求毛疵. 遇事合口. 不多不鶚焉. 則豈不有愧於此廳耶. 嗚呼. 御史者. 責人者也. 臺中之評. 人孰不畏. 而人之評者亦曰. 某忠某直. 某回某佞. 則是以責人者. 而反受責於人. 豈不深可畏也哉. 庶以此爲諸君箴警之萬一云.' 서거정,『사가문집』제1권「司憲府齊坐廳重新記」.

군주의 비위를 거스르면서도 피하지 않고 강직한 충언을 올리고 강개한 논핵을 벌여야 하기 때문이다. 그러니까 '다시'는 즐기는 시간이라기보다는 차를 마시면서 정신을 번쩍 차리는 시간이었다. 『용재총화』에서도 "사헌부는 백관을 규찰糾察하는 관계로 공무가 몹시 번거로우며, 모든 사무가 다 엄정하고 신숙愼肅하여 다시茶時"라* 한다고 했다.

종합하면 '다시'란 조선시대 사헌부의 관헌들이 날마다 한 번씩 다시청에 모여 차를 마시면서 중요한 공사를 의논하던 일이다. 이때는 임금의 과실과 신하의 풍속과 법도를 규찰하는 데 있어 공정성을 기한다. 그 가운데 차가 이용되었다. 차를 이용하는 이유에 대해선 설명하고 있지 않지만, 오랜 시간 차는 혼탁한 머리를 맑게 하는 데 좋은 음료로 인식되어 왔기 때문이었을 것이다. 육우는 그 이유를 이렇게 말했다.

"깃 짐승은 날고, 털 짐승은 달리며, 입 벌려 말하는 이 셋은 하늘 땅 사이에 모두 낳아 마시고 쪼며 살아가는데 마시는 때의 뜻을 멀리하랴. 만약 목마름을 구제하여 그치려면 마시기를 음료로써 하고, 근심과 울분을 덜려면 술을 마시며, 혼매를 쓸어버리고자 하면 차를 마신다."**

---

*　　이긍익, 『연려실기술별집』 제6권, 「관직전고官職典故」.

**　'翼而飛 毛而走 呋而言 此三者俱生於天地間 飮啄以活 飮之時義遠矣哉 至若救渴 飮之以醬 蠲憂忿 飮之以酒 蕩昏寐 飮之以茶.' 육우, 『茶經』.

혼미함과 졸음을 없애기 위해서는 차를 마셔야 한다는 것이다. 다탕은 깨끗한 본성을 지녔다고 생각했다.* 한 모금을 마시면 잠에서 덜 깬 듯한 흐린 정신을 씻어 주고 감정을 상쾌하게 하여 충만해진다. 이목이 『다부』에서 "갈증을 풀어주고, 울분을 풀어주며, 상견의 예를 베풀고, 삼방의 벌레독을 다스리며, 술을 깨어 그치게 한 것이 다섯 가지 공이다. 사람에게 천수를 누리게 하며, 병고를 그치게 하며, 기를 맑게 하고, 사람의 마음을 일탈逸脫시키고, 선인이 되게 하고, 예의롭게 함이 여섯 가지 덕이다"**라고 한 차의 덕은 이를 잘 입증하고 있다.

울분을 풀어주고 삼방의 벌레독을 다스려주니 몸이 건강해져 천수를 누릴 수도 있게 되었다. 몸이 건강하니 기가 맑아지고, 맑은 기운은 선인의 세계로의 접근도 가능해진다. 그러나 무엇보다도 사람으로서의 구실인 예의로운 사람이 된다는 것이 유학자들에게는 매력적인 차의 모습이다. 물론 이는 차와의 만남에 있어서 어

---

*   조인숙 「조선 전기 茶詩 연구: 徐居正과 金時習을 중심으로」, 원광대학교 박사학위, 2009, p.64.

** '韓子齒豁 靡爾也 誰解其渴 其功一也 次則讀賦漢宮 上書梁獄 枯槁其形 憔悴其色 腸一日而九回 若火燎乎腷臆 靡爾也 誰敍其鬱 其功二也 次則一札天頒 萬國同心 星使傳命 列侯承臨 揖讓之禮旣陳 寒暄之慰將訖 靡爾也 賓主之情誰協 其功三也 次則天台幽人 靑城羽客 石角噓氣 松根鍊精 囊中之法欲試 腹內之雷乍鳴 靡爾也 三彭之蠱誰征 其功四也 次則金谷罷宴 兎園回轍 宿醉未醒 肝肺若裂 靡爾也 五夜之醒誰報 自註 唐人以茶爲醒酲使君 其功五也 吾然後知茶之又有六德也 使人壽脩 有帝堯 , 大舜之德焉 使人病已 有兪附, 扁鵲之德焉 使人氣淸 有伯夷, 楊震之德焉 使人心逸 有二老, 四皓之德焉 使人仙 有黃帝 , 老子之德焉 使人禮.' 이목, 『茶賦』.

떤 자세로 임하느냐의 문제는 있다. 음료로서 마시면 건강은 좋아지겠지만 정신의 세계와 몸가짐의 변화는 스스로 노력하여야 하는 노력의 결과물이기도 하다.

초의선사가 『동다송』에서 차는 "하늘 신선 사람 귀신이 모두 좋아하고 중히 여겼다"*고 한 내용도 같은 맥락이라 생각된다. 그래서 국가의 각종 행사나 사대부 집안의 관혼상제 의식에 차를 올리는 다의茶儀를 갖추었고, 이것이 조선시대에는 다례의식으로 바뀌었다.

다례란 본래 행다례行茶禮라는 말로 '차로써 예를 행한다'는 뜻이다. 왕실에서뿐만 아니라 사대부집에서도 관례, 혼례, 제례 등에 차를 이용했다. 이렇듯 조선시대 유학자들은 차가 자신들이 추구하는 삶의 모습을 닮았다 하여 애호했다. 그 애정은 어느 시대의 다인들보다 각별하였다. 그리하여 차를 직접 재배하는 모습을 보여주기도 하고, 다인들과의 교류를 통해 차생활의 깊이와 넓이를 더해가기도 했다. 본격적인 차 모임이 태동하기도 했다. 이것이 조선시대 차 문화의 큰 특징이기도 하다.

이러한 차에 대한 인식과 의식의 중요성이 결합되어 다례의식의 일환인 '다시'가 이루어졌다고 본다. 하루에 한 번씩 모여 차를 마시는 자리를 베풀고 파하던 것이 국가의 제도가 점점 갖추어짐에 따라 정착되었다. 다시청을 두어 다시를 베풀 때 모이던 자리도 마련하였다. 차가 지닌 의미를 의례화시켜 지킬 수 있도록 한 '다시'

---

* '天仙人鬼俱愛重.' 초의선사, 『東茶頌』.

의 의미를 여러 곳에서 이용해 보았으면 하는 바람이다.

참고문헌

『三國史記』

『高麗史』

서거정, 『四佳文集』

육우, 『茶經』

조길, 『大觀茶論』

정약용, 『與猶堂全書補遺』

초의선사, 『茶神傳』

_____, 『東茶頌』

김정섭, 「장애인 평생교육의 시간적 의미」, 단국대학교 박사논문, 2015.

손숙함, 「영화감독 박찬욱의 작품 속 공간 의식 연구: 〈올드보이〉, 〈스토커〉, 〈아가씨〉를 중심으로」, 동국대학교 석사학위, 2021.

이원종, 「조선시대 다시茶時에 관한 연구」, 원광대학교 박사학위, 2021.

장수·최원호, 「영화에서의 공간에 관한 연구-히치콕의 영화를 중심으로」, 멀티미디어학회 논문지 제23권 제2호, 2020.

장천사, 「폭력 미학의 관점에서 바라본 박찬욱 감독 영화 스타일 연구」, 청주대학교 박사학위, 2019.

조인숙, 「조선 전기 茶詩 연구: 徐居正과 金時習을 중심으로」, 원광대학교 박사학위, 2009.

최병근, 「미장센 요소들의 창의적 기능에 대한 연구」, 한국영화학회, 『영화연구』 Vol.0 No.29, 2006.

《박하사탕》이후 낀세대 도예작가의 차도구 30년

영화《박하사탕》

• 홍성일 •

도예학과 졸업 후 전라도의 아름다움에 이끌려 남쪽 끝 보성으로 내려가 옹기전승에 전념하는 중 보성의 차와 만나고 그 이후부터 지금까지 25년간 차 도구 제작에 일념하고 있다. 차 문화에 대해 조금씩 알아감과 동시에 변화해가는 한국의 차 문화에 관심을 가지고 전통과 전승의 개념을 사이에 두고 어떤 것이 현시대를 살아가는 도예가의 역할인지에 대한 고민으로부터 출발하여 각 전시를 통해 시대정신의 이정표적 작품을 담아내고자 끊임없이 작업 중이다.

분청대호(2022년작)

흙을 만나다

나를 흔히들 도예작가라고 부른다. 내가 도예작가로 30년간 살아
가게 된 계기는 그다지 극적이거나 특별하지 않다. 내가 20대로 살
았던 1990년대를 굳이 소환하지 않더라도 대한민국에서 입시를
통해 대학 전공을 선택하는 일은 지금이나 크게 다르지 않을 테니
말이다. 지금부터 내가 소개할 내용 역시 지극히도 평범한 내용일
테지만 마치 영화《박하사탕》속 주인공인 영호처럼 내 인생의 의
미 있는 변곡점이 되었으며, 지금까지도 나를 지탱해 주고 견인해
주고 있는 도자 작업과 차 문화에 관련된 이야기를 내가 직접 걸어
온 시간에 기대어 이야기해 보려고 한다.

작업 중인 아내와 나(2023년), 다관(2023년작)

도예과에 진학하고 미술학도가 된 이야기로 시작하기에 앞서 잠시 아버지에 대한 언급이 필요하다. 그림 그리는 것을 아주 많이 좋아하셨던 아버지는 대학을 가실 무렵엔 미대를 지망하고자 했으나 전쟁통에 밑으로 4명의 남동생을 둔 사실상 가장으로서 부모의 역할을 감당해야만 하셨다. 넉넉지 않은 형편에 처해 있었던 터라 아쉽게 미대를 포기하고 생계를 꾸려나가기 위해 사범대를 선택하여 일생을 교육자로 살게 되셨다고 한다. 그래도 일찌감치 첫 부임지였던 학교에서 부잣집 딸과 결혼을 하게 되고 경제적 여유를 찾으셨다. 그런 뒤부터는 틈틈이 캔버스와 화구를 챙겨 산으로 들로 다니는 것으로 아쉬움을 달래며 평생 이루지 못한 꿈을 스스로 위로하면서 살아가셨다. 그 덕분이었는지 나는 어려서부터 그런 아버지를 따라 산으로 들로 함께 다녔던 추억을 간직할 수 있었을 뿐 아니라 내 형제들 중 유일하게 손재주를 물려받았다. 아버지는 내가 도예가로 살아가는 모습을 보지 못하고 일찍 돌아가셨다. 살아 계셨다면 도예가로서의 나의 모습을 가장 기뻐하셨을 분이라는 생각을 할 때마다 마음속에 그리움과 아쉬움이 크게 자리잡는다.

내 이야기를 시작하면서 아버지의 이야기를 먼저 하는 이유는 나의 도자 인생에 첫 번째 변곡점이었기 때문이다. 나의 인생에 대한 아버지의 생각을 나는 나중에 전해 들었다. 투병 중에 얼마 남지 않은 삶을 버텨가고 있으셨을 당시에 당신의 아내에게 자식들을 당부하시며 당신이 떠나게 되더라도 막내는 꼭 미술을 시켜달라 유언을 하셨던 것이다. 나의 재주와 진로를 먼저 알아주셨다는 사실은 내가 나의 길을 찾아가는 데 든든한 버팀목이 되어 주었다.

이렇게 시작된 나의 도예학과 시절은 그야말로 내 인생의 황금기였다. 영화 속의 영호가 시대적으로는 지성의 요람이라는 대학에서 민주화를 위해 청춘을 바쳐야만 시대를 거친 후의 성과를 누릴 수 있던 때였다. 7,80년대 학번들과 민주시민들의 죽음을 각오한 투쟁을 통해 격동의 군부독재 시대가 종식되고 명실공히 문민정부가 들어섰기 때문이다. 90년대 학번인 나는 더 이상 최루탄에 시달릴 필요 없이 실습실에서 하루 종일 만들고 또 만들며 온전히 나를 발전시킬 수 있었다. 학교를

1978년 당시 38세였던 아버지의 생전 모습. 주말이나 방학이면 주로 야외로 나가 유화를 그리셨다.

떠날 일 없이 먹고 마시고 만들고 익히며 몰입하여 실력을 연마해 나갔다.

게다가 당시는 이전보다 더 넓은 세상과 정보를 얻을 수 있는 때였다. 1989년 해외여행 전면 자율화가 시행되고 1992년 중국과 수교가 이루어지면서 그전과는 비교할 수 없이 많은 새로운 것들을 접할 수 있었다. 도자를 전공하고 있던 나 역시 마찬가지의 시기였다. 뒤에 다시 언급하겠지만 이런 시대적 변화로 인해 이때부터 일본과 미국을 비롯한 유럽의 우수한 자료들을 보고 새로운 디자인과 기법들 그리고 학문적인 자료들을 가지고 진일보한 도자의 발전 과정을 공부하게 되었는데, 사실 지금의 내 도자 작업의 정체성이 확립된 것이 바로 이 시기부터였다. 당시 무척 많은 도예학과 학생들이 일본과 미국, 서구 유럽으로 대거 유학을 가기도 하고 각국

으로 레지던시 프로그램에 참여할 수 있는 기회도 주어졌다. 국내에서도 그 전엔 기회가 많지 않았던 국제 교류 워크숍 등이 각 대학을 중심으로 전국에서 개최되었다. 나 역시 여러 워크숍에 참여하였고, 그 경험을 통해 많은 지식과 기술들을 새롭게 받아들일 수 있었다.

단국대학교 재학시절 1999년 졸업작품의 소성을 위해 가마재임 중이다.

새로운 세기와 마주한 변곡

100년간의 한 세기가 저물고 새로운 세기를 맞이할 준비들로 분주하고 들떠 있던 2000년 1월 1일 이창동 감독의 영화《박하사탕》이 개봉됐다. 신인이던 배우 설경구와 문소리의 격정적 연기가 연일 화제에 오르며 총 관람수 85만 명이라는 당시로선 엄청난 관객수를 기록하며 흥행몰이를 이어갔다. 나 역시 1월 1일 개봉 첫날 자정에 영화를 보기 위해 극장 앞에서 새해를 맞이했다. 영화는 김영호라는 한 남자의 절규로 시작하여 사흘 전 봄, 1994년 여름, 1987년 봄, 1984년 가을, 1980년 5월, 그리고 마지막 1979년 가을, 마침내 영호는 스무 살 첫사랑 순임을 만나는 장면으로 이어지며 삶의 막장에 다다른 역사의 소용돌이 속 한 인물을 다루고 있었다. 마흔살이 되는 해 인생을 스스로 마감하려 절규하는 20세기 대한민국 현대사의 아픔이 고스란히 영상으로 전달되었다. 영화는 끝났지만

나 자신에겐 이제 새로운 100년 21세기가 다시 시작되는 때였다. 군 복무 후 복학하여 졸업작품까지 마치고 대학원 진학을 준비하며 전업 도예가로서의 길을 선택할 결심이 서서히 굳혀져 가고 있었고, 내 인생의 두 번째 변곡점을 향하고 있었다.

나는 졸업작품으로 조선백자 달항아리와 옹기 굴뚝인 연가를 선택했다. 선택된 작품으로도 확인할 수 있듯이 이 당시 내 작업은 정체성이 혼란스러운 시기였다. 다시 말해 내가 그간 대학 4년 동안 하루도 거르지 않고 매일 흙을 곁에 두고 지내오며 수없이 반복했던 작업들은 어디에서부터 온 것일까? 하는 물음에 대한 답을 구하고 있던 시기였다. 달항아리의 아름다움은 어디에서부터 온 것이며, 조선의 다완이 가진 가치가 우리에게 주는 의미는 무엇일까? 왜 나는 달항아리의 절제된 소박함에 감탄해야 하며 낡고 투박한 다완을 바라보며 심연을 느껴야만 하는 것일까? 조선의 미는 누구에 의해 규정되었는가? 도기와 자기 중 왜 도기에 대해선 대학의 학문으로 연구되지 않는 것일까? …… 수많은 물음표 속에서 출발한 엉킨 실타래 같은 질문들이 끊이지 않고 내 머리를 혼란스럽게 만들고 있었다.

이러한 시기에 인사동에서 열린 한 워크숍은 내게 구체적인 방향을 일깨워 주었다. 나는 그 워크숍에서 대형 옹기 기법을 직접 보게 되었다. 도구를 이용해 안팎에서 두드려 대형 항아리를 만드는 과정이었는데, 학과 수업에서 접했던 옹기 기법과는 그 수준에서 근본적인 차이가 있었다. 그 기법은 나를 한순간에 매료시켰고, 그 뒤로 나는 전국의 옹기 공장들을 찾아다니게 되었다. 그 과정에서

조선백자달항아리(국립중앙박물관 소장), 전라도옹기, 옹기연가(굴뚝)

옹기제작에 관한 새로운 사실을 알게 되었는데, 옹기 기법 중 유일하게 다른 지역과 다른 기법으로 옹기를 제작하는 지역이 호남지역이고, 그 기법은 쳇바퀴 타렴이라는 것이었다. 결국 나는 대학원을 포기하고 지금 내가 살고 있는 전라남도 보성의 옹기 공장에 문하생으로 들어갔다. 이것은 내 도자 인생의 결정적인 변곡점으로, 정체성의 확립시기라고 할 수 있다. 달항아리를 버리고 옹기연가를 선택한 때였다.

도자에서 옹기로

여기서 잠깐 달항아리와 옹기항아리의 역사적 의미는 배제하고 도자 기법으로서의 차이점을 이야기해 보자. 백자는 도자기술의 최정점에서 완성된 자기이고 옹기는 아직까지 현존하는 대표적인 도기이다. 달항아리를 만드는 백자 점토는 1차 광물로써 아직 풍화에 의해 옮겨지지 않은 것이다. 풍화작용을 거친 2차 점토에 비해 상대적으로 높은 산지에서 채취된다. 풍화작용을 반복하며 옮겨져 퇴적되어 해수면 고도에 존재하는 2차 점토와 달리 채취와 제토가 비교할 수 없을 만큼 어렵다. 또한 제토 과정에서 여러 불순물들을 제거하기 위해 많은 수비 과정을 통해야만 백색도가 높고 가소성이 좋은 양질의 백자 점토를 얻을 수가 있다. 우리 한반도의 지형에서 1차 점토인 백자 점토는 동쪽을 따라 강원도 양구부터 경기도 광주 분원, 그리고 남쪽으로 고령, 합천, 하동, 사천, 김해지역에 분포되어 있다. 반면 2차 점토로 대표적인 옹기 점토는 서쪽으로부터 분포되어 강화, 공주, 계룡, 진안, 김제, 무안, 목포, 강진, 보성에서 남동쪽으로는 멀리 울산지역까지 넓게 분포되어 있다.

　백토(1차 점토)와 옹기 점토(2차 점토)는 흙의 성질이 다른 만큼 만드는 성형 방식에서 확연한 차이를 보인다. 먼저 성형을 위해 제작된 물레부터 차이가 난다. 보통 사기 물레라고 부르는 자기 물레는 물레판이 작고 키가 높다. 이는 흙을 한꺼번에 물레판에 올리고 조금씩 흙을 떼어가며 만들어가기 때문이다. 물레판이 크거나 키가 낮을 경우 성형하는 자세에 큰 무리가 간다. 반면 옹기 물레의 경우 물레판이 크고 높이가 낮다. 바닥이 넓은 대형 항아리부터 작은 기물까지 만들 수 있어야 하고 흙 타래를 더해가며 만들어가는 썸질 방식이기 때문이다. 또한 만들어진 기물을 쉽게 옮기기 위해

고령토(카오린, 1차 점토),
옹기토(2차 퇴적점토)

옹기 물레는 작업장의 바닥높이에 맞춰 땅속에 말뚝을 박아 설치하는 것이 특징이다.

백토와 옹기 점토는 지니고 있는 자체 가소성도 서로 다르다. 백자인 달항아리는 1,250~1,300℃ 사이를 넘나드는 화도를 가졌으며, 산화번조에 비해 한 단계 발전된 환원방식으로 번조하기 때문에 그 강도와 밀도가 옹기에 비해 월등하다. 옹기는 1,200도에서 소성된다. 이렇듯 자기인 달항아리와 도기인 옹기는 원료인 태토의 지형적 분포와 표면 색감부터 성분, 제작 기법, 번도 방식, 그리고 쓰이는 용도까지 모든 면에서 확연하게 서로 다른 특징들을 가진다. 흔히 도자기를 도기와 자기로 분리해 부르는 이유가 바로 여기에 있다고 할 수 있다. 이외에도 각각 다른 특징들이 많지만 이쯤에서 마무리하기로 하자.

다시 2000년도 초반으로 돌아가서 이야기를 이어가자면, 나고 자란 서울을 떠나 군 복무 시절을 제외하고 처음 경험하는 타지에서의 시간은 생각보다 녹록지 않았다. 구구절절한 애로사항(?)들은 접어두기로 하고, 일단 내가 옹기에 입문하여 공부하며 지낸 2년간의 나의 성장은 대학 4년과는 비교도 안 될 정도의 경험이었다. 흙을 다루는 방식, 흙을 대하는 태도, 그리고 그들의 삶에 녹아들어 체화된 도공으로서의 몰입도와 일체감. 이것은 1993년 이후 7년간 도자기를 공부하며 느꼈던 막연함을 일순간에 뒤바꿀 수 있는 엄청난 충격이었다. 소위 대장이라 불리던, 적게는 40년, 많게는 50년 이상 옹기를 만들며 삶을 영위해 오신 그분들이 가지고 있는 흙에 대한 완벽한 이해도와 물 흐르듯 매끄러운 동선은 대학이라는 시스템 속에서 체득하기란 근본적으로 불가능한 것들이었다. 몇 백 년을 이어온 경험과 노하우를 통해 이루어지는 모든 과정들은 가히 무심의 경지라 일컬어지기에 충분했다.

당시 나를 유독 예뻐해 주셨던 한 대장님께서는 가끔 막걸리 한 잔을 나누며 이렇게 말씀하시곤 하셨다.

"우리 같은 옹구쟁이들은 말이야, 옛날에 천주교 박해 때 쫓겨 다니다가 산중에 정착하고 먹고살기 위해 흙을 퍼다가 반죽해서 움막을 짓고 가마를 앉혀 옹구를 만들어 입에 풀칠하고 지냈던 사람들이여. 그게 계속 대를 물려 옹구를 구워온 거지. 그래서 옹구쟁이들은 천주쟁이들이 많아! 내가 평생을 옹구를 만들고 구워서 장에 내다가 팔아서 하루하루 먹고 사느라 못 배우고 무식해서 자네 같은 젊은이들한테 우리가 가지고 있는 기술을 제대로 설명을 못 해! 그러니까 자네가 앞으로 열심히 정리해서 후배들한테 잘 알려 주라고!"

보성미력옹기에서 작업 중인 (고)이동일 대장님의 모습(2000년)

보성미력옹기 수학시절 나의 작업 모습(2000~2001년)

그분들은 안타깝게도 그들이 가진 기술력이 얼마나 대단한 것인지 인식하지 못하고 있었고, 그저 직업으로써의 본분만이 그들의 유일한 존재 이유였다.

그 후 2년간 나는 그들의 손동작 하나하나 움직임 하나하나까지 모두 익히려 노력했다. 만약 그 당시에 지금처럼 내 손에 스마트폰이 들려 있었다면 엄청난 기록들을 저장해 온전하게 전달할 수 있었을 테지만 그렇게 할 수 없었던 것이 무척 아쉬울 뿐이다. 흙과 불을 자연스럽게 움직일

수 있는 경지라는 것이 얼마나 경이로운 일인지 또 그러기 위해서
준비되어야 할 조건들이 얼마나 많은지에 대한 경험을 익히고 난
뒤, 나는 드디어 나만의 작업을 시작할 시점으로 다가갈 수 있게 되
었다.

두 번째의 삶- 보성

전라남도 보성군이 우리나라 차 생산지 중 중요한 곳 중 한 곳이라
는 걸 알게 된 것은 보성에서 옹기를 배우기 시작한 지 1년도 넘어
서의 일이다. 바쁜 요장 생활 중에 틈날 때마다 남도의 이곳저곳을
여행하기도 하고 주말에는 가까운 차밭을 찾아가기도 했다. 당시

보성미력옹기 전경사진, 미력옹기 대포가마, 건조 중인 항아리들

대한다업에서 지금의 아내 이혜진 작가와 함께(2001년)
보성에서의 첫 작업실 모습(2002년)

는 시음비 천 원을 내면 차를 우릴 수 있는 따뜻한 물을 한 주전자 가져다주었고 충분한 시간 동안 앉아 여러 차례 차를 마실 수 있었다. 보성의 대표적인 관광지로 알려진 대한다업이 그곳이다.

지금은 차에 대한 관심과 인식이 예전보단 훨씬 더 좋아진 편이어서 많은 사람들이 차를 즐기고 있지만 20년 전만 하더라도 우리나라에 보성이란 지역이 차 생산지인지 모르는 사람이 더 많았다. 그 당시 차를 처음 접했던 나는 그 순수한 기운에 금방 매료되었고 덕분에 내 도자 인생의 두 번째 결정적인 변곡점을 자연스레 맞이할 수 있게 되었다.

차를 마시는 도구, 그 변화의 중심에서 걷다

차를 우리기 위해서 적절한 차 도구가 필요하다는 건 당연한 것이고 그 접근이 용이해야 한다는 것은 지금에서는 말할 필요가 없는 자연스러운 사실이지만 당시 상황은 그렇지 않았다. 2000년대 초반에 차 도구에 관한 영역은 특정 차인들만이 서로 공유할 수 있는 폐쇄적인 구조였다. 그도 그럴 것이 당시 차 도구는 평범한 일반인들이 구입하기에는 지나치게 높은 가격을 형성하고 있었고, 작가의 요장들도 서울에서 먼 지방 쪽에 편중되어 있어 지금과 달리 교통이 편리하지 않은 상황에서는 접근도 수월하지 않았다. 게다가 몇몇 이름난 작가분들이 거의 독점하는 구조여서 대개 협회나 단체 등에 소속(?)되어 활동하지 않는 한 접근하기 어려울 정도로 원천적인 진입장벽이 존재했던 것도 엄현한 사실이었다.

그 시기 나를 비롯한 차세대의 젊은 도예가들 몇몇은 이러한 기존 질서에서 벗어나려는 시도를 하기 시작했다. 보다 낮은 문턱에서 차와 차 도구를 접할 수 있게 해보고자 하는 노력들이 자연스럽게 번지기 시작하여 그 후 약 15년이라는 시간을 거치면서 많은 변화가 있었다. 디지털 혁명이라 불릴 만한 급속한 변화 속에 우리들의 관념과 일상도 그에 따라 비약적인 변화를 맞이하게 되었다.

차 도구에 대한 내 경험과 기억을 기반으로 되짚어볼 때 본격적인 변화의 시작점은 2003년 5월 코엑스에서 국내 최초로 개최된 국제차문화대전이었다. 그야말로 당대 최고라고 손꼽힐 만큼 대한민국을 대표하는 작가들이 참가하였고, 그 형식과 규모에 있어서도 독보적이며 혁신적인 박람회였다. 이 박람회에 참가한 업체 수와 관람객 수까지는 정확한 수치를 알지 못하지만, 당시 기억을 소환해 봤을 때 전국적으로 가히 폭발적인 반응이 있었다. 그 종전까지만 해도 작품을 감상하거나 소장하기 위해서는 전국 각처에 퍼져 있는 작가들의 요장이나 전시장을 직접 방문해야 하는 수고로

국제차문화대
전 홍보포스터
와 전시 모습

움이 매우 컸던 때였다. 국제차문화대전은 그렇게 힘들었던 상황을 일시에 바꾸어버린 행사였다. 수많은 작가들의 작품들이 한자리에 모여져 4일간 서울 강남 한복판에서 모두 감상할 수 있는 기회를 얻게 된 것인데 이런 박람회의 성과를 따로 언급할 필요가 있을까?

그렇게 시작된 국제차문화대전은 올해 21회째를 맞이하였고 여전히 많은 차인들의 사랑을 받고 있다. 또한 앞으로도 많은 역할을 할 것으로 기대된다. 그 시작부터 지금에 오기까지 주목되는 변화한 가지를 꼽자면, 초기에는 유명 작가의 전시를 위주로 구성되었던 것에 비해 점차 인지도가 많지 않은 젊은 작가의 홍보나 소통을 위한 중요한 발판의 역할을 수행해 주는 데까지 확대되었다는 점이다. 나 역시 2011년부터 2016년까지 6년간 꾸준히 참가하며 많은 사람들에게 요장을 알리는 데 큰 도움을 받았다.

그 즈음 대한민국의 차, 공예 시장 판도에 있어 결과적으로 또 한 번의 커다란 변곡점으로 작용하게 되는 커다란 사건이 일어났다.

차와 차 도구 관련 SNS 계정들

그것은 바로 소셜미디어의 등장이다. 페이스북과 인스타그램 등 각종 개인 SNS와 메신저는 짧은 시간에 빠르게 보급되었다. 지금은 우리나라 사람 거의 대부분이 고민할 필요 없이 모든 정보와 소통을 이러한 디지털 플랫폼을 통하고 있다. 이런 변화는 차와 공예에 접근하는 패러다임에도 근본적인 변화를 촉진시켰다. 이전 시대가 정보를 보다 많이 보유하거나 독점한 사람들의 영향력에 의지해서 한쪽 방향으로 소통을 이어가는 방식이었다면, 소셜미디어의 등장 이후에는 정보의 교류 자체가 다중 채널을 통해 보다 수

평적이면서 개별적인 방식으로 변화되었다. 과거의 개인은 새로운 문화에 대한 갈증이 있어도 그 방법과 접근 방식을 알기 어려웠고 진입장벽을 느끼며 결국 관심을 잃어가기 쉬웠다. 그런데 이제는 막연했던 관심사에 대한 방대한 정보들이 순식간에 공유받을 수 있게 되었다. 이로써 대한민국의 차 문화도 새로운 국면으로 급속도로 확산되는 변화가 진행 중이다. 또한 이런 확산세에 힘입어 서울 각지에 여러 형태의 독특한 티하우스들이 생겨나고 있고, 이곳들을 통해 차에 관심을 가진 많은 이들이 자유롭고 수월하게 티클래스를 통한 지식공유와 정보공유를 할 수 있게 되었다. 작은 그룹의 커뮤니티들이 만들어지기도 하면서 최근엔 차를 마시는 사람들이 이용할 수 있는 관련 애플리케이션까지 등장하고 있다.

이창동 감독의 영화《박하사탕》은 그 이야기가 너무 리얼해서 차라리 거짓이길 바란 영화였다고 평가받았던 것처럼, 영화 속 주인공인 영호의 인생은 대한민국 현대사의 한복판에서 겪게 되었던 각 시대의 변곡점마다 5,60년대 태어난 이들의 아픈 경험들을 하나하나 바늘로 찔러대듯 처절하게 각인시켜 주었다. 나는 영호보다 20여 년 이상을 늦게 세상을 접한 나이이고, 그 이후의 내 인생은 의도한 바가 있을 리 만무하지만 영화 속 영호와는 다르게 어쩌면 그 시대마다 주어진 혜

이창동 감독의《박하사탕》, 2000년

택만을 차곡차곡 누려왔다는 생각을 영화를 보는 내내 곱씹을 수밖에 없었다. 내가 대학을 졸업하고 옹기를 배우기 위해 보성으로 내려간 시점이 영호가 극단적 선택을 할 수밖에 없게 내몰린 밀레니엄의 시작이던 바로 그때이니 말이다.

그렇다면 이제부턴 영호의 시간이 끝난 다음인, 내게 주어진 그후 25년간의 나를 스쳐간 시간은 어땠었는지 뒤돌아볼까 한다.

바야흐로 2002년을 향해가던 시기는 국가부도의 위기로부터 무너졌던 대한민국을 다시 일으켜 세우려는 노력으로 온 국민이 금붙이를 내놓을 만큼 한마음으로 고난을 극복하던 때였다. 한일 월드컵 4강으로 모두가 하나가 되는 경험을 하며 무언가 알 수 없는 희망의 새 시대를 향하고 있었다. 일본문화 개방을 비롯한 경기도 도자비엔날레, 여주, 이천, 광주 도자엑스포, 국제차문화대전 등 새로운 문화와 행사들이 봇물 터지듯 진행되었다. 중국과 일본, 대만 등의 아시아와 영국, 프랑스 등 유럽 선진국들과의 교류를 통한 값비싼 상품들과 각국의 차와 함께 차 도구들 또한 엄청난 파도처럼

일본문화 개방으로 1999년 개봉된 영화 《러브레터》(1994년작)
로얄코펜하겐(덴마크) 서시호(중국 이싱)

국내로 쏟아져 들어왔다.

이 시기 나는 보성이라는 문화적인 혜택으로부터 고립된 지역에서 아무런 참여와 경험도 하지 못한 채 지내고 있었고, 이런 큰 물결이 요동치는 상황을 멀리서 조바심 나는 시선으로 바라볼 수밖엔 없었다. 문화의 중심으로부터 너무 멀리 떨어져서 지낼 수밖에 없었던 나는 어떻게 하면 이런 변화의 물결을 간접적으로라도 접할 수 있을까 고심하고 있었다. 이런 고민 속에 있을 때 인터넷은 나에게 심리적 고립으로부터 빠져나와 변화의 물결에 다가갈 수 있는 길을 연결해 주었다. 직접 경험할 수 없는 차에 대한 정보와 도자 기법에 관한 새로운 방식 등을 검색하고 저장해 가면서 전반적인 흐름이 바뀌어 가는 과정을 지켜볼 수 있게 되었다. 또한 당시까진 크게 움직이지 않았던 국내 차 문화 시장과는 다르게 유럽을 비롯한 해외지역의 차에 대한 관심이 활성화되어 가고 있다는 것도 점차 인식할 수 있었다. 따라서 이때 여전히 특정 학교, 출신, 몇몇 그룹에 의해 선점되고 있던 국내 차 문화 시장을 등지고 해외의 차 문화 애호가들과 랜선 교류를 통해 폭넓은 활동의 물꼬를 텄다. 아직 초보 도예가로 젊은 나이였던 내가 문화의 중심인 서울을 떠나 있었음에도 월드와이드웹이라는 거미줄 같은 네트워크의 등장이라는 시기에 맞물리면서 오히려 고립된 환경을 극복하고 활발한 작업을 진행하게 되는 전화위복의 계기를 맞을 수 있었던 것이다. 하지만 이런 노력에도 불구하고 아직은 국내를 기반으로 작업하는 작가로서의 활동까지는 연결하지 못하였다. 어느 순간부터는 국내에서 필요로 하는 것들을 주문을 받아 만들어 납품하는 시스템을

국제차문화대전 참가 당시
이태호 작가님과 함께

반복할 수밖에 없기도 하였다.

2010년은, 그러니까 그 유명한 스티브 잡스의 혁명적 프레젠테이션이 있었던 해이다. 이때가 바로 인류의 역사에 있어 산업혁명과는 비교할 수 없을 만큼 세상을 송두리째 뒤바꾼 디지털 혁명의 시작을 의미한다는 것에는 재론의 여지가 없을 것이다.

나는 소위 '낀 세대'이다. 30년간 아날로그 시대를 경험했고, 그후 지금까지 매년 새롭게 변화하는 디지털 시대의 속도를 숨을 헐떡이며 가까스로 좇아가는 중이다. 여러 면에서 충실하고 차분하게 메타인지를 통제하기 어려운 시대가 성큼 도래했고, 이러한 와중에 차 문화의 새로운 변곡점도 또다시 시작되고 있었다. 앞에서 언급한 바와 같이 일종의 폐쇄적 사교문화였던 차 문화가 거센 파도처럼 밀려드는 새로운 문화에 휩쓸려 다양한 방식과 방향으로 새로 싹트기 시작하였다. 차에 대한 요구나 차 도구에 대한 요구도 점차 달라져 갔다. 한국차 중심이던 문화도 마찬가지이지만 한국차 도구의 중심도 점차 중국의 영향을 받기 시작하면서 우리 차 문화의 새로운 기준이 중국과 일본의 차 문화와 이면 동질화되기 시작하였다. 다시 말해 중국의 6대차류를 공부하는 입문자들이 자발적으로 양산되고 자사호를 이용해 보이차를 마시는 것이 지극히 자연스러운 방식으로 이해되기 시작한 것이다.

나는 차 도구를 잘 만드는 작가가 아니다. 여기서 '잘 만드는'이라는 기준이 바로 이러한 변화된 기준으로 생겨난 차 도구의 인식에서 비롯된다. 한동안 나 스스로의 작업 철학 속의 인지부조화로 인해 나같지 않은(?) 차 도구를 만들어 내기 위해 안간힘을 쓰며 보내기도 했다. 스스로 정신승리도 하고 회복이 안 될 정도로 무너지기를 반복하면서도 감당할 수 없을 만큼 쏟아져 내리는 '잘 만든 차 도구' 사이에서 애쓰며 버텨나가고 있었다.

영화 속 영호가 극복하기 어려운 변화에 무방비로 노출될 수밖에 없었던 것과 달리 현실 속 나는 변화의 시대에 또다시 혜택을 누렸다. 다른 혜택도 아닌, 바로 바이러스 시대의 혜택이었다. 점차 내가 따라가기 어려운 기준점에 도달하는 잘 다듬어진 차 도구들이 늘어가던 즈음, COVID19라는 어마어마한 변종 바이러스가 온 지구를 삽시간에 집어 삼켰다. 모든 것이 멈춘 상태로 3년이란 시간은 전 세계 모든 사람들에게서 많은 것을 빼앗아 가 버렸다. 중국, 일본, 대만, 인도 차를 생산하는 나라 어느 곳도 갈 수도 올 수도 보낼 수도 받을 수도 없게 된 것이다. 무려 3년이라는 긴 시간 동안 말이다. 이 고난의 시기는 한국차와 차 문화에도 또 다른 변화를 요구하였다. 바로 국내로 시선을 돌릴 수밖에 없게 된 것이다. 다시 말해 기존의 기준이 사라진 것이고 새로운 가치가 자리 잡는다는 의미였다.

팬데믹 기간 동안 난 오히려 그전보다 많은 곳에서 연락을 받았다. 그 모든 연결의 시작점은 내가 가진 locality 덕분이었다. 이는 이 땅을 벗어날 수 없었던 시기에 내게 주어진 강력한 경쟁력이었다. 옹기를 배우고자 했던 시작과 그것을 기반으로 해서 타향이었지만 차를 생산하는 한 지역에 20년간 터를 잡고 머물며 차 도구만을 만들어온 스토리가 이제 힘을 발휘할 수 있는 시대를 맞은 것이다. 잘 만드는 기준에 부합하는 작가인가라는 평가에서 벗어나 잘 살아온 작가인가라는 가치에 대한 인식이 확립되어 갔다.

각양각색의 시대로

지역문화를 담은 스토리를 보유한 작가의 작업에 대한 가치를 인정하는 시대가 되었다. 이것은 바로 실력이 우선되는 시대에서 경쟁력이 우선되는 시대로의 변곡점이었다. 이제 우리는 늘 누군가보다 부족하다는 인식에서 벗어날 수 있게 되었으며, 또한 우리가 새롭게 시작하는 변화의 흐름이 문화가 되고 하나의 현상이 될 수 있는 그러한 시기를 맞이하였다. 팬데믹 이후 최근 2~3년간은 이러한 흐름을 반영한 새로운 형태의 갤러리 등 차 문화 플랫폼이 자연스럽게 형성되면서 국내, 외적으로 큰 두각을 나타내고 있다.

"나 다시 돌아갈래!"라고 절규하며 외치던 영호의 처절한 외침에 투영된 대한민국 현대사의 아픔은, 옅은 색채로나마 2000년을 새롭게 맞이하던 스물아홉 청년이던 내 가슴속에 아직도 남아 있다. 그리고 영화가 끝난 그때부터 선택되고 이루어진, 내가 걸어온 시간 속의 대한민국 차 문화는 다시 돌아가서는 안 되는 시기에서 출

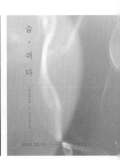
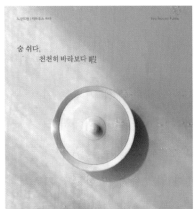

노산도방이 참여하거나 진행한 전시의 SNS 홍보포스터들

발해서 25년간을 쉼 없이 달려왔다. 그러는 동안 나를 비롯한 동료들과 후학들에 의해 비약적으로 발전해 왔으며, 이는 어느 개인의 영향력이 아닌, 위기의 순간마다 이 시대가 만들어 준 결정적 혜택의 순간들을 거치며 긍정적 방향으로 변화되어 온 것이다. 이제 남은 것은 어떻게 건강하게 뿌리내리며 계속 성장해 나아갈 것인지에 대한 고찰이 필요한 시기라고 생각한다. 차 도구의 소비가 늘고 만드는 작가들이 늘어날수록 차 도구에 대해 고민하는 작가는 줄어든다. 이것은 오히려 차 문화의 저변 확대가 가져다주는 혜택이라기보다는 다른 측면에선 또 다른 위기일 수도 있다는 것을 인식하고 좀 더 다양한 노력으로 빛을 발하는 경험들이 많아지기를 바래본다.

도예가의 입장에서 우리 차 문화의 방향성은 이제 지역을 넘어 보다 넓은 시장으로 시선을 돌려 우리 차 문화를 알리고 과포화상태의 우려가 보이는 국내 차 도구 시장을 넓게 분산시킬 수 있도록 유도하는 게 필요하다고 생각한다.

지금까지 내게 주어졌던 지난 30여 년간의 이야기를 통해 시대마다 변화해 온 우리 차 문화의 모습들에 대해 이야기해 보았다. 또다시 30년쯤 후에 우리에게 남겨질 차 문화는 어떤 모습일지…. 시대에 따라 변하는 게 아니라 문화가 시대를 바꿔가는 것이라면 나역시 내가 살아갈 시대의 문화를 움직이는 데 조금 더 기여하고자노력하는 모습으로 살아가야 마땅하지 않을까 자문해 본다.

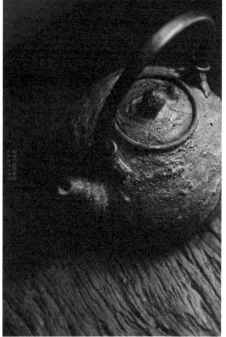

대표작들

하늘을 사랑한 두 천재의 만남

영화《천문》

• 홍소진 •

문학박사. 한국차문화연구소, 소연재 다주茶酒문화연구소 소장, 한국차문화학회 부회장, 국제차문화과학학회 이사를 역임 중이며 국립 목포대 국제차문화과학과 대학원에 출강하고 있다.
차보다 술의 효용을 빨리 알았지만 차의 매력에 빠져 차 공부를 시작하였다. 차랑 술이랑 어디에도 치우침 없이 '내가 중심'이 되는 애호가를 응원하며, 좀 더 소통하는 사회를 지향하는 풍류인들과 넓게 소통하고 깊은 우정을 키우기 위해 다주茶酒 놀이방을 마련하는 중이다.

천문: 하늘에 묻는다

감독 허진호, 주연 최민식, 한석규

한국, 2019

하늘을 보면서 꿈을 꾼 조선의 두 남자의 브로맨스 이야기

영화《천문》은 하늘을 보면서 꿈을 꾼 조선의 두 남자 이야기이다. 그들은 천재였다. 한 남자는 조선만의 것을 꿈꾼 애민愛民왕 세종대왕이고, 다른 한 남자는 관노官奴 출신 천재 과학자 장영실이다. 우리 역사상 가장 위대한 왕 세종, 관노로 태어나 종3품 대호군이 된 천재 과학자 장영실은 20년간 꿈을 함께하며 위대한 업적을 이루어냈지만 역사 속 자료에는 그들 관계의 결말이 없다. 그래서《천문》은 그들의 숨겨진 이야기를 밝히는 팩션(faction)* 영화이다. 역사물 영화는 역사 고증 오류 논란으로 간혹 문제가 되곤 하는데, 감독은 역사적 사실에서 영감을 받아 제작한 것이라고 자막을 통해 밝혔다.

조선의 시간과 하늘을 만들고자 했던 세종과 장영실! 영화는 세종과 장영실이 함께 만들어 낸 조선 과학의 업적물보다는 제도와 신분의 차이를 넘

로맨스 영화의 대부 허진호 감독

---

* 　팩션(faction): fact와 fiction을 합성한 신조어로서 역사적 사실이나 실존 인물의 이야기.

광화문광장에 있는
세종대왕 동상

어 펼치는 두 사람의 깊은 우정에 집중한다. 감독 허진호는 로맨스 영화의 대부라고 불리운다. 《8월의 크리스마스》(심은하, 한석규 주인공)는 1998년에 개봉하고, 2013년 재개봉한 흥행 영화로 그의 충무로 데뷔작이다. 이 영화로 그는 청룡영화제 신인 감독상과 작품상을 수상했다. 그 밖에 흥행에 성공한 《봄날은 간다》(유지태, 이영애, 2001년 개봉) 등 7편의 영화가 있다. 《천문》역시 남자간의 로맨스, 브로맨스(Bromance)*가 듬뿍 묻어난다. 영화는 감독의 세심한 눈으로 차분하면서 조용하게 세종과 장영실의 감정을 담아내며 몰입하게 한다. 눈빛 하나 목소리 하나에도 집중하며 연기하는 배우들은 관객을 감동시킨다.

영화의 첫 장면은 비가 오는 흐린 날에 임금이 가는 행차에 안여가 전복되는 사건이 펼쳐진다. 이후 경복궁 어전御殿 뜰에서 붉은 용포를 입은 세종대왕이 초췌한 모습으로 엎드려서 명나라 황제의

---

* 　브로맨스(Bromance): Brother와 Romance를 합쳐서 만든 신조어로, 남성 간의 깊은 우정과 유대를 일컫는 표현.

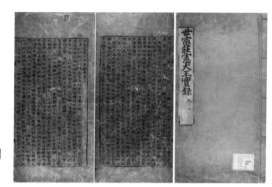

『세종실록』표지와 내지
1면과 2면

칙서를 들고 있다. 대명력大明曆을 폐하고 조선 스스로 만든 기계로 조선의 시간을 만든 것에 대하여 지금까지 만든 과학기구를 모두 불태우고 만든 자를 명으로 압송하라는 명령이다. 충격적인 상황이다. 조선시대 경제의 원동력은 농업이다. 농사일에는 날씨와 계절의 정보를 정확히 알아야 했기에 하늘을 연구하는 과학기구의 발명은 필수적이었다. 이러한 세종의 꿈을 영실이 이뤄낸 것이다. 신분제가 엄격한 조선시대에 엄청난 신분 차이를 뛰어넘어 획기적인 결과물을 만들어낸 쾌거의 후폭풍은 이렇게 가슴 졸이는 안타까운 상황으로 이어진다.

유난히 하늘을 좋아했던 두 천재

세종과 영실은 하늘 보기를 좋아하는 공통점을 가졌다. 세종의 일상은 임금의 자리에서 항상 아래를 내려다보아야 하는데, 하늘을 올려다보면 마음이 편해져서 하늘을 보았고, 영실은 노비이므로 일상생활에서 항상 조아리며 바닥만 보고 살았는데, 그런 그에게

밤하늘에 있는 별들을 올려다보면 뭐라 하는 이가 없어서 하늘 보기를 좋아했다고 말한다.

조선의 하늘을 열어 우리에게 맞는 천문 농사 절기를 만들어서 민본과 자주적인 조선을 만들고 싶은 위대한 세종! 이러한 세종의 꿈을 두 손으로 이루어 내는 영실!

"장영실은 그 아비가 본래 원나라의 소주·항주 사람이고 어미는 기생이었다."『세종실록』세종 15년(1433) 9월 16일 기록이다. 그는 관기인 어머니의 신분에 따라 동래현 관노로 살았으나, 물건 만드는 솜씨가 특별하여 태종이 전국의 인재를 발탁할 때 천거되었다. 영실은 태종 때부터 제련, 축성, 농기구, 무기 등의 수리에 뛰어난 궁중 기술자로 유명한 인물이었다. 1421년(세종 3년)에 세종은 왕립 천문대 건설을 위해 천문관 관리였던 윤사웅, 최천구와 함께 영실을 중국에 파견하였다. 세종은 당시 세계 최고를 자랑하던 중국의 천문시설을 시찰하고 조선에서 재연해 주길 원하였다. 그들은 천문관측시설, 과학문물 등의 서적을 수집하여 이듬해인 1422년에 귀국하였다.

영화에서 나오는 과학기구 해시계·물시계·간의

시간을 측정하기 위해 주로 해시계와 물시계를 이용하였다. 특히 물시계는 물의 증가량 또는 감소량으로 시간을 측정하기 때문에 24시간 작동이 가능하였다. 코끼리 위에 제작된 물시계가 나오는 영화의 장면은 재밌는 광경이다. 세종은 코끼리가 있는 물시계 그림의 내용을 궁금해 한다. 무슨 그림인가를 물은 다음 그것을 만들 수 있는지 묻는다. 영실은 "조선에는 코기리(코끼리의 예전발음)가 없어서 똑같이 만들 수는 없지만, 코끼리는 단지 허상이라서 같은 원리로 조선만의 것을 만들 수 있습니다"라고 답하는 장면이다. 후에 자격루가 되는 기초 기구를 만들어 세종에게 선보인다. 영실은 삼국시대부터 이용하던 물시계의 시각 알림 장치를 자동화하고 '스스로 치는 시계', 자격루自擊漏를 제작하였다. 오늘날 복원된 자격루가 국립고궁박물관에 전시되어 있다. 세종은 말한다. "이제 우리 백성들은 낮이고 밤이고 이 자격루의 종소리에 맞추어 생활하게 될 것이다." 애민의 마음이 감동으로 전해온다.

앙부일구仰釜日晷는 1434년(세종 16)에 장영실, 이천, 김조 등이 만든 해시계이다. '앙부'라는 명칭은 그 형태가 '하늘을 우러르는 (仰) 가마솥(釜) 같다'고 해서 붙여진 것이다. 일구日晷는 해의 그림자를 말한다. 이는 대표적인 해시계로 시각선과 계절선을 나타내는데 효과적이며, 과학 문화재로서도 가치가 큰 유물이다. 또한 글을 모르는 백성들을 위해 12지신으로 그림을 그려서 시간을 알 수 있도록 했다는 점에서도 의미가 있다.

조선의 천문대에 설치한 가장 중요한 관측기기인 혼천의渾天儀는 기록에 나타난 바로 1432년(세종14) 예문관제학 정인지鄭麟趾, 대제학 정초鄭招 등이 왕명을 받아 고전을 조사하고, 중추원사 이천李蕆, 대호군 장영실蔣英實 등이 1433년 6월에 최초로 제작하였다. 영화 속에서 명나라와의 관계를 위해 세종과 관료들이 찢어지는 마음으로 간의를 억지로 태우는 장면이 있다. 혼천의를 간소화

• 영화 속 자격루의 시보 장치 시연
• 자격루(국립고궁박물관 복원 모형)
• 앙부일구(1434년, 세종16)

한 간의는 조선의 하늘을 읽는 천문 관측 기기로 하늘의 별자리를 읽게 한다.

조선은 조선만의 언어가 있어야 한다.

조선은 조선만의 시간을 가져야 한다고 생각한 세종은 또 양반 천민 없이 누구나가 공평하게 읽고 쓰고 배우는 세상을 위해 한글을 만들고자 하였다. '홀로 선 조선'이라는 이상을 추구하는 세종과 신하들 사이에서 윤활유와 완충제 역할을 하는 영의정은 다음과 같이 말한다. "글은 사대부의 밥입니다. 그 밥은 곧 권력이고, 그 권력을 백성들에게 나누어준다면 사대부들은 전하를 등질 것입니다." 라고 하였다. 그 시대에 글자를 안다는 것은 권력이었다. 이러한 권력을 백성에게 나누고자 했던 애민의 세종에게 한글 창제를 포기

- 장영실이 만든 '이도'(세종의 이름) 활자
- 안여 사건으로 옥살이를 하는 궁중의 기술직들
  "누구나가 공평하게 읽고 쓰고 배우는 세상이 온다고 합디다."
- 안여(가마) 천정에 세종이 별자리를 보고 즐길 것을 생각하며 그리는 장영실

하면 영실의 사면을 도와주겠다고 영의정은 제안한다. 명의 요구로 영실이 명나라로 압송되어 갈 때 세종은 치밀하게 안여 사건을 일으킨다. 안여는 임금이 타는 가마이다. 조정에서 영실에게 안여의 총책임을 맡겼다. 세종은 안여 바퀴가 빠지도록 만들어서 영실에게 책임을 물어 명으로 소환되어 가는 것을 막는 것으로 영화는 그리고 있다. 안여를 만들 때 영실은 가마 천정에 별자리를 수두룩하게 천문도를 그려 놓는다. 세종은 가마를 타고 가면서 천정을 보며 영실을 생각하며 애틋한 표정을 짓는다.

저기 저 중심에서, 가장 빛
나는, 내가 가장 사랑하는
별 '세종'

"신분이 무슨 상관이냐. 같은 하늘을 보면서 같은 꿈을 꾸는 게 중요한 거지."

흐린 날에 별을 볼 수 없자 영실은 어전 창호지에 먹칠을 한 후 작은 구멍을 내어 촛불을 비추어 눈부신 별을 보여준다. 군주는 영실에게 있어 '저 중심에서 가장 빛나는, 내가 가장 사랑하는 별'이며 영실은 '세종 옆의 빛나는 별'이라. 믿음과 존경이라는 표현으로 특별한 우정이 살아 움직이는 장면이다.

영화 속의 찻잔

세종이 이천 행궁으로 행차 중 심한 폭우를 만나 진흙 길을 지나던 안여의 바퀴가 진흙 구덩이에 빠지면서 전복되어 안여가 박살이 난다. 다행히 세종은 무사하다. 대소신료들은 전부 비 내리는 진흙 바닥에 엎드려서 "죽여 주시옵소서!"를 반복한다. 다음 날 '연화형 녹엽잔'이라 이름 지을 수 있는 단정하고 아름다운 잔탁 위의 찻잔에 찻물이 흔들리는 것을 클로즈업된다.

　세종은 굳은 표정으로 찻잔을 보고 있다. 세종이 클로즈업된다. 세종은 어떤 결심을 하고 있을까? 어떤 의도에서 이 찻잔을 보여준

단정하고 아름다운 영화 속의 찻잔

걸까? 이후에도 찻잔이 나오는 장면으로 영의정과 승록 대부 조말생의 대화에서 횡파 백자 다관과 찻잔 그리고 홍시로 보이는 다식이 함께 나오는 부분이 있다. 세종에게 현실적인 측면을 충고하는 영의정이 차를 마시고 있는 장면도 있다. 모두 심각한 상황에서 바른 결정을 해야 할 때 찻잔이 나온다. 아마도 차가 가진 맑은 성품을 표현하여 지혜롭고 바른 생각을 하는 상징물로 쓰였다고 생각한다.

또 찻상이 나오는 멋진 장면이 있다. 칠흑이라서 더 총총한 별빛 아래 세종은 하늘에 별이 많다며 "모두 누구의 별일까?" 묻는다. 그러자, 영실은 북극성을 가리키며 "저 별은 주군의 별입니다."라고 말한다. 세종은 "그럼 저 하늘에 떠 있는 별 중에서 너의 것이 있느냐?"고 묻자 영실은 "천출賤出은 별의 주인이 될 수 없습니다."라고 말한다. 세종은 북극성 옆에 희미하게 빛나는 작은 별을 가리키며 "저게 앞으로 네 별이다."고 말해준다. 별이 총총한 경복궁의 뜰에서 세종의 권유로 영실은 함께 벌러덩 누워서 하늘을 본다. 두 사람은 나란히 궁궐 뜰에 누워 십자수처럼 새겨진 수많은 별과 은하수를 보며, "저 많은 별들이 모두 나의 백성들 같구나."라는 세종의 말에 영실은 그의 어진 마음을 존경한다. 세종의 빛나는 애민정신에 감동한다. 그리고 옆에 찻상이 있다. 그 찻상 위에는 청화백자의 횡파 다관이 있고, 청화로 된 백자 찻잔이 하나만 놓여 있다. 언감생심焉敢生心, 임금과 같은 상에서 차를 마실 수 있으랴!《천문》은 복식고증 분야에서 좋은 평을 받았는데 소품 처리 또한 세심하게 한 듯하다.

2010년 일본에서 궁중다례를 시연하는 명원 문화재단 김의정이사장 (출처:현대불교 신문)

궁중의 차생활, 궁중다례란?

《천문》은 궁중을 배경으로 찍은 영화이다. 궁중宮中은 공적으로는 왕의 통치 장소이고, 사적으로는 왕의 거주지이다. 궁중 다례는 궁궐을 중심으로 이루어진 대소사에 차茶를 매개로 예禮를 갖춘 의식이나 의례를 말한다. 조선시대 궁중의 차생활을 살피기 전에 먼저 고려의 궁중 차생활을 살펴보고자 한다.

고려의 궁중 차생활

고려시대의 차문화는 불교와 더불어 황금기를 맞는다. 고려에서 궁중행사 중에 연등회, 팔관회 의식과 더불어 큰 의식 중에 하나는 대관전에서 왕이 군신과 더불어 연회하는 의식이다. 이 의식은 왕이 명절이나 태후 책봉 또는 태자 책봉 후에 신하들의 하례를 받

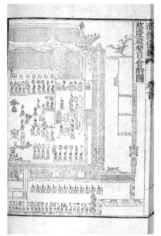

• 궁중다례의식, 서울특별시 무형문화재 제
　27호(2001년 지정), 보유자: 김의정
• 순조 기축년 진찬의궤에 기록된 자경전익
　일회작례 그림(『조선시대 궁중다례의 자료해
　설과 역주』의 표지)

고 또 신하들이 올리는 차와 술을 받고 그 후 차와 술을 태자, 신하
들에게 하사하는 의식으로서 왕이 왕자 및 신하들과 더불어 태평
성대를 염원하는 행사이다. 이 행사를 대관전연 궁중다례의식으로
표현하여 그 시대의 궁중풍습과 다례법도 등을 음미하고 다례의
예술성으로 승화시켰다.

　고려시대의 차는 기호품으로 즐기는 차 이외에 임금의 하사품과
대외적인 외교 예물품 등으로 쓰였다. 고려 전기의 왕들에 의해 차
는 국가 공로자, 기로耆老자, 승려 등에게 다양한 하사품으로 쓰였
고, 중국의 송나라, 거란, 금나라, 원나라 등과의 예물 교환용으로
쓰였다. 이는 차가 널리 성행했으며 또한 귀한 물품이었음을 알려
준다. 궁중의 의식 다례 중 오례의 길례, 흉례, 빈례, 가례에는 차가
많이 쓰였고, 군례에는 거의 쓰지 않았다.

오례五禮는 길례吉禮, 흉례凶禮, 군례軍禮, 빈례賓禮, 가례嘉禮이다. 길례는 신과 인간이 교접을 통해 화합하는 제사와 관련된 모든 의례를 말한다. 가례에는 국왕과 왕후의 혼례, 왕세자·왕세자빈, 왕세손·왕세손빈 등의 혼례와 책봉冊封 및 이와 관련된 모든 의식과 왕실에서 서민에 이르기까지 화합하는 예로 군신간의 예와 기로연耆老宴이 포함된다. 빈례는 외국 사신의 영접의식과 외교정책의식과 사신을 맞이하여 접대하는 예이다. 흉례는 상례와 장례를 말한다. 또 흉례에 해당하는 중형주대의重刑奏對儀는 임금께 중형에 대한 처결을 보고하는 의식으로 참형이나 유배와 같은 중형을 확정하기 전에 올바른 결정을 하려고 왕과 신하가 함께 차를 마시면서 형량을 감형監刑하던 제도다. 고려 초에는 어사대에서 언론과 감찰을 관장했다. 원元에 복속되며 명칭이 격하되어 사헌부로 바꾸었다가 1369년(공민왕 18) 확정되었고, 조선에서 사헌부로 이어졌다. 사헌부는 왕권 강화를 위해 관리들을 감찰하여 신권을 견제·제약한 기구였다. 그러한 사헌부에서 언어의 책임을 다하고 공정한 판결을 위해 매일 한 차례씩 차를 마시는 다시茶時가 있었다.

다방과 다군사

일반적인 궁중의례는 왕과 왕족들의 일상 음차와 개인적인 접빈 차생활이 있었다. 이렇게 고려에 와서 차의 사용이 늘어나자, 궁정에는 다방茶房이라 하여 차를 공급하는 관청을 설치하여 차를 전담하게 하였다. 다방은 조정과 궁중의 여러 행사에서 차를 준비하여 올리고 베푸는 등의 의례적인 찻일을 전담하였다. 또한 궁중 밖에서 왕족에게 차를 올리거나 준비하는 일을 위해 다구와 짐을 나르는 다군사茶軍士가 소속되어 있었다.

서긍의 『고려도경』의 기록

『고려도경高麗圖經』의 정식 명칭은 『선화봉사고려도경宣和奉使高麗圖經』이다. 1123년(인종 1) 송宋나라 휘종徽宗의 명을 받고 서긍(徐兢, 1091~1153)이 사절使節로 고려에 와서 견문한 고려의 여러 가지 실정을 그림과 글로 설명해서 '도경圖經'이라 하였다. 서긍은 개성開城에 한 달 남짓 머무르는 동안, 그의 견문을 바탕으로 이 책을 지었다. 총 28문門, 301항으로 구성되어 있으며, 40권이다.

　『고려도경』 32권 기명器皿 3의 다조茶條 편에 다음과 같은 내용이 있어 고려시대의 궁중 다례를 엿볼 수 있다. "고려의 토산차土産茶는 맛이 쓰고 떫어 입에 넣을 수 없고 오직 중국中國의 납차蠟茶*와 용봉사단龍鳳賜團**을 귀하게 여긴다. 하사한 것 이외에도 상인들이 오가며 팔기 때문에 근래에는 고려사람들도 차 마시는 것을 좋아하여 차와 관련된 여러 도구를 많이 만든다. 금화오잔金花烏盞, 비색소구(翡色小甌; 비취색자기로 만든 작은 찻그릇), 은로탕정(銀爐湯

---

*　건주산建州産, 복건성福建省 소무현邵武縣 서남쪽 지역의 차로서 항주杭州, 소흥紹興이 있는 절강성 지역에서도 생산되는 차.

**　용봉차로 북송 황제가 내린 차 이름이다. 용龍과 봉황鳳凰의 그림 모양의 무늬를 넣어 찍어낸 덩어리 차로 중국 남방에서 생산되는 최상품의 차.

鼎; 은으로 만든 화로와 세발솥) 등은 모두 중국의 모양과 규격을 흉내
낸 것이다. 대개 연회 때가 되면 뜰 가운데서 차를 끓이는데, 연꽃
모양의 뚜껑으로 덮어서 천천히 걸어와 차를 올리며, 후찬자(진행
하는 사람)가 '차를 다 돌렸습니다'라고 말하기를 기다린 뒤에야 마
시니 으레 차가 식은 뒤에 마시게 마련이다. 관사 안에는 홍색의 낮
은 차상을 두어 다구를 진열하고 붉은 보자기로 덮었다. 매일 세 차
례씩 차를 베푸는데, 뒤이어 탕을 내온다. 고려인들은 탕을 약이라
고 하는데, 사신이 매번 다 마시는 것을 보면 반드시 기뻐했다. 간
혹 다 마시지 못하면 업신여긴다고 생각하면서 불쾌해하며 가버리
기 때문에 늘 억지라도 다 마시려고 했다."라는 내용이다.

　『고려도경』은 고려인이 아닌 송나라 사신의 시각視覺으로 12세
기 당시 고려 사회를 바라보았다는 점과『고려사』나『고려사절요』
에서 전하지 않는 내용이 있어서 사료적 가치가 높다. 그러나 고려
의 역사적 사실을 잘못 이해하고 서술한 부분도 적지 않아서 자료
의 이용에는 반드시 엄밀한 사료 비판과 검토를 한 후에 취사선택
을 하여야 한다.

조선의 궁중 차생활

조선시대에는 배불排佛 숭유崇儒 정책으로 팔관회, 연등회 등의 불
교 행사는 사라지고 신하들과 사원에 하사하던 차는 없어졌지만,
유교적인 의식 다례는 더 격식화되었다. 조선시대는 명과의 관계
에서 정치적으로 사신을 영접하는 빈례를 매우 중요시하였다. 양

국 간에 정치적 우위를 형성하게 되어, 『영접도감의궤迎接都監儀軌』에서도 보듯이 국가적 상황에 따라, 사신의 요구에 따라 성대하게 또는 간소하게 맞이하였다. 사신이 한 번 방문하면 5~7회의 연향 의례를 실시하였다. 이러한 빈례는 왕실 대 왕실, 국가 대 국가 간의 사신을 맞고 보내는 의식으로, 매번 사신이 올 때마다 왕은 친히 맞이하고 반드시 차와 술을 베풀었다. 차의 공급과 외국 사신의 접대를 맡아서 고려의 진다의식은 다례茶禮로 바뀌고, 『국조오례의 國朝五禮儀』에 의하면 궁중에서 행해지는 다례는 모두 '궁중다례宮中茶禮'라고 하였다. 1401년(태조14) 기록으로 새 궁궐이 준공되면서 390여 개 부서가 궁중으로 들어가면서 전대前代보다 업무도 늘고 인원도 많아져 다방의 역할이 커짐을 알 수 있다. 다방은 1447년(세종29) 사존원司尊院*으로 개칭하고 이조吏曹에 소속되었다. 조선에 와서 기구가 확대되면서 높은 품계보다 왕의 측근에서 편리하게 이용할 수 있는 기구로 변하였다. 다모茶母는 각 관청에서 관리들의 차 심부름을 하는 여성이었고, 조선 중엽에는 여성 포졸의 역할을 수행하기도 하였다.

다례茶禮의 첫 기록은 『조선왕조실록』 태종 1년(1401)에 태평관에서 사신들과 다례를 행한 행다례行茶禮이다. 『조선왕조실록』에 나오는 '다

癸卯/上如太平館, 與使臣行茶禮. 『태종실록』 1권, 태종 1년 2월 14일 계묘 1번째 기사, 태평관에서 사신들과 차를 들다.

---

* 사신들의 접대 의례를 맡는 관청.

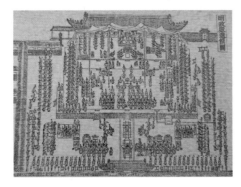

순조 기축년 진찬의궤에 기록
된 명정전진찬도明政殿進饌圖
(『조선시대 궁중다례의 자료해설
과 역주』의 표지)

례'가 쓰인 숫자는 691번, 다방, 다담, 주다례, 진연 등은 1,958회
로, 궁중 다례는 공식적인 왕실의례로 행해져서 국가공식 기록에
관련 내용이 풍부하다.『조선왕조실록』,『국조오례의』,『승정원일
기』,『각종 의궤』,『영접도감』,『각사도감』 등에 수많은 공식 기록
이 있다.

　궁중 다례는 사신, 칙사나 종친 등 손님을 대상으로 접빈다례, 명
절, 국왕, 대비의 환갑 등 왕실의 경사에 거행하는 진연다례, 국상
이나 진전, 궁묘, 제사 등에 차를 올리는 제향다례, 왕세자가 스승
과 사강원의 정1품 관리 및 빈객을 모아 놓고 경사經史 등을 복습하
며 강론할 때 다례를 행하고 술과 과일을 베풀었다는 회강다례會講
茶禮 등이 있었다. 이렇듯 다양한 의례에 차가 쓰였음을 문헌을 통
해 알 수 있다.

접빈 다례의 준비 과정과 세부 절차

조선시대 전형으로 조선조 말까지 거행된 접빈다례의 준비사항과

세부절차는 다음과 같다. 이는 오례의 중 〈연조정사의〉* 조정의 사신을 연회하는 의식에 자세하고 엄격하게 규정되어 있다. 다음은 순조의 인정전 다례의 절차를 그 예로 살펴보고자 한다. 다례의 준비 사신이 도착하기 전의 준비는, 첫째 영빈관迎賓館과 모화관慕華館을 말끔히 단장하고, 둘째 조서를 맞이하는 모화관의 실내를 정비하며, 셋째 영빈관과 모화관의 주변환경을 미화한다.

왕궁 문 옆의 공관(迎賓館)과 모화관을 새로이 단청(丹靑)하여 아름답게 꾸민다. 이어서 조서 칙서를 처음 맞는 모화관에 실내를 가리는 장막을 친다. 모화관이란, 중국 사신을 영접하던 곳으로서 1407년(태종 7) 송도松都의 영빈관을 본떠 서대문 밖에 건립하고 이름을 모화루(慕華樓, 중국을 사모하는 집)라고 붙였다. 모화루 앞에는 영은문迎恩門을 세우고 남쪽에 연못을 만들었다. 그 뒤 1429년(세종 11)에 규모를 확장하고 모화관이라는 이름을 지었다.

모화관 장막의 한 가운데 조서詔書를 놓는 용정자龍亭子를 놓고 다시 남쪽에 향안(香案, 香爐臺)을 준비하고 금고의장고악金鼓儀仗鼓樂을 갖췄다. 용정자란, 나라의 옥책玉冊이나 금보金寶 등 귀중한 문건을 운반할 때에 쓰였던 교여轎輿, 수레나 가마를 가리킨다. 금고의장고악은 임금이 행차할 때 위엄을 과시하는 데 쓰였던 징과 북, 의장, 도끼, 가리개 우산, 부채, 장구 등 농악기와 의장儀仗, 의식에 쓰는 무기를 가리킨다.

조서에 배례拜禮를 한 뒤에 잔치를 베푸는 공관인 태평관太平館

---

* 조정의 사신을 연회하는 의식.

을 장엄하게 꾸미고, 궁궐의 뜰을 비롯하여 길거리도 화려하고 아름답게 장식하여 손님맞이 채비를 한다. 중국의 사신이 서울에 도착하는 날, 원접관遠接官이 먼저 조서의 도착을 확인한 다음 이를 국왕에게 알린다. 이때 국왕은 정장을 갖추고 문무백관을 이끌고 궁궐 밖의 모화관 앞에 나가 사신을 맞이하여 함께 관내에 이르러 조서를 향하여 배례를 올린다. 그 뒤 태평관으로 자리를 옮겨간다. 이처럼 조선시대의 다례행사는 태평관이라는 영빈관에서 베풀어졌다.

세종 때의 〈연조정사의宴朝廷使疑〉의 다례茶禮를 예로 들어 구체적으로 살펴보자. 〈연조정사의〉의 다례는 『세종실록』(세종재위 1418~1450)에 기록되어 있다. 그에 의하면 조선시대에 제정된 보례의賓禮儀에는 6가지의 의식이 들어 있다. 그 가운데 차를 대접하여 손님을 맞이하고 잔치를 베푸는 것은 국왕과 왕세자가 주최하는 것뿐이었다. 즉 명나라의 사신을 접대한 경우 국왕과 왕세자만이 다례를 베풀 수가 있었던 것이다. 그 밖의, 예컨대 왕족이나 조정에서 베푸는 잔치는 주례酒禮였으며, 또 일본 등의 이웃사신(隣國使)들에 대한 보의賓儀도 주례였다.

여기에 국왕이 베푸는 가장 중요한 〈연조정사의〉의 다례를 보면 다음과 같다.

당일, 사신의 자리를 태평관의 정청正廳 동쪽 벽이 있는 곳에 서쪽을 향하여 설치한다. 왕의 자리는 그의 맞은편, 즉 서쪽 벽에서 동쪽을 향하여 자리를 마련한다. 향로안香爐案은 북쪽 벽에 설치하고 술상(酒卓)은 정청 안의 남쪽 가까이에 북쪽을 향하여 차려 놓는다. 국왕과 사신이 문 앞에서 만나면 서로 가볍게 읍례揖禮한 다음 사신은 문안으로 들어가 오른쪽으로 왕은 문안으로 들어가 왼쪽으로 걸어간다. 관내의 마당에는 문관은 동쪽에 무관은 서쪽에 엎드려 부복을 하고 그 가운데 통로를 따라 정청까지 나간다. 정청에 이르면, 사신은 동쪽(동벽)에, 국왕은 서쪽(서벽)에 서서 사신이 읍례를 하고 자리에 앉으면 국왕도 함께 자리에 앉는다. 정청의 바깥 서쪽에는 산(繖, 천으로 만든 우산)과 큰 부채를 받쳐 세우고 호위관(護衛官)들은 자리의 뒤쪽에 줄지어 선다. 그 호위관의 남쪽에는 승지들이 부복한다. 그리고 사신이 있는 앞마당의 동 서쪽에는 큰 칼이나 창을 든 군사들이 문 안팎의 동서에 줄지어 선다. 그리하여 드디어 다례행사가 시작된다.

다례행사의 절차는 대략 6단계로 나눠볼 수 있다.

첫째, 사준제거(司尊提擧, 옛 이름은 茶房官)* 사준원의 한 벼슬로 대소 연향宴享 때 집사執事를 맡았다.

한 사람이 다병茶瓶을 받들고, 또 한 사람은 다종茶鐘을 담은 다종반茶鐘盤을 가져와서 함께 사신의 앞쪽에 차려 놓은 주정(酒亭, 酒卓)의 동쪽에 선다.

둘째, 사옹관(司饔官, 대궐 안의 요리를 담당한 사람) 세 사람이 과반果盤을 가져와서 한 사람은 정사正使의 오른쪽에 한 사람은 부사副使의 왼쪽에 놓고 또 한 사람은 왕의 오른쪽에 과반을 놓는다.

셋째, 사준관司尊官이 다종을 들고 무릎을 꿇고 왕에게 나가 차를

---

* 사준원의 한 벼슬로 대소 연향宴享 때 집사執事를 맡았다.

따라 올리는데, 왕은 그 차가 다 따라지면 자리에서 일어선다. 이때 정사도 동시에 자리에서 일어선다. 왕은 그 다종을 들고 무릎을 꿇은 채 정사 앞에 나가 차를 권한다. 정사는 다종을 받아, 통사관(通事官: 통역관)에게 그 다종을 잠시 맡긴다.

넷째, 이어서 부사에게도 마찬가지의 순서로 차를 권하게 되는데 부사는 그 다종을 통사관에게 맡기지 않는다. 왕이 자리로 물러간 다음에 사준관은 마찬가지로 다종에 차를 따라서 정사에게 선걸음으로 가져가고 정사는 다시 그 차를 받아들고 왕 앞에 가져가서 거꾸로 왕에게 차를 권한다. 그리고 왕이 그 차를 받아든 뒤에 정사의 차를 잠시 맡았던 동사관이 정사의 앞에 나가 그 차를 되돌려준다.

다섯째, 이렇게 해서 차가 돌아가면 사신은 자리에 앉고 왕도 그에 맞추어 자리에 앉아 동시에 차를 마신다. 그리하여 차를 다 마시게 되면 사준관들이 다종을 물려내고 다시 새로이 다반을 내와서 첫 번째와 같은 방식으로 차를 권하고 함께 차를 마신다.

여섯째, 차를 마신 후 사준관들이 다과茶菓를 권하고 주정(주탁)으로 물러가게 되면 다례의 의식은 끝나게 되는 것이었다. 그 뒤 뜰 아래에서는 전악典樂, 노래(歌), 가야금(琴)이 연주되면서 동시에 술상이 마련되어 본격적인 주연이 베풀어지게 된다.

상접의례(相接儀禮)였던 조선시대의 다례의 핵심은 손님에 대한 접대이다. 손님은 동쪽, 주인은 서쪽에 자리하면서 주인과 손님이 서로 차를 권하는 것이었다. 조선시대의 다례는 고려로부터 내려온 예법에 명나라의 손님을 접대하는 영접의迎接儀에 다른 예법을 절충하였다고 볼 수 있다.

궁중 다례의 전승자

명원 김미희((茗園 金美熙, 1920~1981)는 대한민국 보관寶冠문화훈장을 받았다. 명원 선생은 우리나라 최초로 생활다례, 접빈다례, 궁중다례를 연구하여 차문화 보급에 앞장섰다. 명원 선생의 업적으로 1967년 전통 '차' 문화 연구, 1979년 '한국 차인회 창설', 1980년 세종문화회관에서 우리나라 최초로 생활다례, 접빈다례, 궁중다례, 사원다례 등을 발표하였다. 또한 한국방송공사와 공동으로 「우리 창조 예술과 다례」를 제작하여 방영, 전 세계 해외 공관으로 배포하여 우리나라 차문화에 선구적인 역할을 담당하였다.

명원 선생의 차녀인 김의정(金宜正, 1941~) 명원문화재단 이사장은 서울시 무형문화재 제27호 궁중 다례의식 보유자로서 대를 이어 한국 전통 다례법을 보존, 교육, 전파하고 있다.

다정茶亭과 주정酒亭

궁중의 의례에는 다정과 주정이 있다. 다정은 차를 끓여 마시는 데 필요한 다기茶器들을 올려놓을 수 있는 탁자이고, 주정은 국가의 경사스런 잔치나 외국 사신을 접대할 때 술 기구를 올려놓는 탁자였다. 이는 의례를 거행할 때 차를 올리고 술을 올렸던 상황을 알려준다. 또 조선 왕들은 직접 차를 갈기도 하고 사차賜茶에 행할 때 다

茶亭

酒亭

『고려사』「지志」권제18,
예禮6, 흉례, 중형주대의

정도 지었으며, 신하들에게 하사품으로 차를 사용하였다.

몸과 마음을 경건하게 한 후 엄정한 판단을 얻고자 할 때 마시는 '차'

조선시대에도 고려시대처럼 중형에 대한 처결을 아뢰는 의식인 '중형주대의重刑奏對儀'와 조정朝廷에서 관리들이 차를 마시는 시간인 '다시제도茶時制度'가 있었다. 국가기관이 공식적으로 지정한 티타임 제도인데, 중대사를 처리하기 전에 차를 마시는 시간을 의례화, 정례화한 것이다. 사헌부에서 언어의 책임을 다하고 공정한 판결을 위해 매일 한 차례씩 차를 마시는 '다시茶時'는 고종 때까지 행해졌다. 모두 먼저 차 한잔으로 의식을 치른 다음 중요한 사안을 결정한 일들이다. 차는 머리를 맑게 하는 약리적인 효과도 있지만 차 한잔을 나누는 의식을 통해 몸과 마음을 경건하게 한 후 엄정한 판단을 얻고자 한 의미도 있었을 것이다.

낮에 지내는 차례, 주다례와 별다례

고려 왕실의 다례가 이어진 조선시대의 다례는 주

다례晝茶禮와 별다례別茶禮가 있다. 주다례는 임금이나 왕비의 인산因山*뒤 3년 안에 혼전魂殿이나 산릉山陵에서 국상 기간 왕실에서만 거행하던 낮에 지내던 차례이다. 주다례는 왕실의 상식上食 이외에 간식으로 올려지던 음식상이 상중喪中에도 그대로 이어져 거행된 것으로 보인다. 별다례는 그 성격이 주다례와 큰 차이는 없으나 다례를 올리는 시간이 오전과 오후, 시간에 구애 없이 이루어졌다. 반면 주다례는 1일 1회만 시행되었다. 또한 죽은 사람의 기념일만이 아니라 산 사람의 생일 같은 기념일에도 주다례를 올렸다. 주다례는 왕과 왕비, 세자는 물론 일반 관료들도 참가하여 거행하였다.

주다례는 조선전기 세종 대부터 거행된 것으로『조선왕조실록』에서 조사된다. 국가 전례서에 없어서, 왕대마다 그 시행에 앞서 그 거행의 부당함을 신료들이 지적하기도 했지만 선대 왕대에 시행되었다는 것과 나라의 안녕을 위해 필요하다는 왕의 의지에 따라 지속되었다. 별다례와 같이 조선 후기로 갈수록 시행하는 횟수가 많아졌다. 고종 대에 제일 많은 주다례가 거행되었으며, 국상 기간에는 아침과 저녁의 상식과 함께 지속적으로 거행되었다.

야간 불시에 죄상을 묻고 집행하는 야다시夜茶時

야다시는 재상이나 높은 벼슬아치가 간악한 짓을 하거나 비리를

---

* 상왕, 왕, 왕세자, 왕세손과 그 비妃들의 장례.

저지르면 암행을 하여 한밤중에 감찰들이 그 집 근처에 가서 회동하여 죄상을 논하고 비리에 대한 응징을 즉석 판결하여 집행하는 모임이다. 그 집 근처에서 그 사람의 죄상을 따져 흰 널빤지에 써서 문 위에 걸고 가시나무로 그 문을 단단히 봉한 뒤에 서명을 하고 가는 것이다.

야다시를 당하면 조정에 나가 관복을 벗고 대죄하여야 하며, 세상에서 격리되는 몸이 되었다고 한다.

궁중에서 사용한 차 도구, 은주전자와 은제 도금 찻잔

조선시대 궁중의 차생활과 관련하여 현재 고궁박물관에 전시되어 있는 은주전자와 은제 도금 찻잔銀製鍍金茶盞에 대해서 살펴보자.

조선 왕실에서는 때와 용도에 따라 그릇의 재질을 달리 사용하였다. 궁중의 각종 연회에서 왕과 왕비, 세자 등 왕실 가족의 찻상이나 술상에는 최고의 기술로 세공한 은제주기(銀製酒器)와 다기茶器 등을 사용하였다. 1525년(중종20) 중궁전의 은다완을 만든다고 상의원에 알린 자료가 있다. 이는 내전에서 차를 마셨고 은다구를 사용하였음을 알려준다.

은제 도금 찻잔과 은주전자
(국립고궁박물관)

궁중에서 사용한 은다구에 대한 오래된 문헌이 있다. 당말 5대 10국 (903~960) 때 소이(蘇廙, ?~?)는 음차법에 관한 다서茶書『십육탕품十六湯品』에서, 물 끓이기 3품三品, 물 따르는 완급緩急에 3품, 차그릇茶器의 재질에 따라 5품, 탕을 끓이는 땔감 5품 등 16탕품으로 구분하여 기록하였다.

탕을 끓이는 그릇의 재질에 따른 5품을 보면, 금이나 은으로 만든 것에서 끓여진 부귀탕富貴湯, 돌로 만든 것에서 끓여진 수벽탕秀碧湯, 사기병瓷瓶에서 끓여진 압일탕壓一湯, 구리·쇠·백랍·주석 등으로 만든 탕기에서 끓여진 전구탕纏口湯, 질그릇으로 만든 탕기로 끓여진 감가탕減價湯으로 나누었다.

이 중 제일의 재질은 금이나 은의 재질로 만든 그릇이다. 그래서 궁중 잔치 때는 은주전자와 함께 사용한 은제 도금 찻잔 등 은제품을 다구로 썼다. 금(金)은 태양을 상징하여 매우 귀하고 강하며 신성함을 의미한다. 또한 밀도가 높고 화학적으로 안정성이 높아서 실용의 목적으로 사용할 수 있지만 은에 비해 현격하게 가성비가 떨어져서 합리적이지 못하다. 실용 목적으로 주로 사용되는 은은 그 자체로 병균의 번식을 막는 살균 효과와 비소 등 독이나 중금속 성분이 닿으면 검게 변해서 독살 시도를 막을 수 있는 재질이어서 옛날부터 궁중에서 많이 쓰였다.

은은 기본적으로 살균작용을 하여 위생적이어서 다기로 쓰기에도 이상적이다. 또한 은나노 작용으로 인해 경수를 은주전자에 끓이거나, 끓는 물을 다관에 부어 차를 우리면 물이 연수가 되어 부드러워져서 차 맛을 잘 우려내는 효과가 있다. 이러한 효과를 내면서 차의 맛에 영향을 끼치지도 않아서 예부터 은제 다기를 많이 사용해왔다.

천문을 통한 세종과 장영실의 위대함과 조선시대의 궁중의 차생활

고려시대보다 엄격한 정형미를 갖춘 최고급 문화인 조선의 궁중 다례가 일제 강점기를 거치면서 안타깝게 말살되었다. 궁중 다례의 복원은 전통문화의 계승과 왕실 상층문화의 창조라는 점에서 중요한 문제이다. 이를 위해 차문화 단체에서 많은 노력으로 성과도 있었다. 전통문화의 복원은 정확한 고증과 통시대적인 연구가 필수적으로 이루어져야 하며, 그 안에서 우리 문화의 우수성과 독창성을 발굴하고 알려야 할 것이다.

궁중의 차생활에서 사헌부에서 매일 한 번씩 관리들이 모여 차를 마시면서 의견을 나누었던 다시茶時라는 티 타임, 왕이 죄인에게 참형을 결정하기 전에 신하들과 함께 차를 마신 후 공정하고 신중한 판결을 내리는 중형주대의는 차의 효능을 제대로 활용한 제도이다. 중요한 형벌을 내리거나 공정한 판결을 내리는 기관에서 차를 마시는 것은 차의 정신적인 작용과 각성 작용의 효능 때문이리라. 차를 마시고 정신이 맑아지고 마음이 안정된 상태에서 치우침 없는 바른 결정을 내리기 위함이었을 것이다. 오늘날 사법부에서 '다시' 제도를 부활하면 민주주의와 국민의 인권을 보장하고 국가의 정의를 실현하는 명징한 판결을 하는 데 큰 역할을 할 수 있을 것이다.

위대한 군주 세종과 천재 과학자 장영실의 만남을 영화화한《천문》은 우리 역사상 가장 아름다운 시대 중 하나를 재현하였다. 위대한 세종은 다양한 측면, 즉 정치 경제 사회 문화 예술적 분야에서 많은 업적을 남겼다. 이러한 세종의 정치 실천 근간은 모두 애민에 의해 창조된 것이다. 참다운 리더가 부재인 오늘날 우리는 세종에게서 이 시대의 진정한 리더의 원형을 발견한다.

"저 별들이 다 나의 백성으로 보이는구나."
"조선은 조선만의 언어와 시간이 있어야 한다."

참고문헌

『高麗史』
『朝鮮王朝實錄』
쩡유화,『點茶學』, 삼녕당, 2016.
김광옥,『세종 이도의 철학』, 경인문화원, 2018.
류건집,『한국차문화사』상, 이른아침, 2007.
서긍지음, 한국고전번역원 옮김,『고려도경』, 서해문집, 2015.
신명호 외,『조선시대 궁중다례의 자료해설과 역주』, 민속원, 2008.
홍소진,「이규보 시문에 나타난 차와 술에 관한 연구」『한국차문화』, 제6집, 한국차문화학회, 2015.

https://db.itkc.or.kr 한국고전종합DB

https://www.gogung.go.kr

https://namu.wiki

《커피 오어 티》를 통해서 본 보이차의 현실

영화《커피 오어 티》

• 하도겸 •

고려대학교 문과대학 사학과 학부출신으로 문학박사를 받았다. 시사위크 논설위원·건국대학교 겸임교수 등을 역임했으며, 나마스떼코리아 대표 등으로 활동하고 있다. 한국불교신문, 여성소비자신문, 아주경제 등에 차 관련 칼럼을 썼다. 저서로는 『지금 봐야 할 우리 고대사 삼국유사전-신화를 어떻게 볼 것인가?』, 『산티데바와 함께 읽는 입보리행론』, 『술술 읽으며 깨쳐가는 금강경』 등이 있다. 「올해의 재가불자상」, 「올해의 불교활동가상」, 「여성가족부장관상」 등을 수상한 바 있다. 한국불교태고종 전법사로 관觀과 꿈 명상(잠 수행), 그리고 다도茶道와 주도酒道의 조화에 커다란 관심을 가지고 있다.

커피 오어 티

감독 데렉 후이, 주연 류호연, 팽욱창, 윤방

중국, 2021

예전에 차 한잔 하자고 하면 정말 '차'를 마셨던가?

언젠가부터 차 한잔 하자면서 실제로는 커피를 마시는 시대가 되었다. 아득한 기억이지만, 차라도 한잔 하자며 따스한 엽차를 대접하던 시기도 있었던 것 같다. 영화 속에서 그랬던 것인지 아니면 현실에서 그랬던 것인지조차 분간이 잘 안 된다. 하지만 따스한 엽차 잔에 든 차*가 뜨거워서 호호 불면서 마시던 기억은 있다.

  1980년대, 집에 귀한 손님이 찾아오면 어머니는 장식장에 꼭꼭 숨겨둔 미제 맥심커피를 끄집어 내셨다. 어렵게 남대문 도깨비 시장에서 사 놓으신 것을 대접하기 위해서 내어 놓는 어머니의 모습이 떠오른다. 당시로서는 매우 비싼 물건인 듯한데, 그때는 "좋은 커피가 있는데 드셔 보실래요?"라고 하셨던 것 같다. 옆에 조용히 앉아 있다가 가끔 조금 얻어먹었던 것 같다. 그때 기억으로는 쓰디

---

* 당시 마시던 차 종류는 기억이 잘 나지 않는다. 사실 기억이 난다고 해도 바른 이름이라고 확신할 수도 없다. 하지만 보리차는 아닌 듯하고 적어도 중국 요리집에서 준 차는 근래 홍콩의 반점에서 마시던 산차로 된 보이차 숙차였던 것 같다. 하지만 일반 식당에 가면 물 대신 엽차를 주곤 했다. 우리나라에서는 옥수수, 결명자 등을 넣고 끓인 차를 엽차라고도 한다. 그러나 이것보다는 일본식 호지차(焙じ茶 ほうじちゃ)를 줬던 곳도 있었던 것 같다. 여하튼 따스한 엽차라는 말은 틀리지 않는다.

경주 삼화령 다례제 모습

찻잔

쓴 커피에 프리마와 설탕을 가득 넣고서야 겨우 마실 수 있었던 어른들의 음료가 커피였던 것 같다.

　개화기 당시, 커피는 한자로 가배珈琲, 가비라고 했고, 여기에 차를 붙여서 가배차, 가비차라고 했다. 그래서 당시에도 차 한잔 하자고 하면 대용차들을 포함하여, 물론 커피도 포함되지 않았다고 할 수 없을 것 같다.* 구한말 서구문물의 유입으로 시작하여 오늘날까지 사회는 정말 급변하고 있다. 너무 빨라서 주변에 새롭게 나온 신기한 물건이, 구시대 표현으로 하자면 '천지에 가득하다'고 할 수 있다. 집안에서도 그렇지만, 집밖으로 나와 사람들을 만나면, 지금 사용하는 물건들이 다 새롭고 신기하다. 너무 변했지만 이제는 뭔

---

* 　1895년 을미사변으로 인하여 고종이 러시아 공사관에 피신해 있을 때 러시아 공사가 커피를 권했다는 문헌기록이 나와 있다. 고종은 환궁 후에도 커피를 즐겨 마시곤 했다고 하며, 이 무렵 서울 중구 정동에 손탁호텔이라는 곳이 세워졌는데 그곳에 커피하우스가 있었다. 일본에서도 유래되었을 것으로 보이지만, 우리나라 커피 역사를 이야기할 때 굳이 일본을 말하지는 않는 듯하다.

가 새로운 게 보여도 '또 뭔가 나왔나 보다'라고 별 관심을 보이지 않는 사람도 있다.

세상 모든 것이 다 바뀌었어도, 그래도 먹고 마시는 일상은 그다지 변하지 않았다. 식사도 외국음식이나 퓨전이 많아졌지만, 늘 먹는 것을 통계 내어 보면, 그리 신기한 것은 많지 않아 거기서 거기가 아닐까 싶다. 음료도 그렇다. 심하게 말하자면, 기껏해야 차의 자리를 커피와 콜라 등의 탄산음료가 대체한 것 정도가 아닐까 싶다. 그 외에도 수없이 많이 매일 새롭게 등장하지만, 우리가 알아보지도 못하는 사이에도 또 사라지고 있다. 그 가운데 메이저 음료가 된 것은 극히 일부에 지나지 않는다. 세계적으로 역사적인 사건인 보스턴 차사건 전후로 메이저 음료로 등장한 홍차 이후로 커피와 콜라 외에 더 이상 메이저로 등장한 음료는 없는 듯하다.

21세기라고 할 것도 없이, 현대사회는 차 한잔 하자면서 가배차의 유래는 잊고 그냥 커피를 차와 동일시하면서 마시게 되었다. 요즘은 '커피 한잔 할까'라는 말도 많아졌지만, 그래도 차 한잔 하자고 하면 전통차나 녹차를 콕 짚어서 마시자고 하는 것이 아니면 다 커피를 일컫는다고 생각해도 될 듯 싶다.*

_____

* 하지만 언젠가부터 시대 풍조가 바뀌고 '건강'와 '환경' 등이 중요하게 되어 다시 차가 주류가 되면 "커피 한잔 합시다"라고 하면서 차를 마시는 시기도 올 수 있음을 기대해본다. 커피와 차를 혼합해서 먹는 음료를 말하려는 것이 아니라 순수하게 '차'를 마시면서 커피 한잔 하자고 할 수 있는 시기를 생각해 본다. 거꾸로 커피(가배차) 역시 차의 의미로 사용되는 시대가 오면 녹(차)커피나 홍(차)커피라는 말도 허황된 것만은 아닐 듯 싶다. 그렇게 단지 꿈만 꿀 것이 아니라 그러기 위한 우리 차인들의 노력이 필요한 부분이다.

다시 강조하자면, 우리가 일상에서 만나는 물질문화 가운데 특별히 차(문화)는 마시는 친환경적인 음료의 범주를 넘어, 전 세계 남녀노소, 민족, 종교, 그리고 인종까지 뛰어 넘는 몇 안 되는 인류의 보편적인 음료이다. 커피가 대세이지만 여전히 영국과 인도 등을 비롯한 지역에서 홍차가 우세하기도 하다. 또한, 중국의 녹차 그리고 보이차의 행보도 쉽게 무시할 만한 통계적인 수치는 아니라고 한다. 따라서 '차'가 커피보다 더 큰 공감대를 형성하는 '음료'의 매개체로서 자리매김하기 위해서는 너무 늦은 것도 아니다. 환경적인 문제와 '웰빙'과 '힐링' 그리고 명상과 요가의 붐으로 신체적인 건강과 마음의 건강까지 중요해진 시기의 '차'의 역할은 점점 커지고 있기 때문이다.

까닭에 우리 차인들이 선도적으로 그리고 적극적으로 나서야 할 필요가 있다. 먼저 좋은 차를 마시게 해서 '차맛'을 알게 하는 것이 중요하다. 처음이 어렵지 그다음은 처음보다 어렵지 않다고 한다. 그래서 시작이 반이라는 말도 있는 것 같다.

우연한 기회에라도 좋은 차를 접하고 마시다 보면, 우리 국민들이 스스로 '차'를 찾아서 마시게 될 것이기 때문이다. 까닭에 차인들이 차에 입문하려는 초보자들을 만나면 아이들 가르치듯이 가르치거나 차상품을 팔려고 하지 말고 그냥 정말 좋은 차를 '일기일회'의 마음으로 대접하는 자세가 요구된다. 일기일회, 즉 이생에서는 상대방을 다시 못 만날 수 있다는 생각으로 간절하게 잘 대접하려는 마음으로 말이다.

물론 차를 많이 마시게 되면 국민건강증진에 기여하는데, 여기에 멈추지 않고 외화낭비도 줄여야 한다는 거창한 목표도 세우는 분이 있을 것이다. 하지만, 여기서 말하는 차는 꼭 국산차에 한정된 것은 아니다. 글로벌 시대를 선도하는 1위의 차를 우리가 만들기 위해서라도 다양한 차를 음미하여 보다 좋은 '맛'과 '향' 그리고 '기운'을 만들어야 하기 때문이다. 하지만 그 무엇보다도 중요한 것은 앞에서 언급한 것과 같이, 우선 차를 마시면서 대화도 하고, 나아가 점차 차에 대한 이야기를 나누며 인생도 나누고 싶다는 것이 더 큰 목적이 아닐까 싶다.

물론 나 혼자만 마실 것이 아니라 주위와 나누고 나아가 국민을 넘어 세계인 모두가 좋은 차를 마셔서 건강하고 그래서 행복해졌으면 하는 바람도 차인이라면 누구나 당연히 가지고 있을 것이다. 필자를 비롯한 현대인들은 커피나 콜라와 같은 청량음료가 우리 인체에 해롭다는 생각을 가지고 있지만 선뜻 끊기가 어렵다. 이미 식생활 가운데 자신의 영역을 구축한 커피와 콜라는 나름대로의 음식문화체계에 편입되어 있고 주도하고 있는 실정이다. 실제로 우리나라에서 피자나 통닭을 먹으면 콜라나 맥주 나아가 위스키 한잔을 하게 되기 마련이다. 즉, 이미 마시고 안 마시고의 단계는 뛰어 넘어서 얼마만큼 횟수나 양을 줄이는가에 초점을 맞춰야 할 듯하다. 따라서 커피와 콜라 역시 같이 먹는 음식에 따라 적정하게 조금 마시고, 그 이후에 차로 입가심하는 것은 어떨까? 그런 페어링에 대한 연구가 필요할 듯하다.

식사도 밥만 먹고는 살 수 없듯이, 차만을 고집하는 것도 별로 설득력이나 호소력이 없어 보인다. 아무리 좋은 것도 사람들의 선택을 받지 않는다면 더 이상 이야기하기도 어렵다. "평양 감사도 싫으면 그만"이라는 속담에서 보이듯이, 아무리 좋은 차도 선택을 받지 못하면 그만이다. 여기서 직업이나 신분을 넘어 '취향'에 따른 선택이 가능한 먹거리 가운데 음료인 차는 더욱 예외가 아닐 것이다. 따라서 차를 마시라고 강요하기보다는 다른 음료들과의 조화를 염두에 두고 맞는 차를 선택할 수 있게 조건을 제시해 주는 것이 필요하다. 실제로 진한 홍차와 우롱차 등은 중국을 비롯한 세계 여러 나라에서 콜라나 커피에게 자리를 내주지 않고 아직도 아성을 이루고 있기 때문이다.

'커피'나 '콜라'는 몸에 안 좋으니 마시지 마라고 하는 것보다는, 맛도 좋고 건강에 좋은 '차'를 권하는 것이 훨씬 효과적이라는 말을 하고 싶다.

이와 같이 효과적으로 전달하기 위해서는 차선생님들의 헌신이 필요하다. 그런데 요즘 차문화 현황을 들여다보면, 성직자*나 '차

---

* 예전에는 차는 불교적인 상징성이 커서 승려들의 전유물처럼 여겨졌으나

선생'을 가장한 차상(茶商: 차를 사고파는 상인)의 존재의 부적절성에 대한 차인들의 아우성이 들린다. 이에 대한 각성이 필요한 부분이다.

자본주의 사회에서 아무리 유통구조가 좋다고 하더라도 일방적으로 "싸고 좋은 차"는 찾아보기 힘들다. 그저 상대적으로 차를 파는 사람이 선택한 다른 사람보다 좋고 싼 차라는 개념으로 제자들이나 신도들에게 다가가고 있다. 실제로 제자들이나 신도들은 이를 비교할 만한 충분한 정보를 가지고 있지 않다. 자기 외에 다른 성직자나 차선생이 자기보다 비싸고 그리고 더 안 좋은 차를 팔고 있다는 안일하고도 이기적인 생각으로 스스로에게 면죄부를 발급하고 있는 현실이 안타깝다. 이런 현실에서는 '차'의 길, 즉 다도는 없고 다만 '도'를 가장한 자본의 논리만 팽팽할 따름이다. 그리고 이런 현상은 계속 악화일로에 있기만 하다.

차는 한 번에 한 통씩 대용량으로 사다보니 가격도 저렴하지 않다는 인상을 준다. 하지만 실제로 차 4g이면 혼자서 하루 종일 몇 잔을 마셔도 남을 정도로 결코 적은 양이 아니다. 이런 점을 염두에 두고 찬찬히 계산해보면 보이차 원병(떡차) 하나 357g에 10만 원 한다고 해도, 실제로 먹는 양을 고려해 보면, 커피나 콜라에 비교할 필요도 없이 너무나 싸고 건강한 음료가 바로 차이다.

이와 같이, 건강에도 좋고 가격도 싼 차와 우리가 가까워질 수 있

요즘은 성당의 신부, 교회의 목사 등도 보이차 등의 시장에 뛰어들어 차상인 화하고 있다고 보여진다. 따라서 승려로 한정하기보다는 성직자라는 표현이 올바를 듯하다.

대만의 차상자

는 길을 모색해야 할 책임이 우리 차인들에게 있는 것이다. 그렇다고 지금 차가 덜 유행한다고 해서 그 책임이 차인에게 있다는 것은 아니다. 이미 준비가 되어 있고 계기가 찾아오면 충분히 차의 보급이 더 확대될 가능성이 충분하기 때문이다. 그러기 위해서는 차문화의 선도국 가운데 하나인 이웃나라들의 차문화 현상에 대해서 보다 깊은 관찰이 필요하다.

예를 들면, 대만이나 중국에서 유행하고 있는 소포장 판매에 주목할 필요가 있다. 아울러 차를 쉽게 마실 수 있게, 일본처럼 캔을 이용한 완성음료로서의 판매도 촉진되어야 할 것 같다. 건강에 나쁘지 않은 티백 차나 보이차고와 같이 가루로 만든 차로 물만 부으면 먹을 수 있게 차 음용의 편리성을 증진시킬 필요도 있다. 이를 위해서는 세계를 접한 차상을 포함한 우리 차인들의 의지와 노력이 필요하다.

결론적으로 차를 마시라고 하면서 '커피'나 '콜라'를 마시지 말라는 것은 이미 전혀 통하지 않는 시기이다. MZ세대는 물론 386세대 이후 X세대를 비롯한 그 누구도 일방적인 조언조차 강요로 받아들이는 시기이다. 어쩌면 '나'를 포함한 그들에게 피자나 햄버거와는 역시 '콜라'가 어울리고, 나른한 오후 힘내서 일해야 하는 시간대에는 '커피'의 향이 큰 힘이 되기도 하기 때문이다. 하지만 일본에서처럼 '오후의 홍차'라는 제품이 말하듯이 '차' 역시 마케팅을 잘하면 언제든지 주도권을 가져올 수 있을 것이다.

조금 벗어난 이야기가 되지만, 개인적으로 고기를 먹고 더부룩하면 소화제 대신 버번 위스키 한잔을 가볍게 마시는 게 훨씬 부담이 덜하고 효과적인 적이 있다. '차곡차곡', 즉 '차 마시고 술 마시고'라는 세상 말처럼 차는 그 어떤 음료와도 시간적인 선후를 두고 페어링할 수 있는 좋은 음료이다. 이와 같이 '커피'와 '술' 등 다양한 음료들이 '1초앞 1초뒤'는 아니지만, 십여 분의 시간차만 두면 충분히 '차'와 페어링할 수 있다. 이렇게만 되면, 서로의 장점을 취해서 보다 건강해지고 행복해질 수 있는 길로 함께 갈 수도 있다. 따라서 당장은 커피와의 치킨게임이 아니라 공생의 길을 모색해야 하지 않나 싶다.

다른 차도 마시고 커피도 마셔야!

차산업문화 조사를 위해서 전국의 차인들을 찾아뵐 때 적지 않은 제다장인과 차상들을 만나 차를 마시며 이야기를 나눈 적이 있다. 전부는 아니지만 대부분 자기가 만들거나 취급하고 있는 차가 최고라고 한 것 같다. 남의 차는 미덥지 않아 못 마시고 오직 자기 차만 마신다는 사람들도 없지 않았다. 비단 콜라나 커피를 먹지 말라는 것의 문제에 머물지 않고 다른 사람이 만든 차나 다른 사람, 즉 남이 다루는 차 나아가 나의 차가 아닌 남의 차는 믿을 수 없다는 의심을 심어주는 차인도 있었다.

인생살이가 다 어렵다. 그 사람이 없는 데서 남 욕하는 것과 마찬가지로 커피나 콜라라는 물건을 넘어 차를 만드는 사람마저 의심

봄을 맞이하여 솟아오르는 찻잎

하게 만드는 것은 매우 위험한 일이다. 왜 냐하면 결국 그 독화살은 자신은 물론 차를 만드는 모든 사람을 난처하게 만들 수 있기 때문이다. 차를 만드는 사람이 그렇게 말해 도 부적절할 텐데, 자기가 만들지도 않은 차 상마저 그런 말을 하는 것은 참으로 아쉬운 일이다. 나아가 차와 관련된 이야기도 아니 고 제다장인이나 차상에 대한 험담이나 인 격적인 모독으로 차까지 폄하하는 것은 참

으로 이해할 수 없는 일이다. 자기 차 하나 더 팔려고 우리 차산업 문화 전체를 망가뜨리는 일이라고 몇몇 전문가는 말한다. 차산업 문화를 얕보지 않고서는 할 수 없는 일로, 차도에서 배워야 할 덕목 인 '겸손과 배려 그리고 정성'을 완전히 상실한 말이라고 한 전문가 는 개탄한다.

이런 차의 현실 문제는 국내외를 막론하는 것 같다. 보이차를 비 롯한 중국차는 비위생적이고 믿을 수 없는 작업차라고 하면서 그 런 차는 먹지도 말라고 하던 제다장인도 적지 않게 있었다. 너무나 황당한 것은, 그런 분들 가운데 한 장인은 차를 덖는 작업 공장 내 에 화장실을 설치하기도 했고, 코로나시기임에도 불구하고 손도 제대로 씻지 않는 것을 본 적도 있다. 참으로 무서운 '괴담'을 극단 적으로 목격한 순간이었다. 제다를 하는 그분이 정말 위생 관념이 있는 것일까? '오히려 중국보다 못한 모습이 아닐까 싶다'는 동행 한 분의 말이 아직도 머리에서 지워지지 않는다.

좋은 차를 만들기 위해서는 다양하게 다른 좋은 차와 커피 그리고 술도 마실 줄 알아야 한다고 또 다른 전문가는 말한다. 실제로 그런 끊임없는 비교 시음 없이 어떻게 독불장군식으로 자기가 만든 차만 마시는지 정말 불가사의한 편견이라고 한 차선생은 덧붙인다.

정신적인 차

커피와 달리 '차'는 차문화에서는 정신적인 우위를 차지하는 의례적이고 신앙적인 뭔가가 있다. 특히 불교에서 유래된 '선다일미(禪茶一味; 참선하는 길과 차를 마시는 길은 다르지 않다)'로 인해서 수행의 중요한 소재로 늘 등장한다. 물론, 차를 마시는 것이 수행의 일부 나아가 전부일 수 있다. 하지만 이 차의 길은 참선만큼 쉽지도 않다. 화도華道나 향도香道와 마찬가지로 다도 역시 기나긴 수행의 길이기도 하다는 뜻이다.

그래서인지 과거 기구한 운명을 산 고종황제처럼 불교의 일부 승려들은 차를 과감하게 버리기도 한다. 얼마 전부터 산골 암자에

부처님께 올리는 차

가도 차를 내어 주지 않은 채, 차를 좋아했던 적지 않은 스님들이 지금은 바리스타를 자칭하면서 커피를 내리고 있다. 차의 위기라고 할 수 있는 부분이 아닐까? 대중이 커피를 좋아하니, 어려운 차보다 커피를 택하는 마음도 이해가 된다. 하지만, '차'가 수행과 둘이 아닌데 이를 버리는 것이 과연 옳은지는 또 다른 성찰이 필요한 부분이기도 하다.

수행과는 별도로 커피는 홍차보다 날카롭게 정신을 깨우고, 차는 편안하게 정신을 안정시킨다고 하면 어떨까? 맑고 밝게 살기 위해서 21세기 우리에게 필요한 것은 차만은 아닐 것 같다. 까닭에 우리는 커피에 대해서 좀 더 자세하게 알 필요가 있다. 그런 의미에서 오늘 선택한 영화《커피 오어 티》는 중국 보이차의 세계뿐만이 아니라 차 그리고 커피에 대한 다양한 이야기를 들려줄 수 있을 것으로 기대해 본다. 본고에서 이 영화를 선택한 이유기도 한다.

영화《커피 오어 티》

Wi-Fi도 안 터지는데 최첨단 이커머스?! 도전하는 스타트업마다 10전 10패! 번아웃 직전의 이과형 창업덕후 '웨이 진베이.' 대륙 횡단 새벽 배송을 꿈꾸며 고향으로 컴백한 무한 긍정의 예체능형 배달덕후 '펑 시우빙.' 2천 년 보이차 고장에서 나홀로 스X벅X! 마이웨이 바리스타 문과형 커피덕후 '리 샤오췬.' 깡촌 시골 윈난에서 의기투합한 극과극 세 청춘의 난리법석 스타트업이 시작된다!

《Coffee or Tea》의 원작〔중국어〕제목은 "一点就到家"로 "한 날에 함께 집으로"라는 뜻으로 귀향을 함께 하는 청년들의 이야기를 담고 있다. 2020년 개봉한 이 영화는 중국 박스오피스에서 상위권을 차지한 12세 이상 관람가로 장르는 코미디에 속한다. 드라마 상영 시간은 97분으로 감독은 데렉 후이〔한자명 허펑우〕이다. 영화 속에서 빠른 템포의 교차편집과 청량하고 유쾌한 영상미 등 개성 넘치는 연출은 그가 편집감독 출신이기에 가능했던 것으로 보인다.

창업 실패로 불면증에 시달리는 청년 웨이 진베이(류호연)는* 옥상에서 몸을 던지려던 순간 택배 하나를 받으며 목숨을 구한다. 천연덕한 얼굴로 택배를 가져온 배달원 펑시우빙(팽욱창)은** 서명을

* '웨이 진베이' 역을 맡은 류호연은 중국에서 2020년 최연소 누적흥행수입 총액 100억 위안(1조 7,200억 원)을 달성한 흥행 아이콘이다. '대륙의 박보검'이라 불릴 만큼 훤칠한 외모와 마스크로 청춘 드라마 「최호적아문-가장 좋았던 우리」를 통해 최고의 청춘 스타로 떠올랐던 배우이다. 중화권 최고의 여배우 주동우와 함께 연기한 《평원의 모세》로 장르를 확장하며 안정된 연기력으로 신뢰를 주고 있는 류호연은 《커피 오어 티》 속 준비된 CEO로서의 매력을 발산하고 있다.

** 대륙횡단 새벽 배송을 꿈꾸는 무한긍정의 배송덕후 '펑 시우빙' 역을 맡은 팽욱창은 남동생 같은 귀여운 마스크와 기분 좋아지게 하는 따뜻한 미소로 국내에서도 많은 팬덤을 보유하고 있다. 그는 제68회 베를린국제영화제 GWFF장편데뷔상 및 제55회 금마장시상식 작품상을 수상한 《코끼리는 그곳에 있어》로 연기력을 인정받은 최고의 라이징 스타로 《커피 오어 티》에서도 무모하지만 유쾌한 에너지를 뿜어내는 캐릭터로 팬들의 마음을 사로잡

받으면서 다짜고짜 고향인 윈난으로 돌아가 택배 사업을 꾸릴 계획이라고 설명한다. 자살을 선택했던 진베이는 될 대로 되라는 심정도 한 몫 했는지 동업을 제안받아 얼결에 윈난으로 향하는 차에 동승하게 된다. 하지만, 보이차 농사로 먹고사는 윈난 주민들은 온라인 쇼핑에 대한 개념과 택배의 가치 자체를 모른다. 윈난 주민을 고객으로 삼기 어려워 실패를 거듭한 두 사람은 마지막 택배를 배달하던 중에 커피에 열정을 가진 샤오췬을 만난다.*

대대손손 차를 경작하고 차에만 얽매이는 인생이 싫어 반항의 표시로 커피를 재배하는 샤오췬. 그런데 이 샤오췬이 재배하고 로스팅하는 커피가 꽤 훌륭하다. 커피 전문가 샤오췬, 택배 전문가 시우빙, 그리고 전자상거래 전문가라고 자부하는 진베이는 힘을 모아 '윈난 푸얼 커피'의 영광의 순간을 만들어낸다. 동네 주민을 소비자가 아닌 공급자로 만들어 낸 순간으로, 결국 영화 속에서 보이 커피는 국제대회 2회에 오르기도 한다.

《첨밀밀》, 《안녕, 나의 소울메이트》, 《소년시절의 너》 동시대 청춘들의 감성을 어루만진 세계적 거장 진가신과 현대적 감각의

았다.
* 세계적 보이차 생산지인 윈난에서 나홀로 바리스타를 꿈꾸는 커피덕후 '리샤오췬' 역은 '아시아의 원빈'이라 불리는 윤방이 맡았다. 국내에서도 선풍적인 인기를 모은 《소년시절의 너》에서 주인공 주동우를 돕는 형사 역으로 국내 관객들에게 눈도장을 찍은 윤방은 베이징 발레단 출신 무용가로 《커피 오어 티》에서도 다재다능한 매력을 한껏 발산하였다.

신예 신의 손 데렉 후이가 만났다! 쩐행복 찾아 탈도시를 감행해 얼떨결에 의기투합한 세 청년의 좌충우돌 스타트업 도전기를 그린 영화《커피 오어 티》는 세계적 거장 진가신 감독 제작으로 기대를 모으는 작품. 진가신 감독은 1991년《쌍성고사》로 첫 데뷔해 홍콩영화감독조합 최고영화상을 수상하며 주목받았으며, 이후 UFO(United Filmmakers Organization)을 설립, 수많은 상업영화를 성공적으로 배출하며 이름을 알렸다. 이후 1997년 여명, 장만옥 주연의 멜로《첨밀밀》로 꿈에 닿아가는 청춘들의 이야기를 감성적으로 그려내 홍콩금상장영화상과 감독상을 포함해 9개상을 휩쓸었으며, 최근《안녕, 나의 소울메이트》,《소년시절의 너》등 청춘들의 감성에 주목한 영화의 기획, 제작을 맡으며 명프로듀서로 활발한 활동을 펼치고 있다. 그런 진가신 감독이 하고 싶은 일로 성공하고 싶은 세 청년의 이야기를 유쾌하게 그린 무공해 청정 코미디로《커피 오어 티》로 돌아왔다.

티엔츠푸얼(天賜普洱; 하늘이 내려준 선물 보이차)의 고장인 윈난(雲南)성 푸얼(普洱)시 란창(瀾滄) 라후족(拉祜族, 랍호족) 자치현 징마이(景邁)산이 로케지로* 선택되었다. 중국에서도 최남부에 해당하는

---

* 영화 속 마을은 웡지(翁基) 부랑족(布朗族, 포랑족)이나 주변의 소수민족 마을로 보이며, 징마이산 고차림(古茶林: 고대 차밭) 문화 경관은 2021년 중국 국무원으로부터 중국 2022년 세계문화유산 신청지로 승인받았다. 1,180헥타르에 달하는 엄청난 규모와 보존이 잘된 차밭, 전통 촌락 9곳을 비롯해 고대 차밭 사이에 있는 방호림까지 전체 유산 면적이 19,095.74헥타르에 달한다.

윈난은 서북쪽은 티베트와 맞닿아있고 남쪽은 미얀마, 라오스와 국경을 맞대고 있는, 소수민족들이 많이 사는 깡촌의 이미지가 강하다.

징마이산 고대 차밭 문화 경관의 9개 촌락 중 하나인 윙지 부랑족 마을*은 유구한 역사를 자랑하고, 부랑족 전통 문화가 고스란히 보존 계승되어 원시 형태가 그대로일 뿐 아니라 자연 풍경도 아름답고 민족 특색까지 더해져 '천년 부랑족 마을'로 불린다. 이곳 경매는 2천 년 역사를 자랑하는 보이차 전통 고장으로, 세계적인 규모를 자랑하는 보이차 밭과 민속촌에서 볼 법한 전통가옥이 고스란히 보존되어 있는 지역이다.

관객들에게 생생한 현장감을 전하고 싶었던 데렉 후이 감독과 제작진은 실제 윈난 로케이션을 통해 광활한 자연경관과 생동감 넘치는 실제 마을의 분위기를 그대로 담아냈다고 한다. 실제 영화에 참여한 주민들의 순수한 연기가 감독과 배우 등 제작진에 의해

---

* 윙지(翁基)의 아침은 조상을 기리는 노래로 시작된다. "위대한 조상 파아이렁이 물려준 금나무 은나무 덕분에 우리는 오늘도 행복하게 살아가네"라는 노래를 구전으로 물려받은 부랑족은 원시림 속에 드문드문 있는 차나무를 찾아 험난한 산속으로 들어가 차나무 위로 올라서서 찻잎을 채취하는 쉽지 않은 노동을 한다. 채취한 찻잎으로 차 만드는 과정도 어느 하나 쉬운 것은 없지만 부랑족은 차 만드는 일을 대대손손 천직으로 삼을 수 있게 해준 조상에게 감사하는 노래를 부르며 즐겁게 일한다. 노동의 피로를 잊게 해주는 일반적인 노동요와 결이 다른 부랑족 노래는 조상을 향한 경외심과 자연에 대한 감사로 충만한 찬양가로 들렸다. 차나무를 보살피고 차 만드는 행위를 신성한 사명으로 믿는 윙지마을 부랑족은 종교 미션을 수행하듯 차에 성심을 다하고 있었다.

영화 속 장면

시골 마을의 생생한 분위기와 어우러져 이 작품만의 무공해한 느낌을 제대로 담아냈다.*

촬영 도중 정오만 되면 돼지 밥을 주러 사라지는 주민들 때문에 애를 먹기도 한, 데렉 후이 감독을 비롯한 제작진은 젊은 감각을 자랑하는 신예답게 스태프와 배우의 의견을 최대한 존중해 새로운 장면을 만들거나 배우의 애드리브 대사를 살리는 것에도 주저가 없어 촬영 현장은 항상 열띤 토론의 장이 열렸다는 후문을 전했다. 자유로운 현장 분위기 덕에 배우 류호연 역시 마을 주민들의 전담 연기 선생님을 자처했고 배우들과 함께한 윈난 주민들의 남다른 호흡은 영화《커피 오어 티》에 고스란히 담겨 우리에게 힐링의 시간을 선물하는 무공해 청정 코믹 드라마를 완성할 수 있었다.

---

* 영화《커피 오어 티》역시 도시에서의 많은 경험을 뒤로하고 결국 자신의 고향으로 돌아가 스타트업을 시작하는 청년들의 이야기를 다루고 있다. 오랜 기간 동안 보이차만 재배해 온 윈난에서 커피 사업 전자상거래에 도전하는 세 청년의 재기발랄한 이야기는 유쾌함은 물론 전통과 현대의 조화, 신구의 화합 등 극변하는 뉴노멀 시대를 살고 있는 현재의 우리에게 많은 의미를 선사할 작품으로 주목받고 있다.

뮤직비디오[*]

평생직장은 없고 빠르게 변해가는 사회에서 어떤 일을 하며 스스로의 만족을 찾아가는 것은 현재 밀레니엄 세대의 최대 화두라고 할 수 있다. 자신이 원하는 곳에서 불가능할 것 같은 도전을 통해 성취감과 도전의 의미를 찾아내는 영화《커피 오어 티》의 주인공들. 성공의 기준이 남이 아닌 내 스스로의 만족이 되기를 원하는 세 주인공들의 무모해 보이지만 열정적인 도전은 MZ세대의 깊은 공감을 얻으며 극의 재미를 더할 것이다.

K-pop의 열기가 식을 모른다. BTS와 BLACKPINK는 이미 글로벌 스타로 MZ세대의 우상이 되어 있다. 586세대가 20대일 때의 '비틀즈'처럼 말이다. 블랙핑크의 명곡 가운데 「Forever young」이 있다. 모두들 젊음을 잃고 싶지 않으니 불노不老에 대한 희망과 함께 젊었을 때의 추억에 대한 집착도 생긴다.

영화《커피 오어 티》의 주제가, 즉 OST 역시 「Forever Young」이다. 태국의 아이돌 밴드 '기운연맹'이 가수 朴树(푸슈)의 2017년 동명의 곡을 리메이크한 노래이다. 굳이 주제가를 소개하는 것은 이 영화의 내용을 가장 잘 표현해 주기 때문이다.

just 청춘의 너에게 손짓하는 나

---

[*]   https://www.youtube.com/watch?v=-ikNvj73B-0

차꽃

미래의 내 모습 볼 수 있게
아득히 먼 오랜 세월 끝에서
널 기다리고 있을게

한때 미쳐있던 것이 멀어지고
화려했던 모든 것도 사라지고
여태 몰랐던 세상물정
한 순간에 변했어
네가 가진 모든 건 끝이 나고
네가 했던 사랑도 희미해지고
꼰대라고 비웃던
너도 이젠 그렇게 됐어
시간은 돌아오지 않아
세상은 우리 것이 아니야
우리 손에 남은 건 없었어
그저 후회만 찾아올 뿐

두려울 거야

미래는 숨어 있고

세상은 미쳐버려서

우리를 파묻을 테니까

just 청춘의 너에게 뿌듯해도 돼

강한 눈빛 넘치는 자신감

의욕이 꺾여도 모든 걸 다 잃어도

신경 쓰지 말고 웃어

just 청춘의 너에게 손짓하는 나

미래의 내 모습 볼 수 있게

아득히 먼 오랜 세월 끝에서

널 기다리고 있을게

〔여보세요?

상은 뭐예요?

커피올림픽 은메달!〕

싸우는 거야

〔이루고 싶은 꿈이 있다면 그 꿈을 믿어야지,

세상에서 우리 자리를 바꿀 수 없다면

우리가 세상을 바꾸는 거야.

좋아, 바꿔버리자.

우린 실패해도 겁 안나!〕

just 청춘의 너에게 손짓하는 나

미래의 내 모습 볼 수 있게

아득히 먼 오랜 세월 끝에서

널 기다리고 있을게

just 청춘의 너에게

〔내 평생 필요한 건 친구 둘 뿐이라고〕

사랑하는 나의 친구야

넌 항상 나의 빛이야

just 청춘의 너에게

싸우는 거야 우리 모두가

나가떨어질 때까지

싸우는 거야

just 청춘의 너에게

〔우리의 사훈은? 원클릭으로 집까지! 모두가 편해요! 원클릭으로 집까지!〕

자본주의적인 성공논리가 불편하게 들릴 수도 있지만, 성공을 꿈꾸는 MZ세대에게 있어서 가장 간지러운 부분을 긁어준 것이 아

닌가 싶다. 남들이 꺼려하는 "친구끼리 동업하면 안 돼"라는 기성
세대의 격언에 반기를 들고, 결국 '사업에도 삶에도 우정밖에 없지
않는가?'라는 메시지를 전하고 있는 이 영화에서 남자 배우 3명의
끈끈한 우정. 불안정한 미래에서도 꿈을 저버리지 않는 젊은 청춘
들의 열정은 우정으로 꿈을 이루게 된다.

이들의 우정은 '어릴 때 죽마를 같이 타고 놀던 친구〔竹馬故友(죽
마고우)〕', '관중管仲과 포숙鮑叔의 사귐처럼 친구親舊 사이의 매우
다정多情하고 허물없는 교제〔管鮑之交(관포지교)〕', '원래 물과 고기
의 사귐이란 뜻으로, 고기가 물을 떠나서는 잠시도 살 수 없는 것과
같은 관계〔水魚之交(수어지교)〕', '합심하면 그 단단하기가 쇠를 자를
수 있을 만큼 굳은 우정이나 교제〔斷金之契(단금지계)〕', '목이 잘리
는 한이 있어도 마음을 변치 않고 사귀는 친한 사이〔刎頸之交(문경지
교)〕'로 표현된다.

이 외에도 우정을 다루는 사자성어가 많은데 이 영화는 친구 간
에 같이 누워 자기에 편하므로 교분이 두터운 것을 말하는 '長枕大
衾(장침대금)'을 자주 채택한다. 세 친구가 나란히 편안하게 자는 모
습을 여러 번 잡으면서 때로는 한 친구가 빠진 빈자리도 비춘다. 바
로 친구의 부재로 우정이 성패의 기로에 섰음을 은유하기도 했다.
지붕을 바라보며 때로는 하늘을 바라보며 이야기를 나누며 잠을 청
하는 모습은 모두의 추억이다. 이런 감성적인 이미지에 호소하는
감독의 영상미는 공산당 제일주의가 보이는 '중국영화'의 한계를
많이 벗어나고 있어 다행스럽다는 의견도 가능하게 한다.* 그러나
영화 속에는 우정을 넘은 인생에 늘 '차'와 '커피'가 자리잡고 있다.

경매산 보이차와 차신제

보이차는 서호 용정西湖 龍井, 황산 모봉黃山 毛峰, 소주 벽라춘蘇州 碧螺春, 안계 철관음安溪 鐵觀音, 노산 운무盧山 雲霧, 백호 은침白毫 銀針, 무이 암차武夷 岩茶와 함께 중국 8대 명차의 하나이다. 이 중 '백호'라는 이름 하나만 찻잎에 난 가는 흰 털을 가리키는 말이고 나머지 차들의 앞에는 모두 지명이 붙어 있다. 특이하게도 보이차만은 운남 보이라고 하지 않고 그냥 보이(普洱, 중국어 푸얼)이라고 하였고, 나중에 불해시의 이름을 고쳐 보이시라고 하는 일도 있었다.**

보이차는 중국 서남부의 윈난성(雲南省)에서도 서남쪽에 해당하는 보이시, 시쐉반나(西双版納)다이족자치주, 그리고 린창(临沧)시 등에 집중적으로 자라고 있다. 중국 지도를 펼쳐보면, 이곳은 미얀마 등과 접경해 있는 중국의 서남부 땅끝인 셈이다.

8대명차 가운데 유일하게 보이차를 만드는 차나무만이 아사미

---

* 물론 영화에는 스토리 구조의 단조로움, 공산당 체제 선전 등의 다양한 문제 제기가 있으나, 본고에서는 그런 부분은 구체적으로는 언급하지 않고자 한다. 다만, 전체적으로 조금 산만하다는 인상을 주는 부분도 있으며, 갈등의 해결 과정이 단조롭다 못해 어이없을 정도라는 평가나, 더 현실적으로 드라마틱하게 보여주지 못한 점, 그리고 스타트업을 너무 가볍게 처리한 것이 아니냐는 평가는 일면 공감이 간다.

** 하지만 보이보이라고는 하지 않는다. 왜냐하면 보이말고도 운남 전역에 보이차가 생산되고 있기 때문이다. 아울러, 운남 보이라고도 하지 않는 이유는 보이차는 운남 이외에서 나는 차를 보이라고 하지 않기 때문이다. 너무나 당연해서 보이차라고 하면 당연히 생산지는 운남 한 곳일 따름이다.

오래된 보이 산차

카(assamica)종으로 교목이라고 해서 직근성을 가진, 길게 뻗어 오르는 큰 나무이다. 까닭에 오래된 고차수의 경우는 산비탈면이 깎였을 때 드러난 모습을 통해서 그 길이를 실제로 확인할 수 있다. 열대, 아열대의 해발 1,000~2,100미터 고원 지대의 경사면이 25° 이하의 산지에서만 자라는 이 차종은 키가 5~16미터에 이르는 대엽종이다.

보이차는 오룡차, 백차와 마찬가지로 차엽을 햇빛에 건조하는 쇄청曬靑을 하는데, 광합작용에 의해 녹엽소가 줄어들고 활성 효소들이 살아남음으로써 나중에 서서히 자연 발효를 할 수가 있다. 녹차의 초청炒靑법이나 쪄서 발효를 시키는 홍차 등과 구별된다. 우리나라에서도 소엽종이긴하지만* 비슷한 방식을 채용하여 십여 년 전부터 이 방식으로 하동, 보성, 제주 등에서 보이차(흑차)를 만들

---

* 운남성 표준계량국이 정의한 보이차는 '운남 지역 대엽종 차나무 잎을 쇄청한 원료로 만든 생차生茶와 숙차熟茶'지만, 대엽종이 아닌 소엽종으로 만든 보이차가 의방에서는 청나라 때부터 지금까지 생산되고 있다. 따라서 소엽종이라고 좋은 보이차가 되지 못할 것이라는 것도 편견에 불과할 수 있다.

고 있는데, 그 발효의 결과가 기대된다.

영화 속에 등장하는 윈난* 징마이산** 차신제***는 부랑(布朗)족

---

*   고6대 차산인 만전蠻磚, 만살漫撒, 망지莽枝, 유락攸乐, 의방倚邦, 혁등革登 등
     을 비롯한 그 일대의 여러 산을 통칭해 '이우정산易武正山'이라 한다.

** 윈난(雲南)성 란창(瀾滄) 징마이산(景邁山)은 보이차의 주요 산지 중 한 곳이
     다. 이 산에 거주하는 납호족拉祜族, 부랑족布朗族, 태족傣族 등 여러 소수민
     족들은 대대로 차를 생산한다. 징마이산 보이차는 천혜의 자연환경과 다인
     (茶人)들의 훌륭한 솜씨에 힘입어 명성을 얻었다. 징마이산 웡지(翁基)촌 부
     랑족 주민의 소개에 따르면, 이들의 가계 연소득은 40만 위안 안팎으로, 현
     지에서는 중등 소득 수준에 해당된다. 공개된 자료에 따르면, 징마이산 소
     수민족의 차 생산은 약 2천 년의 역사를 자랑하며, 이곳을 보이차의 고향이
     라 할 수 있다. 징마이산은 중국 6대 푸얼차(普洱茶, 보이차)산 중 하나다. 차
     나무 면적 2.8만 묘(약 560만 평), 차나무 재배 면적 1.2만 묘에 달한다. 2021
     년 징마이산 고차림古茶林 문화경관은 중국 국무원의 비준을 거쳐 세계문화
     유산 등재를 신청했다. 이 가운데 세계최대 고차수古茶樹단지로 인정받은 망
     징징마이차구(芒景景邁茶區) 중에서 타이족(傣族寨)이 모여 사는 징마이 따짜
     이(大寨)로 정했다. 중국정부가 발표한 보이차 정의와는 달리 대엽종이 아닌
     중엽종으로 만든 보이차지만 보이차왕후普洱茶王后라는 애칭을 가진 곳이
     징마이(景邁) 차산이다.

*** 〈차도 삼국지〉(한국방송1. 2019년 9월 12일, 13일)는 한중일 삼국이 각각 고
     유한 차문화를 발전시켜온 과정을 짚은 2부작 다큐멘터리다. 1부는 '신의
     선물, 차', 2부는 '차, 르네상스를 꿈꾸다'로, 삼국 차문화의 시작과 발전사를
     조명하고, 각기 다른 형태와 의미로 발전해온 차문화를 통해 서로를 이해하
     는 소통의 장을 마련하며, 각국의 차 산업을 통해 차의 미래상도 그려보고
     있다. 1부에서는 차의 원산지인 중국 윈난성 소수민족 주거 지역인 시솽반
     나 부랑족의 '차신제'를 비롯해 한국, 일본으로 이어지는 차의 기원과 전파,
     전통을 담았으며, 2부에서는 글로벌 주도권을 잡으려는 한중일 차 산업의
     최신 현황과 전략에 집중하였다. 배우 김규리가 내레이션을 맡았다.

전통마을 웡지(翁基) 고채古寨에서 이뤄진다. 차조신茶祖神을* 모신 파아이렁**사(帕曖冷寺)가 있는 망홍芒洪촌에서 동북 방향에 위치한 '웡지'는 부랑족 언어로 '미래를 점치는 신성한 장소'라는 뜻이다. 전망이 탁 트인 명당자리에 있는 웡지는 세계 최대 고차수古茶樹단지로 이름난 망징징마이차구(芒景景邁茶區)에서도 가장 오래된

---

* 푸얼과 징홍 사이 천자자풍경구에는 중국에서 가장 오래된 수령 2,700년 된 차나무가 있다. 이 나무는 정부로부터 1호 茶樹王이라는 별호와 함께 나무 앞에 茶祖神位라는 비석까지 세워져 있다. 차나무들의 시조이기에 그에 걸맞는 대우를 받고 있는 셈이다. 여기서의 차조신은 인신화人神化된 나무를 말한다. 이후 더 고령의 차나무가 윈난성 린창(臨滄)시 펑칭(鳳慶)현 샹주칭香竹菁에서 발견됐다. 해발 2,245m에 서식하는 재배종栽培種 고차수는 수령樹齡 3,200년이 넘었다. 전 세계 차나무의 조상이라는 뜻으로 '진슈차주(錦秀茶祖)'라고 명명된 이 고차수는 현존하는 여러 차수왕 가운데 '왕 중의 왕'으로 등극했다. 때마침 2,000~3,000만 년 전 차나무 화석이 린창시에서 발견되어 세계 차나무 원산지로 부각됐다. 2억5,000만 년 전으로 추정되는 찻잎 화석까지 등장하며 차 종주국 논란은 종지부를 찍었다. 차수왕 중의 왕 진슈 차주는 높이 10.6m로 괄목할 만한 장신은 아니지만, 밑동 둘레는 5.84m로 우람하다. 나뭇가지는 남북 11.5m, 동서 11.3m로 풍성하게 뻗어 있다.

** 전설에 의하면 차나무 증식과 재배기술 보급에 집중하던 파아이렁이 억울하게 죽은 후 거대한 악룡이 웡지마을에 나타나 사람을 죽이고 차나무를 파헤쳐 더 이상 사람이 살 수 없게 됐다. 불심 깊은 스님이 이 소식을 듣고 달려와 마을 입구에 앉아 불경을 큰소리로 읊기 시작하자 행패를 멈추었다고 한다. 두려움 없이 불법을 설파하는 스님에게 감복한 악룡이 잘못을 뉘우치고 커다란 측백나무로 변해 마을 수호신이 됐다. 평온을 되찾은 마을은 망징산 고차수단지 중심부락으로 위상을 이어오고 있다. 이 설화는 파아이렁의 죽음을 애석해하는 집단과 누명을 씌워 파아이렁을 죽음에 이르게 한 파벌 사이에 벌어진 내부갈등을 극복하는 과정을 축약해 상징한다고 해석된다.

부락이라고 한다.

보이차계의 현실과 문제

원차(떡차), 타차, 긴차, 전차, 그리고 산차 등의 형태로 만들어지는
보이차는 '아주 귀하고 비싼 가짜 차'로 알려져 있다. 보통 357g의
1편은 현지에서는 우리 돈으로 몇 천 원에 불과하다. 하지만 재료
가 유명한 고수차나 오래된 진기陳期를 가질 경우 십수 억에 이르
기까지 한다.* 고삽미가 쎈 보이차의 경우 보통 15년 정도가 지나
야 편안하게 마실 수 있게 되고, 한 세대 격인 30년이 지나면 노차
라고 불리게 된다. 2023년이니 1993년 이전에 나온 차는 이미 노
차의 반열에 들어가서 100만 원을 훌쩍 넘는 실정이다.** 까닭에
자식들이 결혼할 때 싸게 사서 손주들이 태어나고 장가갈 나이에

---

*   이우는 노차老茶 중에서도 최상위 등급인 골동급骨董級 노차의 고향이다. 마
시는 골동품으로 알려진 호급차號級茶 대부분이 100여 개가 넘는 이우의 차
장茶莊에서 만들어졌었다. 공차貢茶제도가 사라진 청나라 말기부터 중화민
국 시절까지 생산된 보이차의 이름이 대부분 호號로 끝나기에 호급차로 부
르는 진품은 한 편에 수억 원을 호가한다. 최근 홍콩 경매장에 나온 송빙호
宋聘號와 생산시기가 1920년대로 추정되는 양빙호楊聘號는 2억7,000만 원과
3억 원에 각각 낙찰됐다.

** 빙다오라오차이(氷島老寨)는 2017년 봄 고수차古樹茶 모차毛茶 1kg 가격이
1,000만 원에 거래되며 그동안 최고 몸값을 자랑하던 라오반장(老班章)을
가볍게 누르고 보이차왕 명성을 중국전역에 떨쳤다. 이 때문에 '흔들면 금은
이 떨어진다'는 전설 속에 나오는 돈나무 야오첸수(搖錢樹)처럼 찻잎이 금싸
라기로 변하고 있다.

차를 보관하는 바구니

준다고 해서 격세지정, 즉 '할아버지가 사들여 손자가 마시는 차'라는 말이 나온 듯하다. 하지만 이 역시 최근의 보이차 판매 마케팅을 위한 상술에 불과하다는 지적도 적지 않다.

천정을 모르게 오르는 노차 가격은 거꾸로 대중화의 적으로 부상하여 소위 작업차라고 하는 가짜 차를 만드는 사람도 생겨나게 되었다. 얼마 전 광조우의 홍수 때 물에 잠긴 보이차를 수거해서 이런 저런 작업을 한, 버려야 할 쓰레기가 버젓이 수백만 원을 호가하는 일도 있을 수 있다고 한 전문가는 전한다.* 건강을 해칠 수 있는 차라는 누명이 씌워진 고가의 보이차에 대해서 일반이 외면하는 것은 당연한 일이 아닐 수 없다. 구하기 어렵고 너무 비싼 데다가, 가짜까지 판치는 '노차'는 일반 차인에게는 '보이차는 아예 마시지 않는 게 상책'이라는 인식을 확산시켰다.

이에 '노차' 대신 '고수차古樹茶'가 인기를 끌게 되었다. 100년 이

---

* 사실이라고 믿고 싶지 않지만, 그렇다고 거짓이라고 확인할 수도 없어서 일단 전한다.

상 된 나무에서 따낸 찻잎으로 만든 이 차는 '비료도 농약도 치지 않은 청정하고 마시기 편한 차'라는 인식을 얻었다. 하지만, 이 역시 1편에 백만 원을 훌쩍 넘는 경우가 많으며, 100g씩 산차의 형태로 몇 십 만 원에 거래되기 일쑤였다. 금값에 버금가는 유명한 차들도 하나둘씩 브랜드화하여 이 역시 보이차의 대중화에는 커다란 장애가 되고 있다.

150여 년 전 청나라 황실에 공차로 바쳐진 보이차의 한 종류인 금과공차金瓜貢茶가 자금성紫禁城 지하창고에서 온전한 형태로 발견되었다. 자금성에 함께 보관되었던 다른 종류의 차들은 모두 사라졌지만 보이차만 유일하게 온전한 형태를 유지하고 있었다. 만수용단萬壽龍團이라고 이름 붙여진 노차는 보이차태상황으로 모셔져 일반에 공개된 바 있다.*

보이차는 만병통치약이 아니다. '차 마시면 암에 안 걸린다.' 이런 말에 속을 사람은 점점 줄어간다. 우리는 사람을 만날 때와 마찬가지로, 정직한 차를 찾아서 마셔야 한다. 품질은 물론 값도 정직해야 한다. 여기서 가장 중요한 것은 제다인, 즉 차를 만드는 사람이 정말 성실한 사람이어야 하고, 여기에 최고의 기술, 청정한 땅 등의

---

* 이 차를 마셔 본 적이 있다는 보이차 전문가를 만난 적이 있다. 진실일 가능성이 컸기에 인용해 보자면, "이미 차의 기능을 상실했다"고 했다. 보이차 가운데 오래된 것을 골동보이라고 하는데, 이것은 이미 기능면에서 차가 아니므로 그냥 골동품이라고 하는 것이 맞다고 여겨진다. 한국의 한 전문가는 보이차는 60년에서 80년이 피크라고 했다. 인간의 평균수명이 상승하므로 120년까지는 골동품이 아니라 골동보이라고 할 수 있을 듯 싶다. 골동품 되기 전에 마시는 것이 답일 수 있겠다.

요소들을 갖춘 건강한 차를 찾아서 일반대중에게 소개해야 할 의무가 우리 차인들에게 있다. 이러한 과정에서 보이차에 잔류할지도 모르는 농약과 화학비료를 경계해야 하는 것은 말할 필요도 없이 당연하다.

오래 묵힐수록 맛이 뛰어나다는 뜻의 월진월향越陳越香은 보이차의 핵심 포인트이지만 의외로 사람들은 보관한 '시간의 양量'에만 관심이 있다. 어떠한 환경에서 보관해서 제대로 숙성했는지를 뜻하는 '시간의 질質'에는 무심한 것이다. 이러한 측면에서 '골동'이나 문화재 또는 문화유산의 측면에서 희귀성에 대해서도 답을 찾아야 할 필요도 있다. 잘 만들어진 명품이 오래되어 잘 익었을 경우 훌륭한 차가 되는 것이지, 아무렇게나 만든 흔한 차가, 제대로 익혀지지도 않은 보이차가 골동(보이)가 되는 경우는 없기 때문이다.

물론 싱글몰트 위스키와 마찬가지로 '보관', 즉 '숙성'도 커다란 의미가 있다. 어떤 오크에 담아서 보관했는지, 또는 처음에는 버번 오크이지만 나중에 쉐리 오크로 피니쉬를 했다든가 등등 보관 숙성의 문제는 '시간의 질'의 중요한 요소이다. 하지만 60~80%의 영향력을 가진 위스키와는 다르게 보이차에서 고온다습한 환경의 창고 등에 대한 영향을 조사한 연구는 과문한 탓인지 별로 들어보질 못했다. 귀중한 차이니 만큼 건창 등에 보관했고 그걸 당연시한 풍조도 이러한 '시간의 질'에 대한 무관심이나 무시에 한몫했을 것이다. 하지만 시간의 질에 대한 부분은 절대로 무시할 수 없는 영역이라고 생각된다.*

"숙성고 안에서 살아도 되겠다"는 필자에게 진영당은 "보이차를 하나의 살아 있는 생명체로 대한다. 숙성저장 과정은 살아 있는 차의 진화陳化 과정"이라고 답했다. 이런 이야기는 인터넷을 통해서도 쉽게 접할 수 있다. 물아일체物我一體로 보이차가 곧 사람이고 차품이 인품이라는 말을 여기서도 엿볼 수 있는 부분이다. 냄새도 없고 청량한 곳에서 살아야 하는 것은 사람이고 거기에 차가 함께 하는 것은 어쩌면 당연한 이야기일 것이다. 오히려 음식이기에 더욱 청정한 기준이 요구되는 것이 맞겠다.

1996년 이우를 다시 찾은 뤼리전은 장이와 함께 정통 보이차 부활의 신호탄을 쏘아 올렸다. 보이차 4대천왕 중 하나인 송빙호 제작에 실제로 참여했던 장관서우(張官壽)를 만난 것은 커다란 행운이었다. 장관서우의 가르침과 지도로 찻잎 채취부터 포장까지 전통 수공 제작기법으로 완성된 호號급 보이차가 수십 년 만에 탄생했다. 뤼리전이 만든 1996년판 진순아호眞淳雅號는 현재 1,000만 원을 호가하지만 진품을 만나기 어렵다고 한다.**

---

*   얼마 전 중국 광조우에 홍수가 난 적이 있다. 이때 유언비어처럼 퍼진 괴담은, 홍수에 젖은 보이차를 재활용해서 다시 건조하고 긴압하여 아무 문제가 없는, 발효가 잘된 노차처럼 속여 팔기 위한 작업이 이루어졌다는 이야기다. 이때 다시 만들어진 보이차가 대량으로 저렴한 가격에 유통되어 우리나라에도 많이 들어왔을 가능성이 있다고 한다. 이는 조심스럽게 검증해봐야 할 문제이다. 실제로 80년대 이전 차가 불과 몇 십만 원 대의 소비자가격으로 유통된다면 한번 재고를 해봐야 할 것 같다.

** 진순아호와 관련해서 실제로 여러 군데서 진짜라는 진순아를 마셔본 적이 있다. 보관시 윗부분이나 아랫부분에 있었다는 보관 장소나 부분의 문제의 영역을 넘어 너무 맛이 달랐다. 한두 개 빼고는 가짜일 수 있는데, 더욱이 포장지도 없는 진순아를 진순아라고 할 수 있는지는 다른 차원의 이야기가 될

건조 중인 찻잎

　다원 규모가 크고 생산량이 많은 마흑채는 보이차 판매로 풍성한 삶을 누리고 있다. '개도 돈을 물고 다닌다'는 말이 나올 정도다. 소수민족이 살던 산채에 석병石屛과 쓰촨(四川)성에 살던 한족이 명나라 때부터 집단으로 이주해 와서 차 산업에 종사하며 형성된 독특한 부락이 마흑채다. 낙수동 차수왕에 편승해 뒤늦게 알려진 낙수동은 생산량은 적지만 우월한 생태환경에서 서식하는 고차수로 만든 부드러운 감칠맛과 섬세한 향을 갖춘 보이차로 사랑받고 있다. 2013년 열린 제3회 이우차 경연대회에서 다른 차산들을 따돌리고 최우수상을 받으면서 몸값을 한층 더 높이기도 했다.

　보이차의 대표적인 성분 중 하나인 카테킨(Catechin)은 폴리페놀(polyphenol)의 일종이다. 폴리페놀은 신체세포를 노화시키는 활성산소의 작용을 억제하는 항산화 기능과 항암, 항균 작용이 뛰어나다. 체지방을 줄여주는 감비차減肥茶로 알려진 보이차의 맛과 품질

───────────

　　것 같다. 아무튼 테이스팅을 신중하게 사야 하는데, 마신 것과 파는 것이 동일하다는 확증이 없는 한 좋은 보이차나 골동 보이의 구매는 앞으로 보이차의 미래에 어두운 장막을 드리우는 실정이다.

을 결정짓는 3대 원칙은 재료, 기술, 보관이다. 우선 좋은 찻잎을 재료로 선택해야 한다. 재료가 좋다면 차를 만드는 가공기술이 뛰어나야 한다. 장기보존하며 마시는 보이차는 다른 종류의 차에 비해 보관방법이 중요하다.

여기에 옮긴 익명의 전문가들의 의견은 누구나 이야기하고, 어디서든 들을 수 있는 일반적인 개론 같다. 하지만, 정말 소중한 원칙으로 보이차의 현실 문제를 극복하고 밝은 미래를 약속할 수 있는 필수불가결한 요소이다.

커피시장을 넘은 중국의 량차

중국산 커피의 99%가 윈난성에서, 그중 절반 이상이 푸얼시에서 생산된다고 한다. 중국의 MZ세대는 찻집에서 보이차를 마시기보다 카페에서 커피를 마시는 이가 훨씬 많아졌다. 그런 이유로 이 영화《커피 오어 티》가 만들어진 것이 아닌가 싶다.

커피의 첫 맛은 열대과일 탠저린, 자두, 오렌지껍질, 살구, 야생 생강꽃 달콤함과 쌉쌀함이 완벽하게 어울린다고 한다. 다크코코아의 아로마 향이 살아나며, 맛은 부드럽고 풍미는 다채롭다. 마치 맥캘란이나 발베니의 싱글몰트 위스키의 이야기와 같다. 또한 커피에는 숲과 산의 맛이 함께 나며, 끝맛은 너트향으로 바닐라와 캐러멜의 잔향이 남아 있다고 한다. 이외에도 조향사에게 물어보면 정말 다양한 향에 대한 이야기를 들을 수 있다. 왜냐하면 차나무와 함께 커피나무 그리고 오크통은 모두 나무이기에 가능한 이야기이다. 당연히 흙, 바람, 물 등의 자연환경의 모든 것이 '맛'과 '향' 등에 담길 수밖에 없기 때문이다.

위스키도 마찬가지지만, 대부분의 차는 그렇지 않다. 동방미인이나 철관음 등 청량하면서도 다양한 향기로 사람들을 매료하기는 하지만 다 그렇지는 않다. 까닭에 건강한 가향이 가능한 많은 제조 방법이나 재료의 선택에 대한 관심이 요구된다. 언젠가 차 한잔 하면서 후각에 기대어 깊은 명상이 가능한 매력적인 차의 출현도 기대해 본다.

영화 속에서 주인공은 아버지의 보이차와 자신의 커피와 관련해서 다양한 비교를 한다. 인생의 명언 같은 말을 쏟아낸다. 이에 대한 한 줄 소개는 중국의 커피시장에 관한 다양한 생각을 가능하게 해준다.

- 아버지를 뛰어넘는 순간이 오면 날 어찌 생각하시든 상관없겠다 싶었는데 막상 그날이 오니까 어떻게 생각하실지 듣고 싶어 죽겠어.
- 우리 마을의 운명을 외지인에게 맡긴다는 것은 차 중개상에게 차를 싸게 넘기는 것과 같다.
- 커피 잘 모르죠? 국산 커피가 커피에요?
- 커피는 아직도 나한테 써. 사람들이 왜 좋아하나 모르겠어.
- 보이라는 말 들으면 차부터 생각나시죠? 오늘 추천해드릴 건 보이커피예요. 100% 국산인데 세계대회에서 몇 번이나 우승하고 미슐랭 레스토랑에서도 애용하는 커피죠. 단순한 커피가

아니라 우리의 자랑이랄까요. 고급스러운 라이프스타일의 상징이기도 하구요. 대기업들과 반대로 커피를 위한 커피를 만들자. 대기업은 다 규격화해서 커피가 아니라 커피숍의 이미지를 팔아먹는 거예요. 수익보다 최고의 커피를 선보이는 게 중요하다고 봐요. 커피의 진정한 맛을 못 보신 분들이 많죠. 산과 숲의 맛이죠. 인생의 희망을 느끼게 하는 맛이에요.

- 모든 주문이 다 소중하니까요.
- 커피 같이 마시자는 아버지한테 차를 마시고 싶어요라고 대답하는 아들.
- 차와 커피는 아버지와 아들 같은 의미! 시대유감!
- 우리의 힘으로 고향에 희망을!
- 모든 길의 목적지는 우리의 집입니다.
- 쓸쓸함에도 풍미가 있는 거야.
- 잘 수 있는 사람이 꿈도 꾸는 거야.
- 세상에서 우리 자리를 바꿀 수 없다면 세상을 바꾸는 거야.
- 저 산을 넘고 싶어서 여길 잊은 거야.
- 남의 것을 탐하면 자기가 가진 것이 뭔지 모르게 되지.
- 아버지: 바깥세상을 보라. 보면 알아, 없는 게 없지. 성공하면 돌아오라.
- 개나 새나 창업 사람이 실패한 게 아니라 사업이 실패한 거다.
- 고객 안 지 오래되었는데 그냥 친구하고 말 놓자. 친구니까 같이 가자.
- 중국사람이 커피를 마시기 시작한다면?

지금 중국 사람들은 량차를 마시고 있다. 난해 기업은 브랜드 가치 세계 5위를 기록하며 1초당 4만 병이 지구에서 소비되는 코카콜라를 누르고 중국 음료시장에서 10년 연속 1위를 달리는 량차凉茶 브랜드를 가지고 있다. 1828년부터 중국 광둥(廣東) 지방에서 만들어진 왕라오지(王老吉)는 중국 역사상 최대 상표 분쟁 끝에 자둬바오(加多寶)로 브랜드 이름을 바꾸는 진통을 겪었다. 하지만 전 세계 부동의 1위 코카콜라를 2008년 앞선 이후 한 번도 무너지지 않고 불패신화를 이어가고 있다. 중국의 위력을 잠재력이 아닌 현실로 보여주고 있다.

량차는 덥고 습한 광둥 일대에서 해열과 해독을 위해 마시는 대용차代用茶다. 만드는 사람마다 고유한 비법이 있지만 해열에 뛰어난 약재를 혼합해 끓이는 공통점이 있다. 량차는 끓인 차를 식혀 시원한 상태에서 마시는 차가 아닌, 몸의 열을 내린다고 해서 붙여진 이름이다. 대표적 량차 왕라오지는 1828년 왕쩌방(王澤邦)이 창업한 브랜드다. 왕라오지는 몸의 열을 식혀주는 약효가 뛰어난 '더 좋은' 차*였지만 광둥성을 넘어 전국에 알려진 것은 홍콩 자본이 투입된 이후라고 한다. 여하튼 영화 속 주인공들도 우리가 마실 커피를

---

*   인드라 누이는 펩시의 기존 제품 포트폴리오를 재검토해 세 개의 카테고리로 분류했다. 펩시콜라와 같은 기존 탄산음료를 '즐거움(fun for you)'으로, 트로피카나 주스와 퀘이커 오트밀 등을 '좋음(good for you)'으로 구분했다. 미래성장 사업으로 심혈을 기울이는 '더 좋음(better for you)'에는 다이어트 음료와 차를 직접 우려낸 퓨어 리프를 핵심 배치했다. 여기서 '더 좋은'은 이런 의미에서 차용했다.

직접 만들자며 상표등록을 서둘렀다.* 우려한 바대로, 어쩌면 당연한 수순이지만, 중국인들이 급속도로 커피를 마시기 시작했다.

맺음말

영화의 시작과 끝에서 제시한 화두는 역시 아버지와 아들의 세대 간 소통, 즉 '이음'이라는 인생의 커다란 과제일 수도 있다. 흔히들 지속가능성이라는 표현을 쓰고 있지만, 그보다는 커피와 보이차라는 두 세대를 대변하는 대표적인 음료이자 매개물의 전환이 가져오는 상징적인 대화의 과정이라고 할 수도 있다. 커피를 마시기 시작한 중국인들의 모습은 이미 우리나라에서는 오래된 과거이다. 그리고 지금 우리의 모습을 급속도로 따라가고 어쩌면 닮아가고 있는 중국의 모습에서 우리는 과거 어쩌면 현재의 자화상을 찾아볼 수도 있다.

선불교의 화두가 그렇듯이 정답은 없으며 정해진 답도 없다. 하지만 그래도 지향해야 할 방향성은 있다. 커피든 차든 우리를 맑고 밝게 그래서 건강하고 행복한 삶을 영위할 수 있으면 나름 충분히 그 위치와 역할을 우리가 받아들이면 될 따름이 아닐까 싶다. 특히, 우리 차인들은 커피와 대등해지기 위해서, 어쩌면 균형과 조화를 맞추기 위해서 보이차를 포함한 차의 문제점을 함께 말하고 이해

---

* 한편, '정직한 차를 만들어 세상에 기여하겠다'는 포부로 네일버프 교수는 '어니스트티(Honestea)'로 상표등록을 신청한 예도 있어 참고가 된다.

고즈넉한 분위기의 한 차실

하고 극복하는 문제해결 과정을 함께 해야 할 것이다. 그래야 차는 물론 우리 모두가 세대를 넘어 서로 반갑게 소통하고 대화하는 세계로 한걸음씩 더 나아가야 될 것이다.

서은미(부산대학교 강사)

김경미(성균관대학교 강사)

김현수(성균예절차문화연구소 연구원)

노근숙(국제차문화학회 이사)

박효성(공예 칼럼니스트)

양홍식(필로쏘티 아카데미 원장)

조인숙(원광대학교 예문화와다도학 전공 강사)

홍성일(도예작가)

홍소진(소연재다주문화연구소 소장)

하도겸(나마스떼코리아 대표)

영화, 차를 말하다 3

초판 1쇄 인쇄 2024년 10월 28일 | 초판 1쇄 발행 2024년 11월 6일
지은이 서은미 김경미 김현수 노근숙 박효성
        양홍식 조인숙 홍성일 홍소진 하도겸
펴낸이 김시열
펴낸곳 도서출판 자유문고

        (02832) 서울시 성북구 동소문로 67-1 성심빌딩 3층

        전화 (02) 2637-8988 | 팩스 (02) 2676-9759
ISBN 978-89-7030-180-8 03590   값 24,000원
http://cafe.daum.net/jayumungo